哲罗鲑人工养殖及种质保护

徐 伟 匡友谊 张永泉 等 著

U0247846

科学出版社

北京

内 容 简 介

哲罗鲑是大型凶猛性鲑鳟鱼类，被世界自然保护联盟（IUCN）列为珍稀濒危保护物种。本书是一部有关哲罗鲑科研工作的原创性专著，主要依据近 20 年来中国水产科学研究院黑龙江水产研究所在哲罗鲑养殖开发利用和种质资源保护方面取得的研究成果，并参考国内外的研究资料，系统概述了哲罗鲑的分类地位、种类和地理分布及资源状况，以及生物学特征、性腺发育、消化系统、人工繁殖、人工养殖、营养与饲料、病害防治、遗传资源开发、种群遗传结构分析、资源增殖放流与评估等研究内容。

本书为哲罗鲑的养殖开发利用和种质资源保护提供了实验理论依据，可供科研院所研究人员、水产院校师生、渔业行政管理部门、濒危野生动物保护单位，以及从事生产和管理的有关人员参考使用。

图书在版编目（CIP）数据

哲罗鲑人工养殖及种质保护 / 徐伟等著. —北京：科学出版社，2020.11
ISBN 978-7-03-066788-5

Ⅰ. ①哲… Ⅱ. ①徐… Ⅲ. ①鲑科-淡水养殖-研究-中国 ②鲑科-种质资源-资源保护-研究-中国 Ⅳ. ①S965.199

中国版本图书馆 CIP 数据核字（2020）第 220981 号

责任编辑：岳漫宇 付丽娜 / 责任校对：严 娜
责任印制：吴兆东 / 封面设计：刘新新

科 学 出 版 社 出版
北京东黄城根北街 16 号
邮政编码：100717
http://www.sciencep.com
北京建宏印刷有限公司 印刷
科学出版社发行 各地新华书店经销

*

2020 年 11 月第 一 版 开本：720×1000 1/16
2020 年 11 月第一次印刷 印张：16
字数：323 000
定价：**168.00 元**
（如有印装质量问题，我社负责调换）

《哲罗鲑人工养殖及种质保护》著者名单

主 要 著 者　徐　伟　匡友谊　张永泉

参　著　者　佟广香　王常安　李绍戊　徐黎明　张　颖

任广明　吕伟华　张庆渔　曹顶臣　徐奇友

王媛媛　赵　成　王丽微　尹家胜

校　　　审　尹家胜

序

　　鲑科鱼类肉质细嫩、肌间刺少、品质好、价值高，是西方发达国家重要的养殖经济鱼类之一，主要种类有大西洋鲑、虹鳟、银鲑等。我国是世界渔业生产大国，养殖产量 5000 多万吨，但养殖的鱼类主要是鲤科淡水鱼，在高端消费市场上，每年还需进口约 10 万吨的鲑科鱼类。虽然国内有大量的冷水资源可用于养殖这些鱼类，但由于缺乏自主研发的鲑科优质鱼类，苗种长期依赖于国外进口，严重制约了我国鲑科鱼类产业的健康发展。

　　哲罗鲑是东北亚地区名贵珍稀鱼类，其个体大、生长快、肉质好，是我国土著鲑科鱼类中最具发展潜力的养殖种类。近年来，随着人为过度捕捞和生境破坏，其资源量急剧下降，被列入我国濒危物种红皮书。为了保护和开发这一重要物种，中国水产科学研究院黑龙江水产研究所尹家胜研究员带领的科研团队，1991 年以来，潜心致力于哲罗鲑的种质资源保护和养殖开发利用研究，经过近 30 年艰苦卓绝的研究，创新性地解决了野生哲罗鲑的采捕和驯养，全人工繁殖、苗种培育、池塘养殖、种质资源保护，以及增殖放流和遗传标记效果评估等多项重大技术难题，成功地开发出我国第一个土著鲑科鱼类优质养殖种类，增强了鲑科鱼类养殖产业持续发展的能力，提升了中国渔业的国际地位，带动了水产养殖产业的结构调整，同时挽救了这一名贵濒危物种，促进了野生资源的恢复和水域生态系统的修复，取得了较好的经济、生态和社会效益。

　　《哲罗鲑人工养殖及种质保护》一书，系统概述了哲罗鲑的分类地位、种类和地理分布及资源状况，以及生物学特征、性腺发育、消化系统、人工繁殖、人工养殖、营养与饲料、病害防治、遗传资源开发、种群遗传结构分析、资源增殖放流与评估等原创性的科研工作。该书内容全面、图文并茂，是一部专门介绍哲罗鲑人工养殖和种质保护研究的优秀著作，对我国鲑科鱼类的种质开发利用具有很好的理论及实践指导作用。

　　谨此，我特向从事水产养殖、渔业资源和动物学研究的科研人员及高等院校相关专业学生推荐这部值得阅读的水产科研专著。

　　　　　　　　　　　　　　　　　　　　　　　　　桂建芳
　　　　　　　　　　　　　　　　　　　　　　　　　2020.5.9

前　言

哲罗鲑，又称哲罗鱼、大红鱼等，隶属于鲑科，主要分布在东北亚水域，在历史上是黑龙江流域和新疆额尔齐斯河流域的重要经济鱼类，目前野生资源极度匮乏，处于濒危状态。由本人带领的哲罗鲑研究团队，1991 年以来，经过近 30 年的努力，对该鱼的分类地位、种类和地理分布及资源状况，以及生物学特征、性腺发育、消化系统、人工繁殖、人工养殖、营养与饲料、病害防治、遗传资源开发、种群遗传结构分析、资源增殖放流与评估等进行了深入研究，并从 2007 年开始持续进行资源增殖放流，同时研发出利用分子标记进行增殖的效果评估技术，使哲罗鲑成为我国第一个成功养殖的土著鲑科鱼类。其成果先后获得了农业部神农中华农业科技奖一等奖（哲罗鱼全人工繁殖和养殖技术体系构建，2017年）、黑龙江省科技进步奖一等奖（哲罗鱼规模化繁育技术研究，2008 年）、黑龙江省科技进步奖二等奖（哲罗鱼营养需求、投喂策略研究和高效饲料开发，2016年）、农业部全国农牧渔业丰收奖二等奖（哲罗鱼规模化繁育与产业化，2016 年）、中国水产科学研究院科技进步奖三等奖（哲罗鱼遗传资源开发及家系选育策略，2013 年）、黑龙江省农业科学技术奖二等奖（哲罗鱼人工养殖及驯化养殖技术研究，2003 年）。

本书由中国水产科学研究院黑龙江水产研究所徐伟、匡友谊、张永泉等著，尹家胜校审。第一章为分类地位、种类和地理分布及资源状况，由匡友谊执笔；第二章为生物学特征*，其中第六节为营养特性，由王常安、张永泉、匡友谊执笔，其余各节由匡友谊、曹顶臣执笔；第三章为性腺发育，由徐伟、任广明执笔，其中第五节为卵黄蛋白的理化性质及周年变化，由张颖、吕伟华执笔；第四章为消化系统，由张永泉执笔；第五章为人工繁殖，由徐伟、张庆渔、王媛媛执笔；第六章为人工养殖，由张永泉、赵成、王丽微执笔；第七章为营养与饲料，由王常安、徐奇友执笔；第八章为病害防治，由李绍戊执笔；第九章为遗传资源开发，由匡友谊执笔，其中第五节为胰岛素样生长因子克隆及表达分析，由徐黎明执笔；第十章为种群遗传结构分析，由匡友谊、佟广香执笔；第十一章为资源增殖放流与评估，由佟广香执笔。另外，姜作发、白庆利、马波、孙效文、韩世成、贾钟贺、杨建、李小龙、郭文学、尹洪滨、王炳谦、关海红、王新军、王荻、李永发、

---

* 除特别指出外，第二章后书中提到的哲罗鲑泛指太门哲罗鲑（*Hucho taimen*）

李建兴、于德红、卢彤岩、刘红柏、牟振波、刘洋、徐革锋、谷伟、户国、曹广斌、蒋树义、李池陶、赵景壮、王连生、曹永生、李晋南、赵志刚、罗亮、石连玉、金星、孙大江、张玉勇、常玉梅、吴文化、许红、梁利群、陈惠、纪锋、邱岭泉、赵吉伟、郑先虎、孙志鹏、王维山、夏立新、杨梅、孙鹏、王念民、郭佳祥、张万全、张铁奇、都雪、霍堂斌、唐富江、王鹏、何建军、徐云龙、刘伟、薛淑群、张庆新、张淑荣、姚作春、何宝全、何立川、张冬梅、孟繁珍、朱雪萍、郭亭亭等中国水产科学研究院黑龙江水产研究所的 70 余位同事,相继参加了哲罗鲑的研究和推广工作,以及包玉龙、王凤、王俊、许凌雪、李雪、王金艳、张超、刘博、张春雷、苏岭、丰程程、吴秀梅、王晓玉、纪锋、贺文斌、张艳、牛红燕、杨萍、张绍震、张丽娜、孙海成、曲颖等多位学生参加了哲罗鲑的相关研究。陈儒贤所长、吴晓春书记、王玉梅书记、刘海金所长对哲罗鲑研究工作给予了大力帮助,在此一并致谢。

　　历史上,哲罗鲑就是黑龙江流域重要的名优鱼类,位于北方水生态系统食物链的顶端,具有重要的生态和科研价值。本人于 1982 年云南大学毕业后到中国水产科学研究院黑龙江水产研究所工作,为了尽快熟悉黑龙江流域的鱼类资源,认真习读了伍献文先生编著的《中国经济动物志(淡水鱼类)》,当阅读到哲罗鲑时,在底页有这样的注释:远古时代,有一个游牧部落,在初冬的迁移途中,突遇暴风雪,困在一条大河边,粮食没有了,正当人们绝望之际,突然从河里窜出一尾巨大的哲罗鲑,躺在冰封的河面上,整个冬季,部落的人们全靠分食哲罗鲑的肉,存活了下来。初春,冰封的河水解冻,这尾哲罗鲑,跳入河中,游走了,游牧的部落,开始了新的迁途……看完这一段记叙,心灵受到巨大的冲击,本人迅速查阅国内外的哲罗鲑相关资料,发现该鱼性成熟后,仍能够匀速生长数十年;在新疆的喀纳斯湖中,传说哲罗鲑体重可达 1000 kg,冠名为"湖怪";在日本,哲罗鲑被敬奉为吉祥物,称为"梦幻鱼"。为此,1991 年本人申请了中国水产科学研究院基金"哲罗鲑人工繁殖技术研究"课题并开展工作,希望能够揭开哲罗鲑神秘的面纱。但令人遗憾的是,经过三年的努力,在黑龙江流域许多曾经有过记载的水域中都没有发现它的踪迹,项目中止了。

　　1998 年,本人了解到在乌苏里江中游的珍宝岛水域能够采集哲罗鲑,重新申请了黑龙江水产研究所所长基金,成立了由本人牵头,徐伟、姜作发、曹顶臣等同志参加的哲罗鲑人工繁殖研究团队,将采集重点放在黑龙江省虎林市虎头镇。春季封冰开化后的 10 d,秋季冰封期前的 20 d 左右,从俄罗斯境内汇入乌苏里江的伊曼河口下游 10 km 的乌苏里江水域采集到没有性成熟的哲罗鲑幼鱼,并将其运输到位于牡丹江市的黑龙江水产研究所渤海冷水性鱼试验站驯养。1999~2001年分多次采集获得 300 多尾野生哲罗鲑,在池塘养殖条件下强化培育至性成熟,2001 年利用药物催产人工繁育成功,2006 年实现了全人工繁育,至 2019 年仍保留有 60 多尾这批野生鱼。

目前，关于哲罗鲑的研究，仍有一些问题尚不清楚，如早期资料介绍野生哲罗鲑 2～3 年产卵一次，性成熟后，依然保持匀速生长，体重可达数百斤[①]等。但在人工养殖条件下，哲罗鲑 5 年达到性成熟后，每年都可以用药物诱导排卵，且性成熟后体重达到约 20 kg，增长速度明显减慢。本研究团队在上述相关问题方面投入了较多的工作精力，遗憾的是这方面的研究进展缓慢，迫切需要与国内外有关专家合作找到答案，以期为我国鲑科鱼类的开发利用奠定坚实的理论基础。

尹家胜

中国水产科学研究院黑龙江水产研究所

---

① 1 斤=0.5 kg

目 录

第一章 分类地位、种类和地理分布及资源状况

哲罗鲑（*Hucho* spp.）是鲑科鱼类中个体最大的种类，体重可达 60 kg，寿命可达 50 年以上，广泛分布于欧亚大陆。哲罗鲑属于大型捕食性鱼类，位于食物链的顶端，在维持生态系统平衡上起重要作用，被认为是生态系统的"保护伞"物种（Mercado-Silva et al., 2008；Roberge and Angelstam, 2004）。但随着过度捕捞、土地利用及工业生产等，生态环境恶化，极大地影响了哲罗鲑的野生资源量，哲罗鲑现已被列入濒危物种。为了促进哲罗鲑的保护和利用，本章简述了哲罗鲑的分类地位、种类和地理分布、资源状况方面的研究，由于其相关资料较少，部分内容摘自 *The Eurasian Huchen, Hucho hucho: Largest Salmon of the World*（Holčík et al., 1988），同时综述了最新的研究资料。

第一节 分 类 地 位

哲罗鲑，隶属于鲑形目（Salmoniformes）鲑科（Salmonidae）鲑亚科（Salmoninae）哲罗鲑属（*Hucho*）。根据鱼类分类学家的描述（Holčík et al., 1988），哲罗鲑属具有以下特征：口大，上颌骨末端后延达眼后缘下方或更远；眶后骨不接于前鳃盖骨；犁骨短、宽，犁骨后部不起到牙的作用，犁骨轴上没有牙齿，犁骨和腭上的牙齿形成一个连续的马蹄形，两颌和舌上均有齿；臀鳍短，分支鳍条 8~10；脂鳍大，基部长度超过臀鳍基部长度的 50%；体表有大的圆形、新月形或 X 形的黑色斑纹；体形为圆柱形，覆盖小的鳞片，横向排列形成 100~290 排鳞片；侧线的鳞片表现出独特的结构，缺乏圆形的脊，形成狭窄、厚的骨板，侧线鳞内侧的管道不完全密闭，在鳞片尾部边缘的表面上开口；背鳍 D.ii~iv-8~14，臀鳍 A.i~v-7~11。

早期的分类中，哲罗鲑属鱼类包含在鲑属（*Salmo*）或红点鲑属（*Salvelinus*）中，太门哲罗鲑（*Hucho taimen*）被命名为 *Salmo taimen* 或 *Salvelinus taimen*。Günther 1866 年首次指出哲罗鲑属与鲑属（*Salmo*）的差别，建立了哲罗鲑属（*Hucho*），并被所有分类学家认可。哲罗鲑属（*Hucho*）、鲑属（*Salmo*）和红点鲑属（*Salvelinus*）在形态、解剖结构上有很多相似点，哲罗鲑属和鲑属在形态学上的主要区别是鲑属鱼类犁骨长，犁骨后部在幼鱼时起到牙的作用。而哲罗鲑属与红点鲑属在形态学上的主要区别在于红点鲑属鱼类犁骨牙稀疏，犁骨不与腭骨相

连，体表具有鲜艳的斑点。分类学家认为哲罗鲑属是介于鲑属（*Salmo*）和细鳞鲑属（*Brachymystax*）的中间类型。哲罗鲑属与细鳞鲑属在形态学上十分相似，也具有相似的侧线鳞结构，其主要的区别是在颌的大小上，细鳞鲑属（*Brachymystax*）鱼类的颌相对较小，下颌骨与头骨的关节在眼后缘垂直线的前方，且细鳞鲑属鱼类体表颜色更鲜艳。

除形态及解剖结构的差别外，哲罗鲑属在染色体数上也与鲑属（*Salmo*）、红点鲑属（*Salvelinus*）和细鳞鲑属（*Brachymystax*）具有明显差异（表 1-1）。哲罗鲑属鱼类染色体核型为 $2n=82\sim84$，染色体臂数（NF）=$112\sim118$；细鳞鲑属鱼类染色体核型为 $2n=90\sim92$，NF=$102\sim126$；鲑属鱼类染色体核型为 $2n=54\sim84$，NF=$72\sim104$；红点鲑属染色体核型为 $2n=76\sim86$，NF=$98\sim100$（Arai，2011；Frolov et al.，1999；Kartavtseva et al.，2013；Phillips and Rab，2011；薛淑群等，2015）。

表 1-1　鲑科鱼类染色体

物种	英文名	中文名	染色体数量	染色体臂数	核仁组织区
Coregoninae		白鲑亚科	—	—	—
Coregonus		白鲑属	80/81	96	M
C. artedii	Lake herring	湖白鲑	80/81	94	M
C. autumnalis	Arctic cisco	秋白鲑	78～80	96～98	—
C. chadary	Amur cisco	卡达白鲑	80～84	98～100	—
C. clupeaformis	Lake whitefish	鲱形白鲑	80	94	M
C. hoyi	Bloater	霍氏白鲑	80	94	S
C. muksun	Muksun	穆森白鲑	78	100	—
C. lavaretus	Whitefish/European whitefish	真白鲑	80/81	94	M
C. nasus	Broad whitefish	宽鼻白鲑	58～60	92～96	—
C. nigripinnis	Black-fin cisco	黑鳍白鲑	80	94	M
C. peled	Peled	高白鲑	74	92，98	—
C. reighardi	Shortnose cisco	短吻白鲑	80	100	—
C. sardinella	Least cisco	小白鲑	80/81	96/97	—
C. tungun	Tungen	图冈白鲑	86～88	106	—
C. ussuriensis	Amur whitefish	乌苏里白鲑	80	100	—
C. zenithicus	Shortjaw cisco	天穹白鲑	80	94	S
Stenodus		北鲑属	—	—	—
S. leucichthys	Inconnu	白北鲑	74～76	108/98	—

续表

物种	英文名	中文名	染色体数量	染色体臂数	核仁组织区
Prosopium		柱白鲑属	72	100	—
P. abyssicola	Bear Lake whitefish	熊湖柱白鲑	—	—	—
P. coulteri	Pygmy whitefish	库尔特柱白鲑	82	100	—
P. cylindraceum	Round whitefish	真柱白鲑	78	100	—
P. gemmifer	Bonneville cisco	贝尔莱柱白鲑	64	100	—
P. spilonotus	Bonneville whitefish	珠点柱白鲑	74	100	—
P. williamsoni	Mountain whitefish	山地柱白鲑	78	100	—
Thymallinae		茴鱼亚科	—	—	—
Thymallus		茴鱼属	—	—	—
T. thymallus	European grayling	欧洲茴鱼	102	170	S
T. arcticus pallasi	East Siberian grayling	东西伯利亚茴鱼	98	146	—
T. arcticus	Arctic grayling	北极茴鱼	98~102	160~168	—
T. grubei	Amur grayling	黑龙江茴鱼	98~100	148	—
Salmoninae		鲑亚科	—	—	—
Brachymystax		细鳞鲑属	—	—	—
B. lenok	Lenok	细鳞鲑（尖吻细鳞鲑）	90~92[a]	102~126	—
B. tumensis	—	图们江细鳞鲑	92	110~124	—
Hucho		哲罗鲑属	—	—	—
H. hucho	Danube salmon/Huchen	多瑙河哲罗鲑	82	112~114	S
H. taimen	Taimen	太门哲罗鲑	82~84	112~118[b]	M
Parahucho		远东哲罗鲑属	—	—	—
P. perryi	Sakhalin taimen	远东哲罗鲑	62	100	—
Salmo		鲑属/鳟属	—	—	—
S. obtusirostris	Adriatic salmon	钝吻鲑	82	94	—
S. carpio	Car pione del Garda	鲤形鳟	80	98	—
S. ischchan	Sevan trout	塞凡湖鳟	80~82	96~100	—
S. letnica	Ohrid trout	野鳟	80	104	—

续表

物种	英文名	中文名	染色体数量	染色体臂数	核仁组织区
S. marmoratus	Marbled trout	斑鳟	80	102	—
S. salar	Atlantic salmon	大西洋鲑	54～58	72～74	S
S. trutta	Brown trout	褐鳟	78～84	98～102	M
Salvelinus		红点鲑属	—	—	—
S. confluentus	Bull trout	强壮红点鲑	78	100	S
S. fontinalis	Brook trout/Brook charr	美洲红点鲑/溪红点鲑	84	100	M
S. namaycush	Lake trout	湖红点鲑	84	100	M
S. leucomaenis	Whitespotted char	远东红点鲑	84	100	S
S. leucomaenis pluvius	Japanese char	白斑红点鲑	84～86	100	—
S. alpinus/malma complex	Dolly Varden char	—	82	98	S（sm）
S. albus	White char	—	78～80	98	M
S. alpinus	Arctic char	北极红点鲑	78	98	M
S. elgyticus	Small mouth char	小眼红点鲑	76～78	98	M
S. boganidae	Boganida char	窄体红点鲑	76～78	98	M
S. kronicus	Stone char	—	78～82	100	M
S. taranetzi	Eastern Arctic char	塔氏红点鲑	76～78	98～100	M
S. levanidovi	Levanidovi char	莱文氏红点鲑	78～80	98	M
S. malma	Red spotted char	花羔红点鲑	78～82	98	M, S（st）
Salvethymus		俄罗斯茴鲑属	—	—	—
S. svetovidovi	Long-finned char	俄罗斯茴鲑	56	98	M
Oncorhynchus		麻哈鱼属	—	—	—
O. mykiss	Rainbow trout	虹鳟	58～64	104	S
O. clarkii bouvieri	Yellowstone cutthroat	黄石山鳟	64	104	S
O. clarkii clarkii	Coastal cutthroat	海鳟	68	104	S
O. clarkii lewisi	Westslope cutthroat	西山鳟	66	104	S
O. clarkii henshawii	Lahonton cutthroat trout	克拉克鳟鱼	64	104	S
O. gorbuscha	Pink salmon	粉鲑/驼背大麻哈鱼	52～54	100	S
O. keta	Chum salmon	秋鲑/大麻哈鱼	74	100	S
O. kisutch	Coho salmon	银鲑	60	100	S

续表

物种	英文名	中文名	染色体数量	染色体臂数	核仁组织区
O. masou	Masu salmon	马苏大麻哈鱼	66	100	S
O. nerka	Sockeye salmon	红大麻哈鱼	57, 58	100	S
O. tshawytscha	Chinook salmon	大鳞鲑	68	100	—
O. apache	Apache trout	亚利桑那大麻哈鱼	56	106	—
O. gilae	Gila trout	吉尔大麻哈鱼	56	106	—
O. aguabonita	Golden trout	金鳟	58	104	—
O. rhodurus	Cherry salmon	玫瑰大麻哈鱼	66	100	—
O. chrysogaster	Mexican trout	金腹大麻哈鱼	60	102	—

注：修改自 Phillips 和 Rab（2001）。—表示无数据。a. 细鳞鲑染色体引用自 Kartavtseva 等（2013）的数据；b. 太门哲罗鲑结合了薛淑群等（2015）和 Frolov 等（1999）的数据；M. 多对染色体具有核仁组织区；S. 单对染色体具有核仁组织区；sm. 亚中着丝粒染色体；st. 亚端着丝粒染色体

　　远东哲罗鲑（*Parahucho perryi*）因形态特征与哲罗鲑属鱼类十分相似，最初被认为是哲罗鲑属的一种，但因在生活习性、遗传学及系统进化上与哲罗鲑属的差异显著，从哲罗鲑属中分离出来，形成一个单独的属——远东哲罗鲑属（*Parahucho*）。根据 Holčík 等（1988）的综述，远东哲罗鲑属与哲罗鲑属在骨骼解剖学上存在差异：哲罗鲑属基鳃软骨无齿状盘，仅舌部边缘具齿，额部外缘无突起，脊椎骨 70 枚，横向鳞的数目显著多于侧线上的有孔鳞；远东哲罗鲑属基鳃软骨具有布满牙齿的圆盘，舌部边缘和中线具小齿，额部外缘具突起，脊椎骨 60 枚。

　　生活习性上，远东哲罗鲑为洄游鱼类，春季时溯河到上游支流产卵，幼鱼洄游到日本海中生长。哲罗鲑属鱼类为严格的淡水生活物种，主要栖息在河流的干流和支流中。在繁殖行为上，远东哲罗鲑与鲑属（*Salmo*）和麻哈鱼属（*Oncorhynchus*）鱼类相似（图 1-1），产卵后立即用砂石覆盖受精卵（Esteve et al.，2009），而哲罗鲑属鱼类在产卵后（Esteve et al.，2008，2013），休息几分钟后才覆盖卵。哲罗鲑属和远东哲罗鲑属在染色体核型上差异显著，哲罗鲑属鱼类染色体数为 $2n=82 \sim 84$，NF 为 $112 \sim 118$；远东哲罗鲑属染色体数为 $2n=62$，NF 为 100，染色体数与麻哈鱼属（*Oncorhynchus*）鱼类相近（表 1-1）。系统进化分析表明，哲罗鲑属与细鳞鲑属形成一簇，而远东哲罗鲑与鲑属、麻哈鱼属和红点鲑属形成一簇（Shedko，1996，2012，2013），与哲罗鲑属和细鳞鲑属相距较远（Crête-Lafrenière et al.，2012）（图 1-2）。基于以上所描述的差异，鱼类分类学家认为远东哲罗鲑应为一个单独的属 *Parahucho*。

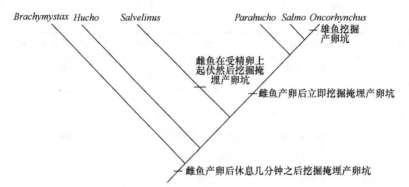

图 1-1   鲑科鱼类繁殖行为的进化（修改自 Esteve et al.，2013）

图中显示的为综合形态学、分子生物学和行为学数据构建的鲑科鱼类进化树（Wilson and Williams，2010），分支中横线表示鲑科鱼类中雌鱼产卵后行为特征和雄鱼筑巢特征

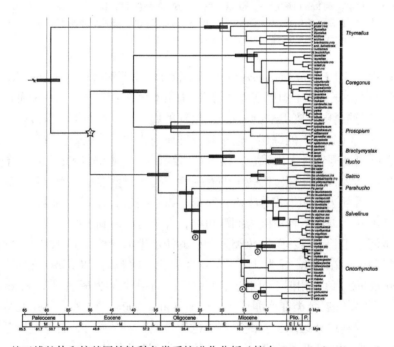

图 1-2   基于线粒体和核基因的鲑科鱼类系统进化分析（摘自 Crête-Lafrenière et al.，2012）

节点中的数字表示采用化石记录确定的物种分化时间，灰色的矩形表示物种分化时间的95%置信区间。
Paleocene. 古新世；Eocene. 始新世；Oligocene. 渐新世；Miocene. 中新世；Plio. 上新世；P. 更新世
（Pleistocene）；Mya. 百万年前；E. 早期；M. 中期；L. 后期

第二节　种类和地理分布

一、种类

哲罗鲑属鱼类包含 4 个物种，分别为多瑙河哲罗鲑（*Hucho hucho*）、太门哲罗鲑（*Hucho taimen*）、川陕哲罗鲑（*Hucho bleekeri*）和石川哲罗鲑（*Hucho ishikawai*）。其形态特征描述如下。

1. 多瑙河哲罗鲑（*Hucho hucho*）

英文名 Huchen。左侧第一鳃弓具有 9～19 个鳃耙，侧线鳞 107～194，侧线上鳞 25～38，侧线下鳞 25～39。脊椎骨数 60～72，其中躯干部脊椎 42～49，尾椎 20～25。幽门盲囊 150～284，鳃弓 9～13，背鳍鳍式为 D.ii～vi-8～14，臀鳍鳍式为 A.i～vi-7～11。

2. 太门哲罗鲑（*Hucho taimen*）

英文名 Taimen。左侧第一鳃弓外侧鳃耙数 9～18，侧线鳞 140～244，侧线上鳞 25～39，侧线下鳞 20～37。脊椎骨数 63～81。幽门盲囊 150～342，背鳍鳍式为 D.ii～iv-9～13，臀鳍鳍式为 A.ii～iv-7～13。

3. 川陕哲罗鲑（*Hucho bleekeri*）

又名虎嘉鱼、四川哲罗鲑、布氏哲罗鲑、贝氏哲罗鲑。左侧第一鳃弓外侧鳃耙数 12～14，侧线鳞 125～129，侧线上鳞 31～34，侧线下鳞 25～26。脊椎骨数 61。幽门盲囊 65～120，背鳍鳍式为 D.iii-7～11，臀鳍鳍式为 A.iii-8～9。

4. 石川哲罗鲑（*Hucho ishikawai*）

又名长白哲罗鲑、鸭绿江哲罗鲑。左侧第一鳃弓外侧鳃耙数 14～15，侧线鳞 141～148。脊椎骨数 65～67。幽门盲囊 98～119，背鳍鳍式为 D.iii～iv-9～10，臀鳍鳍式为 A.iii-8～9。

最初鱼类分类学家认为多瑙河哲罗鲑和太门哲罗鲑是 2 个亚种，分别命名为 *Hucho hucho hucho* 和 *Hucho hucho taimen*，它们的杂交种也是可育的。这 2 个种在形态和解剖结构上十分相似，采用形态特征和可数性状很难区分它们（表 1-2），形态上主要的区别是繁殖季节婚姻色不同（图 1-3）：在繁殖季节太门哲罗鲑尾部和腹部呈红莓色或亮橙色，全身或者前半部分具有较大的斑块（图 1-3 中 2～5）；

而多瑙河哲罗鲑繁殖季节身体两侧和背部皮肤呈现铜红色，少数个体具有较大的斑块（图 1-3 中 6~9）。比较显著的区别是：在太门哲罗鲑中，红色可达臀鳍或尾鳍，而多瑙河哲罗鲑则没有观察到此现象（Holčík et al.，1988）。

表 1-2 多瑙河哲罗鲑与太门哲罗鲑形态特征

性状	*Hucho hucho*	*Hucho taimen*	*Hucho taimen*[#]
背鳍软条数	8~12	8~14	9~13
臀鳍软条数	7~10	7~11	7~13
侧线鳞	115~160	107~194	140~244
横向鳞片数	175~240	141~288	—
侧线上鳞	28~38	25~33	25~39
侧线下鳞	25~35	26~39	20~37
鳃耙数	10~14（19）	9~16（18）	9~18
鳃弓数	10~11	9~13	—
脊椎骨数	67~68	60~72	63~81
幽门盲囊	138~232	150~284	150~342

注：修改自 Holčík 等（1988）；#表示数据来自著者课题组测量的值

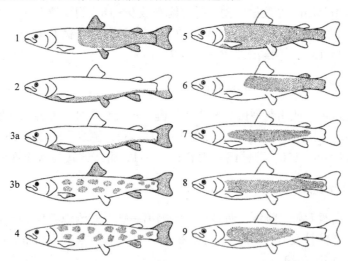

图 1-3 哲罗鲑属（*Hucho*）和远东哲罗鲑属（*Parahucho*）鱼类婚姻色变化（摘自 Holčík et al.，1988）

1. 远东哲罗鲑（*Parahucho perryi*）；2~5. 太门哲罗鲑（*Hucho taimen*）[2. 黑龙江流域；3. 勒拿河（Lena）流域；4. 贝加尔湖，安加拉河（Angara）；5. 乌拉尔（Ural）山溪流]；6~9. 多瑙河哲罗鲑（*Hucho hucho*）[6. 皮拉赫河（Pielach）；7. 瓦赫河（Váh）；8. 奥拉瓦河（Orava）；9. 图列茨河（Turiec）]

除形态上很难分辨外，多瑙河哲罗鲑和远东哲罗鲑在染色体核型上也十分相似，不易区分。多瑙河哲罗鲑染色体由 26 个中着丝粒染色体、4 个亚中着丝粒染色体、12 个亚端着丝粒染色体和 40 个近端着丝粒染色体组成（图 1-4）。在其染色体中，有 2 个 5S rRNA 位点，小的信号位于 3 号中着丝粒染色体的长臂（q-arm），而大的信号几乎覆盖了 18 号亚端着丝粒染色体的整个短臂（Ocalewicz et al.，2007）。太门哲罗鲑染色体核型具有多样性，染色体数在 82～84，核型为 2n=82，22m+8sm+12st+40a（图 1-5a），或 2n=83，22m+7sm+12st+42a（图 1-5b）或 2n=84，18m+16sm+34st+16t（图 1-6）。通过分析多瑙河哲罗鲑和太门哲罗鲑染色体核型，结果发现，其中着丝粒的 4 对小染色体可被认为是哲罗鲑属的标志性染色体（Ocalewicz et al.，2007）。多瑙河哲罗鲑与太门哲罗鲑染色体核型的主要区别在于中着丝粒和亚中着丝粒上，这也可能是这 2 个种之间比较明显的差异。

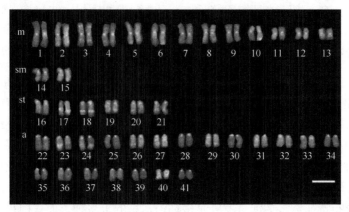

图 1-4 多瑙河哲罗鲑染色体核型（摘自 Ocalewicz et al.，2007）

m. 中着丝粒染色体；sm. 亚中着丝粒染色体；st. 亚端着丝粒染色体；a. 近端着丝粒染色体

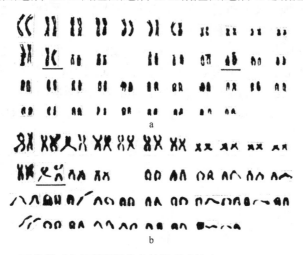

图 1-5 西伯利亚太门哲罗鲑染色体核型（摘自 Frolov et al.，1999）

a. 2n=82，NF=112；b. 2n=83，NF=112

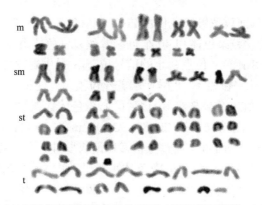

图 1-6　太门哲罗鲑幼鱼染色体核型（摘自薛淑群等，2015）

样本来源于乌苏里江虎头江段野生哲罗鲑繁殖的子代。m. 中着丝粒染色体；sm. 亚中着丝粒染色体；st. 亚端着
丝粒染色体；t. 端着丝粒染色体

二、地理分布

在哲罗鲑属 4 个种中，分布范围最广的为太门哲罗鲑，最窄的是石川哲罗鲑（Holčík et al.，1988；Marić et al.，2014；Rand，2013）。目前石川哲罗鲑资源已趋灭绝，没有样本可以采集到，根据文献记载，石川哲罗鲑仅分布于鸭绿江上游，是鸭绿江的土著鱼类（董崇智等，2001；孙兆和等，1992）。川陕哲罗鲑主要分布于我国青海境内的岷江、大渡河上游，陕西太白河、渭水上游，以及四川青衣江等地（董崇智等，2001）。多瑙河哲罗鲑和太门哲罗鲑这 2 个十分相似的种具有明显的地理分布特征。多瑙河哲罗鲑是多瑙河水系的土著种，而太门哲罗鲑的分布范围十分广泛，从西部的乌拉尔地区到中部的西伯利亚，再到最东边的黑龙江流域。多瑙河哲罗鲑主要分布在大西洋的黑海和里海河流系统中，而太门哲罗鲑则分布于北冰洋和太平洋河流系统中。

多瑙河哲罗鲑主要分布于欧洲中部和东南部的波兰、匈牙利、奥地利、捷克、斯洛伐克、塞尔维亚等 14 个国家（表 1-3）（Ihut et al.，2014），并被引种到法国、摩洛哥、英国等 7 个国家。Freyhof 等（2015）描述了多瑙河哲罗鲑在巴尔干地区的分布，多瑙河哲罗鲑在巴尔干地区主要分布于 43 条河流中，总长度为 1842 km。

表 1-3　多瑙河哲罗鲑的地理分布

洲名	国家	引进/土著
非洲	摩洛哥	引进
欧洲	奥地利	土著
欧洲	波斯尼亚和黑塞哥维那	土著
欧洲	保加利亚	土著
欧洲	克罗地亚	土著

续表

洲名	国家	引进/土著
欧洲	捷克	灭绝
欧洲	法国	引进
欧洲	德国	土著
欧洲	匈牙利	土著
欧洲	意大利	土著
欧洲	波兰	引进
欧洲	罗马尼亚	土著
欧洲	塞尔维亚	土著
欧洲	斯洛伐克	土著
欧洲	斯洛文尼亚	土著
欧洲	西班牙	引进
欧洲	瑞典	引进
欧洲	瑞士	土著
欧洲	英国	引进
欧洲	乌克兰	土著
北美洲	美国	引进

注：数据来源于 FishBase（http://www.fishbase.org）

太门哲罗鲑在欧洲东部分布于伏尔加水系的伯朝拉河（Pechora）和卡马河（Kama）上游，西伯利亚地区从鄂毕河（Ob'）到亚纳河（Yana）水系，以及分布于黑龙江流域及其相连的水系（表 1-4），主要分布于俄罗斯、哈萨克斯坦、蒙古国和中国。

在中国境内太门哲罗鲑主要分布于北冰洋水系中新疆境内的额尔齐斯河、喀纳斯湖等区域，以及太平洋水系的黑龙江流域，包括内蒙古自治区境内黑龙江源头的额尔古纳河流域、达赉湖，黑龙江省境内黑龙江中上游、嫩江上游、牡丹江、乌苏里江、镜泊湖、松花江等流域（冯敏和任慕莲，1990；任慕莲等，2002；张觉民，1995；中国科学院动物研究所等，1979）。

表 1-4　太门哲罗鲑的地理分布

分布水域	描述
伏尔加（Volga）流域	在伏尔加流域中，太门哲罗鲑仅在卡马河（Kama）水系中有分布的记录。在卡马河上游，资源量较为丰富。太门哲罗鲑主要栖息于卡马河的支流中
伯朝拉（Pechora）流域	太门哲罗鲑在伯朝拉河流域中均有分布，但在中上游资源量丰富
鄂毕河（Ob'）流域	太门哲罗鲑分布于鄂毕河的上游和下游；中游地区从科尔帕舍沃（Kolpashevo）往下到额尔齐斯河（Irtysh）入口，因西伯利亚西部低洼地带不适合哲罗鲑生活，此处没有哲罗鲑的分布

续表

分布水域	描述
叶尼塞河 （Enisei/Yenisey/Yenisei）	叶尼塞河分布于西伯利亚中部地区，从叶尼塞河上游到三角洲地区均有分布，在支流中资源量也较大。在北部支流的贝加尔湖中的支流和沿岸均有分布。在叶尼塞河的克拉斯诺亚尔斯克水库（Krasnoyarsk）、伊尔库茨克水库（Irkutsk）、布拉茨克水库（Bratsk）和安加拉河（Angara）的乌斯季伊利姆斯克（Ust'-Ilimsk）水库中也有分布记录
皮亚西纳河（Pyasina）	在皮亚西纳河流域，太门哲罗鲑主要栖息于上游河段，特别是诺里尔斯克湖（Noril'sk），下游河段很少有分布
哈坦加河（Khatanga）	在哈坦加河主河段中很少有分布，主要分布于河口地区。在赫塔河（Kheta）的中游和上游河段[包括阿燕湖（Ayan）]、科图伊（Kotui）河中资源丰富
阿纳巴尔河（Anabar）流域	在阿纳巴尔河整个流域中均有分布，主要分布于中、上游河段
奥列尼奥克河（Olenek）	从上游到三角洲地区均有分布，甚至在入海口与海水相接的地方也有分布记录
勒拿河（Lena）	在勒拿河中太门哲罗鲑比较普遍，从源头到三角洲地区均有分布
奥莫洛伊河（Omoloi）	在奥莫洛伊河流域中有分布记录
亚纳河（Yana）	亚纳河是西伯利亚最东部的河流，太门哲罗鲑在整个水系中均有分布，尤其在支流阿德恰（Adycha）河中资源丰富
乌达河（Uda）	有分布记录
图古尔河（Tugur）	有分布记录
黑龙江流域	太门哲罗鲑几乎在整个黑龙江流域中均有分布，但主要分布在山区和山麓下的溪流、湖泊中。黑龙江流域中的达赉湖（Dalai）和贝尔湖也有分布

注：修改自 Holčík 等（1988）

第三节　资源状况

目前，哲罗鲑属中资源量最为丰富的是太门哲罗鲑，20 世纪八九十年代石川哲罗鲑在鸭绿江上游有分布记录（董崇智等，2001；孙兆和等，1992），但目前已经采不到样本，川陕哲罗鲑也仅在四川、陕西和青海的少量区域中有分布。

在欧洲多瑙河哲罗鲑的捕捞量仅在斯洛文尼亚、南斯拉夫有比较详细的历史记录。根据历史捕捞记录，推测斯洛文尼亚在 1954～1980 年，多瑙河哲罗鲑的资源量大约为 0.33 尾/km 或 1.73 kg/km；1966 年，共捕获 176 尾多瑙河哲罗鲑，总重 900 kg，平均每尾 5.11 kg；1971 年，捕获 108 尾，共 564 kg（表 1-5）。在奥地利多瑙河哲罗鲑总的捕捞量为 309 尾，总重 1622 kg；在南斯拉夫捕捞量约 484 尾，总重 2541 kg；在罗马尼亚捕捞量为 68 尾，总重 350 kg。在 1954～1979 年，欧洲地区平均每年约捕获 1000 尾，总重 5.2 t。如果包括波兰、乌克兰喀尔巴阡

（Transcarpathian）地区和苏联时期的布科维纳地区，以及包括非法捕鱼和未报道的捕捞记录，在此期间欧洲地区每年捕捞 2000～2500 尾多瑙河哲罗鲑，总重 11～14 t。19 世纪 90 年代以后，未查阅到多瑙河哲罗鲑的捕捞记录。

表 1-5　斯洛文尼亚多瑙河哲罗鲑捕捞量

年份	数量（尾）	体重（kg）		占所有鱼类捕捞量的百分比（%）
		总重	平均体重	
1954	118	614	5.20	0.56
1955	100	562	5.62	0.37
1956	288	935	3.25	0.46
1957	71	372	5.24	0.16
1958	66	371	5.62	0.17
1959	176	535	3.04	0.18
1960	106	617	5.82	0.24
1961	201	782	3.89	0.32
1962	312	1120	3.59	0.36
1963	106	715	6.75	0.14
1964	134	976	7.28	0.13
1965	148	801	5.41	0.17
1966	176	900	5.11	0.15
1967	101	805	7.97	0.13
1968	144	1045	7.26	0.17
1969	213	976	4.58	0.20
1970	104	749	7.20	0.13
1971	108	564	5.22	0.07
1972	107	549	5.13	0.08
1973	118	610	5.17	0.09
1974	124	634	5.11	0.10
1975	142	717	5.05	0.08
1976	112	705	6.29	0.07
1977	105	745	7.10	0.07
1978	85	615	7.24	0.06
1979	73	462	6.33	0.04
1980	73	442	6.05	0.03
总计	3611	—	—	—
平均值	133.7	701	5.61	0.16

注：摘自 Holčík 等（1988）

    根据 Holčík 等（1988）的描述，太门哲罗鲑的资源量在 19 世纪 80 年代以前下降十分严重。尼科尔斯基在 1956 年指出黑龙江流域太门哲罗鲑的资源量逐渐下降，黑龙江流域 1891 年太门哲罗鲑的捕捞量为 204 t，而在 1940~1947 年，每年的捕捞量已经下降到 28.6 t，他认为在黑龙江流域的一些支流中，太门哲罗鲑可能已经灭绝。安加拉河中 1946 年太门哲罗鲑的捕捞量为 24.6 t，而在 1950 年已经下降到 215 kg。在哈坦加河流域中，1952 年捕捞量为 2.6 t，而 1964 年下降到 100 kg。克拉斯诺亚尔斯克水库（Krasnoyarsk）中太门哲罗鲑的捕捞量从 1967 年的 129 kg 下降到 1968 年的 29 kg，而在 1969~1974 年已经在此水库中消失。布拉茨克水库在 1963 年、1964 年、1967 年、1968 年捕捞量持续下降，分别为 241 t、0.96 t、0.23 t 和 0.12 t，而在 1969 年以后很少有太门哲罗鲑被捕获。安加拉河因水库大坝的原因，1973~1974 年的捕捞量比 1970~1972 年的捕捞量下降了 500%~800%。在勒拿河中，1941~1945 年捕捞量为 100.4 t，1946~1950 年为 52.5 t，1951~1952 年为 27.2 t，1956~1960 年为 28.1 t，1961~1965 年为 30.3 t，而 1966~1970年为 12.8 t。贝加尔湖中 1949 年以前捕捞量为 5~6 t，而叶尼塞河为 25~30 t。雅库特河（Yakutia）1940~1972 年的捕捞量为 8.6 t（1967 年）~174 t（1972 年），平均每年约 41.2 t。维季姆河（Vitim）流域 1958~1968 年每年捕捞量约为 6.2 t。西伯利亚和黑龙江流域太门哲罗鲑的商业捕捞 1950 年以前约为 200 t，而在 1960 年时仅为 100 t。

    Zolotukhin（2013）等详细调查了黑龙江流域中下游太门哲罗鲑的捕捞量（图 1-7），1881 年时黑龙江流域中游太门哲罗鲑捕捞量约 25 t，下游约 125 t。第二次世界大战前捕捞量每年约 20 t，第二次世界大战期间约 100 t，在 1946~1969年的捕捞量 15~35 t，20 世纪 70 年代之后捕捞量减少。在黑龙江中下游的哈马罗夫斯克，根据 1999~2012 年每月记录的太门哲罗鲑的销售情况，在 1999~2008年，仅在市场上观察到 3 次销售，分别是 1999 年 8 月、2000 年 1 月和 2005 年 12月，在此期间销售价格增长了 4 倍，从 50 卢布/kg 增长到 250 卢布/kg。而在2009~2012 年，太门哲罗鲑的价格与 1999 年相比增长了 17 倍，达到了 900 卢布/kg（约 30 美元/kg）。根据哈马罗夫斯克的官方记录，2006~2011 年，黑龙江流域太门哲罗鲑群体大约为 55 t。按平均性成熟年龄 7[+]龄计算，最多 18.6% 的太门哲罗鲑允许捕捞，约 10 t，而官方推荐在中游地区可捕捞量为 0.6 t，下游地区为9.4 t。乌苏里江支流霍尔河（Khor）太门哲罗鲑的可利用率为 0.182，即渔业死亡率为 18.2%。Mikheev 和 Ogorodov（2015）报道 2014 年在卡马河下游水库中仅捕捞了 2 尾太门哲罗鲑样本，叉长分别为 68.7 cm 和 30.5 cm，体重分别为 4743 g 和301 g。

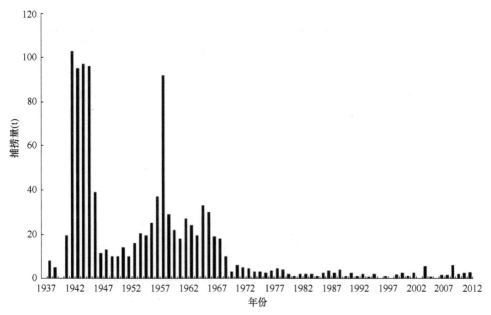

图 1-7　俄罗斯官方记录的 1937～2012 年黑龙江流域中下游太门哲罗鲑捕捞量（摘自
Zolotukhin，2013）

　　在中国关于太门哲罗鲑资源的记录并不详细，据记载，20 世纪 60 年代新疆
地区额尔齐斯河水系太门哲罗鲑资源丰富，春季可捕获 30～40 尾太门哲罗鲑，最
大个体体重 38 kg。在 1988 年的喀纳斯湖渔业资源调查中，共采集 59 尾标本，平
均体长 41.1 cm，平均体重 1005 g，而在 1999 年的额尔齐斯河渔业资源调查中，
在喀纳斯湖和布尔津河共采集 16 尾标本，体长以 20～40 cm 为主，体重以 100～
750 g 为主（冯敏和任慕莲，1990；任慕莲等，2002）。

　　乌苏里江上游虎头江段 2002 年春季捕捞量为 9.95 t，秋季为 23.22 t，年捕捞
量为 33.17 t，2003 年春季捕捞量为 4.5 t，秋季为 10.3 t，年捕捞量为 14.8 t（姜作
发等，2004）。黑龙江流域上游水系在 20 世纪 60 年代以前年产量 6000～8000 kg；
1994 年为 550 kg；1997 年黑龙江太门哲罗鲑捕捞量为 650～800 kg、呼玛河 150～
200 kg、嫩江 180～200 kg，黑龙江流域合计 1000～1500 kg（董崇智等，1998）。

　　全球哲罗鲑属的资源量总体已处于濒危状况，多瑙河哲罗鲑在 2012 年以前
就已被列入 IUCN 红色名录，为进一步对其他 3 种哲罗鲑进行保护，Rand（2013）
评估了其资源量和濒危程度，根据 Rand 的评估，太门哲罗鲑在过去 51 年间（3
代）分布范围缩减了 44.5 万 km²（表 1-6，表 1-7），太门哲罗鲑的栖息区域在俄
罗斯（伏尔加、乌拉尔和北极水系）减少了 3.2%，在中国（黑龙江流域）减少了
6.9%，而在蒙古国减少了 19.1%。

表 1-6　太门哲罗鲑历史分布区域及变化情况

国家/区域	历史分布面积（km²）	历史分布比率（%）	目前分布面积（km²）	目前分布比率（%）	总丢失面积（km²）	总丢失比率（%）
中国（黑龙江流域）	781 036	6.3	726 780	6.0	54 256	12.2
中国（阿尔泰）	12 873	0.1	12 873	0.1	0	0.0
蒙古国	462 935	3.7	374 283	3.1	88 652	19.9
俄罗斯（伏尔加、乌拉尔和北极水系）	9 507 989	76.7	9 205 927	77.0	302 062	67.9
俄罗斯（黑龙江流域）	879 068	7.1	879 068	7.4	0	0.0
哈萨克斯坦	760 431	6.1	760 431	6.4	0	0.0
总计	12 404 332	100	11 959 362	100	444 970	100
				分布范围减少比率		3.60

注：摘自 Rand（2013）的数据

表 1-7　　太门哲罗鲑栖息区域缩小情况

国家/地区	栖息区域缩小比率（%）
中国（黑龙江流域）	6.9
蒙古国	19.1
俄罗斯（伏尔加、乌拉尔和北极水系）	3.2

注：摘自 Rand（2013）的数据

在俄罗斯境内黑龙江流域太门哲罗鲑的群体每年减少 4.2%，在过去 51 年或 3 代以内群体数量减少了 90%（图 1-8），在俄罗斯的伏尔加河、乌拉尔河、伯朝拉河、鄂毕河、叶尼塞河、勒拿河、图古尔河和乌达河流域中，共有 57 条河流水系中有太门哲罗鲑的分布，在这 57 条河流水系中太门哲罗鲑的群体可以分为 4 类：濒临灭绝、显著下降（下降 50%以上）、中等程度下降（下降程度在 30%～50%）和低等程度下降（下降程度小于 30%）。在这 57 条河流水系中，有 39 条河流中的太门哲罗鲑已经灭绝或显著下降，仅有几个群体维持稳定。在西伯利亚中部地区，学者预测太门哲罗鲑在未来 3 代以内下降程度至少在 30%。虽然相关的数据不太详细，但 Rand（2013）认为俄罗斯境内的 57 条河流中群体损失率至少在 30%。

在蒙古国境内，太门哲罗鲑分布区域从 1985 年以来减少了约 60%，群体减少了至少 50%。基于 2006 年蒙古国红色名录中的评估数据，Rand（2013）认为蒙古国境内太门哲罗鲑资源量在过去 3 代以内的损失率为 50%。Post 等（2009）预测埃格河和乌尔河中太门哲罗鲑现有资源量仅为 2320 尾[95%置信区间（CI）：

1363～4517], 总量为 5810 kg（95% CI：4920～6700 kg），每年的自然存活率为
86%（95% CI：0.84～0.88）。而在中国新疆和黑龙江境内太门哲罗鲑在过去 3 代
以内的损失率估计分别为 87% 和 91%。根据 IUCN 评估原则，太门哲罗鲑的濒危
程度为易危（vulnerable，VU）。

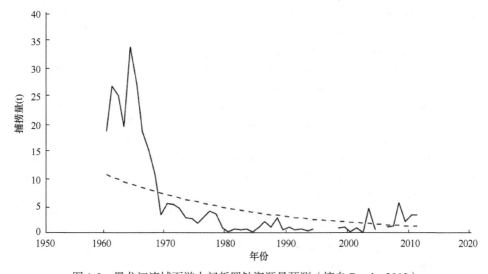

图 1-8　黑龙江流域下游太门哲罗鲑资源量预测（摘自 Rand，2013）

根据 1960～2011 年俄罗斯官方记录的黑龙江流域下游太门哲罗鲑捕捞量预测的哲罗鲑资源量变化情况，虚线为
预测的指数模型，实线为 1960～2011 年太门哲罗鲑捕捞量记录

　　川陕哲罗鲑历史分布面积约为 5000 km²，而目前仅为 100 km²，川陕哲罗鲑的
分布区域已经严重片段化，且持续缩小的群体丰度在过去 3 代以内减少了 50%～
80%，预计群体丰度在未来 3 代以内会继续减少 50%。其性成熟个体的数量为 2000～
2500 尾，在未来 2 代（34 年）以内群体数量减少比率估计至少为 20%，因此根据
IUCN 评估原则，川陕哲罗鲑应为极危（critically endangered，CR）（Rand，2013）。

参 考 文 献

董崇智，李怀明，牟振波，等. 2001. 中国淡水冷水性鱼类. 哈尔滨：黑龙江科学技术出版社.
董崇智，李怀明，赵春刚. 1998. 濒危名贵鱼类哲罗鱼保护生物学的研究Ⅲ. 哲罗鱼的资源评价
　　及濒危原因. 水产学杂志，11（2）：40-45.
冯敏，任慕莲. 1990. 新疆哈纳斯湖科学考察. 北京：科学出版社.
姜作发，唐富江，尹家胜，等. 2004. 乌苏里江上游虎头江段哲罗鱼种群结构及生长特性. 东北
　　林业大学学报，32（4）：53-55.
任慕莲，郭炎，张人铭，等. 2002. 中国额尔齐斯河鱼类资源及渔业. 乌鲁木齐：新疆科技卫生
　　出版社.

孙兆和, 赵文, 王庆有, 等. 1992. 石川氏哲罗鱼的生物学及其资源保护和人工养殖的与设想. 吉林农业大学学报, S1: 135-137.

薛淑群, 尹洪滨, 尹家胜, 等. 2015. 哲罗鱼 (*Hucho taimen*) 染色体组型与 DNA 含量分析. 广东海洋大学学报, 30 (3): 6-10.

张觉民. 1995. 黑龙江省鱼类志. 哈尔滨: 黑龙江科学技术出版社.

中国科学院动物研究所, 中国科学院新疆生物土壤沙漠研究所, 新疆维吾尔自治区水产局. 1979. 新疆鱼类志. 乌鲁木齐: 新疆人民出版社.

Arai R. 2011. Fish Karyotypes: A Check List. Tokyo: Springer.

Crête-Lafrenière A, Weir L K, Bernatchez L. 2012. Framing the Salmonidae family phylogenetic portrait: a more complete picture from increased taxon sampling. PLoS One, 7 (10): e46662.

Esteve M, Gilroy D, McLennan D A. 2008. Spawning behaviour of taimen (*Hucho taimen*) from the Uur River, Northern Mongolia. Environmental Biology of Fishes, 84 (2): 185-189.

Esteve M, McLennan A D, Kawahara M. 2009. Spawning behaviour of Sakhalin taimen, *Parahucho perryi*, from northern Hokkaido, Japan. Environmental Biology of Fishes, 85 (3): 265-273.

Esteve M, Unfer G, Pinter K, et al. 2013. Spawning behaviour of Danube huchen from three Austrian rivers. Archives of Polish Fisheries, 21 (3): 1-9.

Freyhof J, Weiss S, Adrović A, et al. 2015. The Huchen *Hucho hucho* in the Balkan region: distribution and future impacts by hydropower development. River Watch & EuroNatur: 30.

Frolov S, Sakai H, Ida H, et al. 1999. Karyotype of Siberian taimen *Hucho taimen* from Amur River Basin. Chromosome Science, 3: 33-35.

Holčík J, Henseil K, Nieslanik J, et al. 1988. The Eurasian Huchen, *Hucho hucho*: Largest Salmon of the World. Dordrecht: Dr. W. Junk Publishers.

Ihut A M, Zitek A, Weiss S, et al. 2014. Danube salmon (*Hucho hucho*) in Central and South Eastern Europe: a review for the development of an international program for the rehabilitation and conservation of Danube salmon populations. Bulletin UASVM Animal Science and Biotechnologies, 71 (2): 86-101.

Kartavtseva I V, Ginatulina L K, Nemkova G A, et al. 2013. Chromosomal study of the lenoks, *Brachymystax* (Salmoniformes, Salmonidae) from the South of the Russian Far East. Journal of Species Research, 2 (1): 91-98.

Marić S, Alekseyev S, Snoj A, et al. 2014. First mtDNA sequencing of Volga and Ob basin taimen *Hucho taimen*: European populations stem from a late Pleistocene expansion of *H. taimen* out of western Siberia and are not intermediate to *Hucho hucho*. Journal of Fish Biology, 85 (2): 530-539.

Mercado-Silva N, Gilroy D J, Erdenebat M, et al. 2008. Fish community composition and habitat use in the Eg-Uur River system, Mongolia. Mongolian Journal of Biological Sciences, 6 (1-2): 21-30.

Mikheev P B, Ogorodov S P. 2015. On the catch of Siberian taimen in the Lower Kama Reservoir. Journal of Ichthyology, 55 (6): 732-733.

Ocalewicz K, Woznicki P, Jankun M. 2007. Mapping of rRNA genes and telomeric sequences in Danube salmon (*Hucho hucho*) chromosomes using primed *in situ* labeling technique (PRINS). Genetica, 134 (2): 199-203.

Phillips R, Rab P. 2001. Chromosome evolution in the Salmonidae (Pisces): an update. Biology Review,

76: 1-25.

Post J, Jensen O P, Gilroy D J, et al. 2009. Evaluating recreational fisheries for an endangered species: a case study of taimen, *Hucho taimen*, in Mongolia. Canadian Journal of Fisheries and Aquatic Sciences, 66（10）: 1707-1718.

Rand P S. 2013. Current global status of taimen and the need to implement aggressive conservation measures to avoid population and species-level extinction. Archives of Polish Fisheries, 21（3）: 1-10.

Roberge J, Angelstam P. 2004. Usefulness of the umbrella species concept as a conservation tool. Conservation Biology,18（1）: 76-85.

Shedko S V, Ginatulina L K, Parpura I Z, et al. 1996. Evolutionary and taxonomic relationships among Fa-Eastern salmonid fishes inferred from mitochondrial DNA divergence. Journal of Fish Biology, 49（5）: 815-829.

Shedko S V, Miroshnichenko I I, Nemkova G A. 2012. Phylogeny of salmonids (Salmoniformes: Salmonidae) and its molecular dating: analysis of nuclear *RAG1* gene. Russian Journal of Genetics, 48（5）: 575-579.

Shedko S V, Miroshnichenko I I, Nemkova G A. 2013. Phylogeny of salmonids (Salmoniformes: Salmonidae) and its molecular dating: analysis of mtDNA data. Russian Journal of Genetics, 49（6）: 623-637.

Wilson M, Williams R. 2010. Salmoniform fishes: key fossils, supertree, and possible morphological synapomorphies. *In*: Origin and Phylogenetic Interrelationships of Teleosts. München: Verlag Dr. Friedrich Pfeil: 379-409.

Zolotukhin S. 2013. Current status and catch of Siberian taimen (*Hucho taimen*) in the lower Amur River. Archives of Polish Fisheries, 21（3）: 1-4.

第二章 生物学特征

中国境内水域分布有哲罗鲑属的 3 个种，分别为太门哲罗鲑（*Hucho taimen*）、川陕哲罗鲑（*Hucho bleekeri*）和石川哲罗鲑（*Hucho ishikawai*）。川陕哲罗鲑分布在四川、陕西、青海等秦岭地区，为我国特有物种；石川哲罗鲑仅分布在鸭绿江流域，这两个物种资源稀少，研究资料十分匮乏。太门哲罗鲑分布较为广泛，20世纪 60 年代物种资源丰富，研究资料相对完整，也是唯一实现全人工繁殖和苗种规模化培育的种类。近年来，由于环境破坏、过度捕捞等，野生太门哲罗鲑资源急剧下降，现已成为濒危物种。本章对太门哲罗鲑的生物学特征进行了综述，部分内容摘自 *The Eurasian Huchen, Hucho hucho: Largest Salmon of the World*（Holčík et al.，1988）。除特别指出以外，本章及以后的章节中，哲罗鲑泛指太门哲罗鲑。

第一节　形　态　特　征

哲罗鲑体形修长稍侧扁，头平扁，吻略尖，口端位，上颌略较下颌突出，口裂大。上颌骨呈游离状，向后延伸达眼后缘之后。体被椭圆形小鳞，侧线完全，位于体侧中位。背鳍居中偏前，胸鳍小，腹鳍起于背鳍后，背鳍之后有一脂鳍，尾鳍分叉较浅。体背苍青色，腹部银白色。幼体有 8～9 条横黑斑，随着生长，在体长 35～40 cm 时消失，但部分个体仍隐约可见。头部和体侧有许多黑色小斑点，繁殖期成熟雌雄鱼体从腹部到尾部包括腹鳍和尾鳍均出现橘红色的婚姻色。哲罗鲑左侧第一鳃弓外侧鳃耙数 9～18，侧线鳞 140～244，侧线上鳞 25～39，侧线下鳞 20～37。脊椎骨数 63～81。背鳍鳍式：D.ii～iv-9～13，臀鳍鳍式：A.ii～iv-7～13。幽门盲囊 150～342。

在野生环境下的哲罗鲑可量、可数性状如表 2-1 所示，养殖环境下可量性状如表 2-2 所示。哲罗鲑头长/叉长为 21.79%～25.8%，体高/叉长为 13.35%～17.84%，鳃耙数 9～13，侧线鳞 107～194。

表 2-1　野生环境下哲罗鲑可量、可数性状

性状		地理分布				
		鄂毕河（Ob'）	叶尼塞河（Enisei）	安加拉河（Angara）	勒拿河（Lena）	黑龙江流域
可量性状	叉长（mm）	411	—	691	452～750	—
	头长/叉长（%）	23.2	22.71	22.82	21.79	25.8

续表

性状		地理分布				
		鄂毕河 （Ob'）	叶尼塞河 （Enisei）	安加拉河 （Angara）	勒拿河 （Lena）	黑龙江流域
可量性状	背鳍前长/叉长（%）	44.4	46.40	45.17	45.94	48.1
	腹鳍前长/叉长（%）	55.3	56.89	55.40	55.31	—
	臀鳍前长/叉长（%）	—	75.05	72.38	74.22	—
	背鳍后长/叉长（%）	—	—	—	36.79	—
	体高/叉长（%）	16.1	17.52	17.84	13.35	15.4
	尾柄长/叉长（%）	13.6	12.67	13.36	13.11	2.9
	尾柄高/叉长（%）	6.5	6.07	6.62	5.64	5.4
	胸鳍-腹鳍间距/叉长（%）	33.7	33.40	31.69	32.41	32.1
	腹鳍-臀鳍间距/叉长（%）	20.1	18.27	16.71	19.37	—
	背鳍基部长/叉长（%）	10.0	10.20	10.58	10.68	10.9
	臀鳍基部长/叉长（%）	7.7	7.11	7.61	7.54	7.2
	尾鳍上叶长/叉长（%）	—	14.56	13.72	—	—
	尾叉长/叉长（%）	—	5.41	5.30	—	—
	胸鳍长/叉长（%）	12.6	12.40	10.92	—	13.3
	腹鳍长/叉长（%）	9.8	9.65	8.78	—	10.5
	背鳍长/叉长（%）	10.6	10.56	11.09	9.86	9.4
	臀鳍长/叉长（%）	12.5	9.96	11.26	10.43	10.6
	吻长/头长（%）	27.8	27.79	27.06	25.24	26.7
	眼径/头长（%）	14.2	9.82	14.26	12.06	10.6
	眼后长/头长（%）	—	62.23	61.02	62.95	57.9
	头高/头长（%）	—	54.79	52.23	54.00	—
	眼间距/头长（%）	29.1	26.47	27.38	27.81	24.00
	上颌长/头长（%）	38.7	38.30	36.34	40.66	—
	上颌宽/头长（%）	—	9.820	10.38	9.82	—
	下颌长/头长（%）	—	60.59	58.76	61.40	—
可数性状	背鳍鳍条数	10	9～12	10.69*	9～11	9～11
	臀鳍鳍条数	9	8～9	8.98*	7～9	8～9
	胸鳍鳍条数	14～16	14～16	14.43*	16	—
	腹鳍鳍条数	9	9	8.83*	10	—
	侧线鳞	—	107～160	—	135～194	—
	侧线上鳞	—	—	—	25～31	—
	侧线下鳞	—	—	—	25～37	—
	鳃耙数	11	9～12	12.71*	12～13	12～13

注：摘自 Holčík 等（1988）。可量性状为样本的平均值，可数性状中*为各样本的平均值，其他为性状的分布范围；—表示无数值

表 2-2　养殖环境下哲罗鲑可量性状

性状	年龄					
	0^+（n=72）	1^+（n=35）	2^+（n=61）	3^+（n=73）	4^+（n=24）	5^+（n=30）
体长（cm）	7.47±0.58	12.73±1.19	33.54±2.77	46.3±4.72	51.39±3.27	57.89±4.01
体重（g）	4.20±0.83	21.23±5.03	400.16±83.28	1 327.32±313.11	2186.26±298.24	2767.02±347.35
全长/体长（%）	1.16±0.01	1.15±0.01	1.09±0.01	1.08±0.02	1.09±0.03	1.11±0.01
体长/体高（%）	5.89±1.91	6.84±0.34	5.38±0.16	5.13±0.44	5.44±0.50	5.70±0.41
体长/头长（%）	3.80±0.22	3.81±0.08	4.62±0.17	4.71±0.34	4.19±0.14	3.99±0.20
头长/吻长（%）	2.32±0.14	3.43±0.17	3.04±0.16	3.13±0.22	3.99±0.30	3.71±0.16
头长/眼径（%）	4.20±0.28	4.34±0.18	6.52±0.55	7.19±0.73	7.10±0.72	7.68±0.69
头长/眼间距（%）	2.39±0.26	2.56±0.30	3.13±0.20	3.29±0.22	3.30±0.28	3.21±0.19
体长/尾柄长（%）	8.11±0.44	7.84±0.42	8.22±0.76	7.30±0.48	7.81±0.45	7.59±0.42

注：0^+表示大于0龄小于1龄，其他同理。数据来自著者课题组测量的值

　　哲罗鲑的体色随着不同生长阶段而变化，2月龄左右时，体表底色为暗黑色，体侧具有7~12条黑色条纹，腹部和体侧条纹间颜色为银色，且具小的黑色素斑点，斑点的密度从背部向腹部降低（图2-1），黑色条纹会持续1~2年。性成熟后，鱼体覆盖小的黑色斑点，背部颜色深，斑点多，而腹部颜色浅，斑点少。

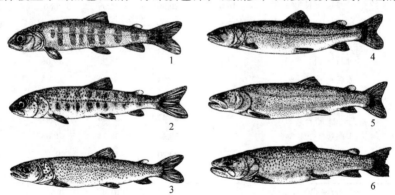

图2-1　哲罗鲑体色变化（摘自 Holčík et al.，1988）
1.2月龄，体长40 mm；2.6月龄，体长90 mm；3.1^+龄，体长210 mm；4.2^+龄，体长402 mm；5.5^+龄，体长602 mm；6.11^+龄，体长1210 mm

　　哲罗鲑的体色与生活环境也有关系，在池塘养殖环境下体色偏暗，而在野生环境下体色偏亮，体表黑色素斑点少，黑色条纹较小（图2-2）。
　　哲罗鲑在繁殖季节会出现婚姻色，主要体现在腹部和尾部出现连续的大片橘红色斑点，其腹鳍、臀鳍和尾鳍也呈现橘红色。不同生活环境下婚姻色也不同，根据 Holčík 等（1988）的描述，腹部有橘红色斑点的哲罗鲑从未在乌拉尔山脉以

西出现过，且不同水域中哲罗鲑的婚姻色也存在差异，其中一种为体侧具有较大的椭圆形橘红色斑点（另见图 1-3 中 3b 和 4），取代了连续的橘红色区域（另见图 1-3 中 2 和 3a），另一种为两侧的背、腹部均有红色斑点，形成除头部外全身的橘红色区域（另见图 1-3 中 5）。在黑龙江流域哲罗鲑的婚姻色如图 1-3 中 2 所示，腹部和尾鳍具有橘红色斑点。

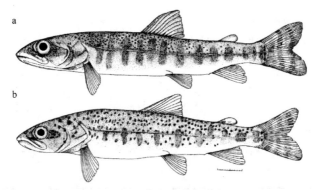

图 2-2　不同生活环境下哲罗鲑体色变化（摘自 Holčík et al.，1988）

a. 池塘养殖环境下哲罗鲑体色（体长 105 mm）；b. 野生环境下哲罗鲑体色，体长 103 mm。标尺为 10 mm

第二节　生　长　特　征

根据文献报道，哲罗鲑可以活 55 年，体重可达 60 kg，叉长 172 cm，捕捞的最大个体体长 210 cm，体重 105 kg，根据生长方程计算得出哲罗鲑最高可活 100～170 龄（Holčík et al.，1988）。虽然文献记载显示哲罗鲑可达 50 kg 以上，但通常捕捞的个体较小，黑龙江流域中捕捞的哲罗鲑个体通常在 5～10 kg（Holčík et al.，1988；尹家胜等，2003），哈坦加河（Khatanga）中捕捞的个体在 2.9～7.4 kg（Holčík et al.，1988），乌苏里江中捕捞的个体通常为 10 龄以下（表 2-3），体重在 23.5 kg 以下（表 2-4）（尹家胜等，2003）。

表 2-3　乌苏里江哲罗鲑 2000 年渔获物年龄组成

采样地点	采集月份	样本量（尾）	年龄组成									雌雄性比
			2^+	3^+	4^+	5^+	6^+	7^+	8^+	9^+	10^+～15^+	
虎头	4	137	15	13	21	48	12	6	2	3	17	1 : 0.31
	5	42	6	26	10	0	0	0	0	0	0	1 : 1.21
	9	29	7	13	9	0	0	0	0	0	0	1 : 1.23
	10	401	13	21	27	46	73	62	28	37	94	1 : 0.91
	11	57	0	0	0	5	3	8	12	2	27	1 : 0.78

续表

采样地点	采集月份	样本量（尾）	年龄组成									雌雄性比
			2+	3+	4+	5+	6+	7+	8+	9+	10+～15+	
饶河	4	28	2	12	5	8	0	1	0	0	0	1∶0.65
	5	8	3	2	3	0	0	0	0	0	0	1∶1.67
	9	2	0	2	0	0	0	0	0	0	0	0∶2.00
	10	119	12	35	37	16	10	9	0	0	0	1∶0.82
	11	6	0	0	0	0	4	2	0	0	0	1∶0.50
抓吉	4	84	7	13	11	25	14	6	8	0	0	1∶0.59
	5	19	2	4	13	0	0	0	0	0	0	1∶1.11
	9	23	3	16	4	0	0	0	0	0	0	1∶1.30
	10	307	22	55	59	57	34	41	22	17	0	1∶0.90
	11	9	0	0	0	0	5	0	0	1	0	1∶0.80

注：2+表示大于2龄小于3龄，其他同理；摘自尹家胜等（2003）

表 2-4　乌苏里江哲罗鲑各年龄段体长与体重

年龄	样本量（尾）	体长（cm）		体重（g）	
		范围	平均值	范围	平均值
2+	33	18.1～36.5	25.57±4.35	252～505	269.2±73.2
3+	31	26.3～46.2	36.38±5.26	645～1 032	610.9±193.2
4+	26	33.6～54.2	45.08±2.34	893～2 071	1 120.4±145.4
5+	32	41.1～68.6	54.00±2.66	1 205～3 550	1 797.5±225.8
6+	28	48.5～69.5	62.72±2.92	1 859～4 603	2 749.6±288.6
7+	27	55.6～81.4	71.45±3.67	2 558～8 150	3 957.4±681.8
8+	25	57.8～99.3	80.96±5.17	3 705～11 508	7 074.0±1 226.8
9+	26	56.5～101.2	88.04±5.98	4 358～14 705	8 720.6±1 724.6
10+	29	68.9～107.6	97.27±7.67	6 710～17 200	1 390.11±3 108.2
11+	28	62.9～114.7	102.24±16.08	6 350～21 850	12 787.5±5 649.9
12+	21	73.8～119.8	107.83±7.78	8 210～26 580	17 150.0±4 538.6
13+	20	85.9～126.7	112.71±8.56	10 625～25 260	19 776.0±4 228.7
14+	9	91.5～131.0	116.58±11.12	14 520～30 050	23 466.6±5 882.0

注：摘自尹家胜等（2003）。样本采集于2002年10～11月

哲罗鲑属于匀速生长型鱼类，Holčík 等（1988）总结了不同地理群体中哲罗

鲑体长与体重的关系（表 2-5），尹家胜等（2003）对 2002 年 10～11 月乌苏里江捕捞的哲罗鲑体长与体重的分析表明，乌苏里江哲罗鲑体长（L）与体重（W）的关系为 $W=0.015\,018L^{2.953\,66}$，$R^2=0.983$（$n=335$），Huo 等（2011）对额尔齐斯河 2008 年 1～12 月捕捞的哲罗鲑体长与体重的分析表明，体长（L）与体重（W）的关系为 $W=0.009L^{3.162}$，$R^2=0.977$（$n=4$）。

表 2-5 不同地理群体中哲罗鲑体长与体重的关系（摘自 Holčík et al., 1988）

水域	全长、体长或叉长范围	样本量（尾）	$\log(W)=a+b\log(SL)$ $\log(W)=a+b\log(TL)$ $\log(W)=a+b\log(FL)$	
			a	b
叶尼塞河	510～1 170 FL	—	−4.781 50	2.889 54
	469～1 077 SL	—	−4.463 92	2.817 29
	510～1 060 FL（♂）	—	−3.942 67	2.583 17
	469～975 SL（♂）	—	−3.846 53	2.582 38
	630～1 170 FL（♀）	—	−3.866 95	2.596 52
	580～1 077 SL（♀）	—	−3.777 66	2.598 11
黑龙江	767～1 200 FL	—	−5.689 10	3.238 67
	706～1 103 SL	—	−5.582 42	3.242 16
卡马河	397～996 FL	42	−5.676 71	3.236 86
	365～915 SL	42	−5.561 66	3.247 74
阿纳巴尔河	405～730 FL	26	−4.792 09	2.883 71
	373～672 SL	26	−4.675 21	2.879 09
安加拉河	280～1 050 FL	123	−5.253 96	3.087 16
	258～966 SL	123	−5.376 73	3.176 88
维季姆河	220～1 005 FL	138	−5.636 08	3.222 31
	212～925 SL	138	−5.517 21	3.221 11

注：SL. 体长；FL. 叉长；TL. 全长；W. 体重；a. 方程截距；b. 方程系数；♂. 雄鱼样本；♀. 雌鱼样本

不同水域哲罗鲑体长的增长结果显示，哲罗鲑在 15 龄之前以接近线性的速度增长（表 2-4，表 2-6，表 2-7；图 2-3），其 Von Bertalanffy 生长方程如表 2-8 所示。尹家胜等（2003）对乌苏里江哲罗鲑 2000 年捕获样本的体长的分析表明，乌苏里江哲罗鲑体长的生长方程为 $L_t=246.41[1-e^{-0.0407(t-0.4625)}]$（式中，$t$ 为年龄，L_t 表示第 t 龄时的体长），$R^2=0.996$（$n=335$）。根据文献报道，哲罗鲑在不同河流甚至同一河流中生长均存在差异，且比较分析太门哲罗鲑与多瑙河哲罗鲑的体长生长，结果表明，在 13 龄之前，多瑙河哲罗鲑的生长要快于太门哲罗鲑（图 2-3），可能是由于哲罗鲑的生活环境主要位于高纬度地区、水温相对较低的水域。

表 2-6　乌苏里江哲罗鲑体长和体重生长速度

年龄	样本量（尾）	体长（cm）	年增长（cm）	生长指标	体重（g）	年增重（g）	相对增重率（%）
2+	33	25.57	—	—	269.2	—	—
3+	31	36.38	10.81	9.017 6	610.9	341.7	126.909 1
4+	26	45.08	8.7	7.799 3	1 120.4	509.5	83.396 3
5+	32	54	8.92	8.141 6	1 797.5	677.1	60.435 9
6+	28	62.72	8.71	8.078 7	2 749.6	952.1	52.970 4
7+	27	71.45	8.73	8.173	3 957.4	1 207.8	43.924 4
8+	25	80.96	9.52	8.932 5	7 074	3 116.6	78.753 4
9+	26	88.04	7.08	6.788 1	8 720.6	1 646.6	23.277 1
10+	29	97.27	9.22	8.771	10 901.1	2 180.5	25.003 8
11+	28	102.24	4.97	4.847 9	14 787.5	3 886.4	35.651 3
12+	21	107.83	5.59	5.442 2	17 150	2 362.5	15.976 3
13+	20	112.71	4.89	4.775 3	19 776	262	15.311 9
14+	9	116.58	3.87	3.802 8	23 466.7	3 690.7	18.662 3

注：摘自尹家胜等（2003）

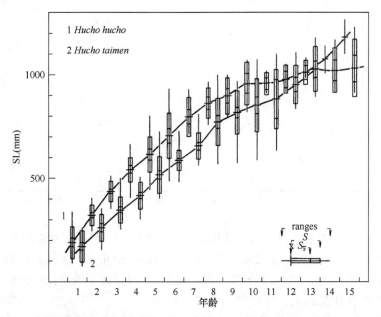

图 2-3　多瑙河哲罗鲑与太门哲罗鲑体长生长曲线（修改自 Holčík et al., 1988）

SL 表示体长；*Hucho hucho* 为多瑙河哲罗鲑；*Hucho taimen* 为太门哲罗鲑；ranges 为体长范围；S 为标准差；$\bar{x}$ 为均值；$S_{\bar{x}}$ 为均值的标准差

表 2-7　不同地理群体中哲罗鲑体长绝对生长速度（mm）（摘自 Holčík et al., 1988）

水域	年龄																						
	1	2	3	4	5	6	7	8	9	10	11	12	13	14	15	16	18	19	20	21	25	27	29
黑龙江[1]	95	191	290	381	481	582	667	759	858	952	1147	1106	1178	#	#	#	#	#	#	#	#	#	#
黑龙江[2]	#	#	#	#	704	#	#	883	943	984	#	966	#	#	1132	1233	#	#	#	#	#	#	#
亚纳河（Yana）[3]	122	200	281	301	398	554	625	787	#	#	#	#	#	#	#	#	#	#	#	#	#	#	#
阿尔丹河（Aldan）[4]	#	247	299	353	#	#	#	#	#	#	#	#	#	#	#	#	#	#	#	#	#	#	#
维柳伊河（Vilyui）上游[3]	74	156	258	377	478	580	662	763	782	920	1012	#	1132	#	#	#	#	#	#	#	#	#	#
维柳伊河（Vilyui）下游[4]	101	175	248	331	414	506	570	690	754	791	819	828	929	#	#	#	#	#	#	#	#	#	#
勒拿河（Lena）[5]	197	312	308	#	511	#	#	#	#	#	#	#	#	#	#	#	#	#	#	#	#	#	#
勒拿河（Lena）[6]	#	221	331	441	516	605	669	753	845	922	1005	1065	1123	1172	1227	1292	#	#	#	#	#	#	#
勒拿河（Lena），维季姆河（Vitim）[7]	248	285	359	421	440	598	686	#	#	865	805	#	#	#	#	957	#	#	#	1168	#	#	#
基康加河（Kirenga），维季姆河（Vitim）[8]	212	292	340	401	460	546	615	672	710	768	800	925	925	#	#	#	#	#	#	#	#	#	#
奥列尼奥克河（Olenek）[3]	240	#	411	423	727	727	810	998	969	#	1136	#	#	#	#	#	#	#	#	#	#	#	#
阿纳巴尔河（Anabar）[9]	#	#	#	401	501	547	568	632	570	587	629	#	#	#	#	#	#	#	#	#	#	#	#
弗罗利卡湖（Frolikha Lake）[7]	#	#	#	#	#	#	#	563	#	#	#	#	#	#	#	#	#	#	#	#	#	#	#

续表

水域	年龄																						
	1	2	3	4	5	6	7	8	9	10	11	12	13	14	15	16	18	19	20	21	25	27	29
弗罗利卡河（Frolikha River）[7]	#	277	343	471	566	630	743	858	897	#	#	957	984	1086	#	#	#	#	#	1159	1236	1260	1306
贝卡夫湖（Baikaf Lake）[7]	260	302	341	409	444	524	589	#	#	#	#	#	#	#	#	#	#	#	#	#	#	#	#
安加拉河（Angara）[7]	#	#	506	506	589	647	708	748	814	825	844	938	1040	1012	929			#	1196	#	#	#	#
安加拉河（Angara）[10]	258	322	359	396	474	573	626	724	757	776	822	874	925	929	952	#	#	#	#	#	#	#	#
布拉茨克水库（Bratsk Reservoir）[11]	#	#	#	344	403	543	#	#	#	#	#	#	#	#	#	#	#	#	#	#	#	#	#
石什基德河（Shishkhid）[12]	112	238	340	415	483	560	627	742	810	#	#	#	#	#	#	#	#	#	#	#	#	#	#
叶尼塞河（Enisei）[13]	#	#	#	#	#	570	607	644	708	736	810	883	892	911	#	994	1730	1003	975	#	#	#	#
叶尼塞河（Enisei）[2]	#	#	446	553	582	639	745	938	948	1076	#	#	#	#	#	#	#	#	#	#	#	#	#
维舍拉河（Vishera）[14]	#	365	404	509	547	607	650	915	823	#	#	#	#	#	#	#	#	#	#	#	#	#	#

注：#表示无数值。[1]Nikol'skii（1956）；[2]Pravdin（1949）；[3]Kirillov（1972）；[4]Kirillov（1964）；[5]Borisov（1928）；[6]Pirozhnikov（1955）；[7]Misharin and Shutilo（1971）；[8]Kalashmikov（1978）；[9]Kirillov（1976）；[10]Olifer（1977）；[11]Luk'yanchikov（1967a）；[12]Chitravadivelu（1972）；[13]Podiesnyi（1958）；[14]Bukirev（1967）

表2-8　哲罗鲑体长生长方程（摘自 Holčík et al., 1988）

水域	L_∞	K	t_0
黑龙江	3018	0.04	0.45
勒拿河	2061	0.06	0.32
维柳伊河上游	1500	0.11	1.33
维柳伊河下游	1093	0.14	1.17
石什基德河	999	0.14	0.50
安加拉河	1004	0.16	0.50

注：表中符号为 Von Bertalanffy 生长方程的参数，Von Bertalanffy 生长方程：$L_t = L_\infty(1-e^{-K(t-t_0)})$，式中，$t$ 表示年龄，L_t 表示第 t 龄时的体长

不同地理群体中哲罗鲑体重增长速度如表2-6和表2-9所示，根据乌苏里江哲罗鲑各年龄段体重的数据，乌苏里江哲罗鲑体重生长方程为 W_t=174 075.72 $[1-e^{-0.0407(t-0.4622)}]^{2.9537}$，$r$=0.998（$n$=343）。

表2-9　哲罗鲑体重绝对生长速度（kg）（摘自 Holčík et al., 1988）

水域	年龄															
	1	2	3	4	5	6	7	8	9	10	11	12	13	14	15	16
黑龙江	—	—	—	5	—	—	—	7.2	9.4	10.1	—	9	—	—	14	23.2
叶尼塞河	—	—	1	2.07	1.8	3	3.8	—	8	9.7	11	—	—	—	—	—
勒拿河	—	0.07	0.34	0.72	1.2	2.3	3.8	4.8	6.6	9.5	11.6	—	—	—	—	—
伊蒂姆河（Yitim）	0.09	0.26	0.47	0.78	1.2	2.1	3.4	4.6	5.7	—	—	11.9	11	—	—	—
布拉茨克水库	—	—	—	0.59	0.9	3	—	—	—	—	—	—	—	—	—	—
安加拉河	0.18	0.38	0.54	0.8	1.5	2.5	3.4	4.7	5.8	6.8	8	9.4	9.8	10.5	12.6	—
卡马河	—	0.56	0.75	1.7	2	3.9	3.8	10.2	8							

第三节　栖　息　地

哲罗鲑是淡水生活的鱼类，属于近岸型或者溯河鱼类，主要栖息于河流、湖泊、水库中。在河流中从上游的溪流到三角洲地区均有分布，而在湖泊和水库中一般生活在近岸的水域中。

哲罗鲑栖息地根据年龄和体型大小而有所不同，在幼鱼阶段（2龄以下），主要栖息于：①底质为砾石或泥底的浅滩和中等深度的有流水的支流中；②底质为泥底，与干流相连的靠近河岸的平静水域；③宽阔河床中由砾石分隔成具有浅水流动的分支处；④小的支流中。2龄以上和性成熟个体主要栖息于（图2-4）：

①急流、瀑布、堰、水闸和瀑布下方的深洞，经常被悬垂的树木遮挡；②浅滩和防波堤岩石后方形成漩涡后的平静水域；③支流入河口上游、下游；④水流冲刷的区域；⑤河床上巨石、码头和其他障碍物后方；⑥在河床的侧支及其分叉处的汇合处；⑦河流弯道的凸面水域；⑧河床突然变窄的区域；⑨湖泊、水库等平静的水域，如贝加尔湖的湖岸，但一般情况下数量较少。

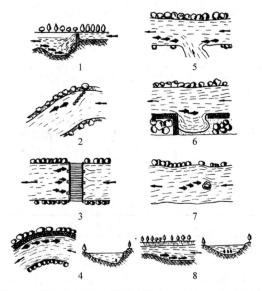

图 2-4　哲罗鲑栖息地类型（摘自 Holčík et al., 1988）

1. 堰下方的底部深洞；2. 浅滩和防波堤的岩石后方；3. 桥墩下方；4. 河流弯道的凸面；5. 支流入河口上游和下游；6. 河流一侧外突的凹洞；7. 障碍物下游；8. 激流的底部

哲罗鲑具有较强的领地意识，每个领地内一般栖息几尾鱼。哲罗鲑具有 10 个以上的领地，每个领地范围平均为 23 km（0.5 m 至 93.2 km），90%的领地保持在 38 km 范围内。哲罗鲑会在领地之间进行迁徙，迁徙具有 4 个主要的模式：①领地核心范围内移动；②领地核心范围内季节性离开；③领地核心范围内单个季节的迁移；④领地转移。5~6 月（繁殖和繁殖后）及 8~10 月迁徙频繁（Gilroy et al.，2010）。

第四节　食　　性

哲罗鲑属肉食性鱼类，食物种类包括无脊椎动物、鱼类等水生动物，以及陆生昆虫、哺乳动物、鸟类、爬行类等陆生动物。不同年龄的哲罗鲑的食物组成并不一致，在幼鱼阶段，基本以无脊椎动物为食，而在成鱼阶段，则主要以鱼类为食，偶尔也捕食哺乳动物、爬行动物等。

一、幼鱼食物组成

稚鱼转向外源营养后，开始捕食无脊椎动物。体长 23～26 mm、体重 80 mg 左右的稚鱼捕食溞类、陆生昆虫，但主要以蜉蝣的若虫为食，占 90%，平均每条鱼的胃容物中包括 4 条若虫（Matveyev et al., -1998）。体长 51.8 mm、体重 1.41 g 时，幼鱼开始捕食小型鱼类，在此阶段，胃容物中 40% 是鱼类，包括拉氏鲅（*Phoxinus lagowskii*）、大鳍鱊（*Acanthorhodeus macropterus*），60% 是无脊椎动物。体长 75.5 mm、体重 3.98 g 时，主要捕食鱼类，猎物除上述鱼类外，还包括犬首鮈（*Gobio gobio cynocephalus*）、须鳅（*Orthrias barbatulus*）、杜父鱼（*Mesocottus haitej*）和中华多刺鱼（*Pungitius pungitius sinensis*）等。

幼鱼开始捕食鱼类的时间与年龄和大小有关，根据 Holčík 等（1988）的综述，在 Khor 河中，体长 50 mm 的哲罗鲑开始捕食鱼类，而 Nagy（1976）则认为体长 90 mm 的 0～2[+]龄哲罗鲑开始捕食鱼类。多数学者认为哲罗鲑在 0～2 龄时开始从捕食无脊椎动物向捕食鱼类转换，部分学者认为哲罗鲑直到 3～5 龄时才会捕食鱼类。

哲罗鲑幼鱼除捕食无脊椎动物外，还会捕食所有的大小适口的水生动物和陆生生物，包括甲壳纲动物、蠕虫、软体动物、水生和陆生昆虫。

二、成鱼食物组成

成鱼主要以鱼类为食，除此之外还捕食哺乳动物、鸟类和爬行动物，哲罗鲑的食物种类包含 50 个物种（表 2-10）。

表 2-10 哲罗鲑成鱼食物组成（摘自 Holčík et al., 1988）

拉丁科名	拉丁种名	拉丁科名	拉丁种名
Petromyzontidae	*Lethenteron japonicum*	Salmonidae	*Coregonus lavaretus*
Acipenseridae	*Acipenser ruthenus*		*Coregonus muksun*
	Acipenser baeri		*Thymallus baicalensis*
Esocidae	*Esox lucius*		*Thymallus thymallus*
	Esox reicherti	Cobitidae	*Orthrias barbatulus*
Salmonidae	*Oncorhynchus keta*		*Cobitis taenia*
	Oncorhynchus gorbuscha	Bagridae	*Pseudobagrus fulvidraco*
	Salmo salar	Gadidae	*Lota lota*
	Salvelinus sp.	Percidae	*Perca fluviatilis*
	Hucho hucho		*Gymnocephalus cernuus*
	Brachymystax lenok	Cyprinidae	*Rutilus rutilus*
	Stenodus leucichthys		*Leuciscus leuciscus*
	Coregonus sardinella		*Leuciscus idus*
	Coregonus tugun		*Leuciscus waleckii*
	Coregonus ussuriensis		*Phoxinus lagowskii*

拉丁科名	拉丁种名	拉丁科名	拉丁种名
Cyprinidae	*Phoxinus phoxinus*	Cyprinidae	*Carassius carassius*
	Xenocypris macrolepis		*Carassius auratus*
	Pseudorasbora parva	Gasterosteidae	*Pungitius pungitius*
	Gobio gobio		*Gasterosteus aculeatus*
	Saurogobio sp.	Eleotridae	*Perccottus glehni*
	Hemibarbus labeo	Cottidae	*Mesocottus haitej*
	Erythroculter mongolicus		*Cottus poecilopus*
	Hemiculter leucisculus		*Cottus gobio*
	Rhodeus sericeus		*Cottus sibiricus*
	Acanthorhodeus macropterus		*Paracottus kessleri*

　　除鱼类外,哲罗鲑还会捕食一些陆生脊椎动物,包括旅鼠、花栗鼠、松鼠、蛇,以及半水生脊椎动物,如麝鼠(muskrat)、鸭,也会捕食一些大型动物,如幼犬。哲罗鲑会跳跃出水攻击小型哺乳动物(Ohdachi and Seo,2004;Matveyev et al.,1998),哲罗鲑捕食这些陆生动物,一种可能是在动物过河游泳时捕食,另一种可能是当陆生动物在水边或泅渡过河时捕食。

三、食物大小

　　哲罗鲑捕食猎物的平均体长与哲罗鲑自身的叉长成正比关系,随着生长比例会加大(表 2-11)。叉长 23~26 mm 的幼鱼一般捕食占自身叉长 8%~10%的猎物,叉长 50~190 mm 的幼鱼捕食占自身叉长 11%~40%的猎物,叉长 200~300 mm 的哲罗鲑捕食猎物的体长平均为自身叉长的 17%,叉长<400 mm 的哲罗鲑捕食猎物的体长为自身叉长的 29%;而对于更大的哲罗鲑,猎物的体长可达自身叉长的 42%。最小的猎物相对大小为自身叉长的 11%~17%。猎物大小与自身叉长(FL)的关系可以用以下方程表示:大小=−1.99+0.29 FL(r=0.75)。

表 2-11　哲罗鲑捕食猎物的大小与自身叉长的关系(摘自 Holčík et al., 1988)

年龄组	叉长(cm)	平均猎物大小(cm)	平均相对猎物大小(占自身叉长的比例)(%)
0~1	33	7.5	22
3~4	38~45	9	20~29
4~5	53~57	10.7	18~20
6	67	11	15.9
9~10	78~84	13	15~16

　　哲罗鲑捕食猎物的大小在各季节中也有差别,1 龄幼鱼在秋季捕食相对较大的猎物,可占自身叉长的 20%~43%,而在夏季则为 10%~25%,在翌年的春季则为 15%~22%。性成熟的个体在秋季捕食猎物的大小从占自身叉长的 10%~25%增加

到 20%～43%，而在冬季则回落到 10%～18%。

四、捕食数量

1 龄哲罗鲑幼鱼一次可捕食 1～3 个无脊椎动物，2 龄时可捕食 1～3 个无脊椎动物或 1～2 尾小鱼，而在 1～5 龄哲罗鲑的胃中发现有 1～9 尾鱼类样本。胃填充指数与季节和鱼体大小有关，夏季时填充指数约为 0.9%，秋季为 3%，冬季为 5.09%，而春季为 0.1%～3.35%。1 龄幼鱼摄食无脊椎动物，填充指数均为 2%～2.8%，但 3～5 月龄和 10～12 月龄填充指数均为 2%～5.5%。各年龄段平均摄食数量基本保持一致，但最大摄食数量变化较大，平均摄食鱼类数为 2.2 尾，最大摄食月龄数在 8 月（5 尾），6 月为 3 尾，7 月为 2.1 尾，9 月为 2 尾，10 月为 4 尾。分析从安加拉河上游采集的样本，结果显示，在大个体的哲罗鲑胃中，最多发现过 22 尾秋季产卵的贝加尔湖白鲑。在卡马河中，摄食最多个体的胃中有多达40 条真鱥（*Phoxinus phoxinus*）和多达 15 条石鳅（*Orthrias barbatulus*）。

野生环境中哲罗鲑的饵料系数并不确定，一般认为 2 龄时为 5，5 龄时为 10，20 龄时为 19；而在池塘养殖环境中，一般为 4～5。

第五节　繁　殖　特　性

一、性成熟年龄及性比

雄性哲罗鲑初次性成熟年龄一般在 3～8 龄，体重约 1 kg，而雌性初次性成熟年龄为 4～8 龄，体重约 2 kg，但不同区域哲罗鲑性成熟年龄和体重有微小的差异（表 2-12），贝加尔湖支流栖息的哲罗鲑性成熟年龄为 5～7 龄，全长 50～70 cm，体重 2.5～3 kg，而贝加尔湖中溯河型哲罗鲑雄性 7～8 龄性成熟，全长大于 80 cm，体重 6～7 kg，雌性个体 8～9 龄性成熟，最大体长 90 cm，体重 9 kg。相对于溯河型哲罗鲑，在大的支流中栖息的哲罗鲑性成熟早，这是因为支流中较高的水温加快了卵子和精子成熟（Matveyev et al., 1998）。乌苏里江哲罗鲑性成熟年龄雄鱼为 5 龄，雌鱼为 6 龄（尹家胜等，2003）。

表 2-12　不同区域中哲罗鲑的性成熟年龄、体长和体重（摘自 Holčík et al., 1988）

区域	年龄	体长（mm）	体重（kg）
西伯利亚，远东地区	4～5	400～500	—
黑龙江流域	4	368	—
勒拿河	7	451	1.5
叶尼塞河	—	442	0.5
维柳伊河	6	552	2

区域	年龄	体长（mm）	体重（kg）
卡马河	7	—	—
哈坦加河	8	552	3
安加拉河	6～7	552～644	2～2.1
阿纳巴尔河	7	568	1.9
维季姆河	7	644	3.2

　　研究表明，野生环境下性成熟的哲罗鲑并不是每年都能进行繁殖，有些个体在繁殖季节仍在原来的栖息地生活。根据 Holčík 等（1988）的综述，哲罗鲑可以隔年繁殖或每 3 年繁殖一次。在贝加尔湖，在繁殖季节前捕获的性成熟亲鱼中，有些鱼的性腺处于 II 期休眠状态，说明哲罗鲑并不是每年都产卵，这种现象在北纬的许多鲑科鱼类中也存在，主要归因于较短的生长季节阻碍了单一生长季中性腺的完全发育（Matveyev et al.，1998）。尹家胜等（2003）也证实，在乌苏里江 4 月捕捞的哲罗鲑中，6 龄以上性成熟雌鱼部分性腺发育为 II 期，性腺指数（GSI）为 0.055～0.296，当年不能产卵；10～11 月，6 龄以上的雌鱼约 1/3 个体性腺发育到 IV 期，GSI 为 3.72～4.85，卵粒直径为 3.1～3.8 mm，翌年可以产卵，但另外 2/3 个体性腺仅发育到 II 期，GSI 为 0.025～0.068，翌年不能产卵。10～11 月，5 龄以上雄鱼性腺均发育到 IV 期，GSI 为 1.83～2.57，翌年可以参加繁殖（尹家胜等，2003）。

　　哲罗鲑的雌雄性比一般为 1：1 至（2～3）：1，最多时雄鱼和雌鱼比例可达7：1，一般情况下，雄鱼数量要多于雌鱼数量，这可能归因于雌鱼需要较多的食物和能量用于性腺的发育，频繁的捕食活动导致雌鱼易于被捕杀（Holčík et al.，1988）。

二、繁殖季节

　　哲罗鲑一般在 4～7 月繁殖，在黑龙江流域、阿尔泰山脉、北乌拉尔山区域哲罗鲑在 4～5 月繁殖，在其他地区基本在 5～7 月繁殖，如勒拿河中哲罗鲑在 5～7 月繁殖，安加拉河和卡马河中哲罗鲑在 5～6 月繁殖。繁殖时间主要和水温及气候有关，若水温偏低，哲罗鲑的繁殖可能推迟几周。在水温上升到 6～10℃时，哲罗鲑会抵达产卵场，在西伯利亚地区水温 3℃时，在产卵场也发现有哲罗鲑。在中国境内黑龙江流域的支流中，哲罗鲑一般在 5～10℃开始繁殖，而在安加拉河哲罗鲑在 6～12℃繁殖。Vander 等（2007）对蒙古国的哲罗鲑繁殖时间的建模表明，繁殖时间=0.006 586×纬度+0.001 08×经度+0.0041×海拔−29.395。

　　繁殖持续的时间也主要与水温有关，如果水温适宜且相对稳定，则繁殖时间短，繁殖时间可持续 10～14 d；而在天气恶劣、温度不定的情况下，繁殖时间可持续 3 周。

三、产卵场及生殖洄游

哲罗鲑繁殖时会从栖息地洄游到产卵场，产卵场位于山麓脚下的溪流中，但也有少数个体在大河里。产卵场位于宽 2~3 m、深 0.4~1.5 m、水流速 0.6~1.0 m/s、具有砾石底质的溪流中。在黑龙江流域哲罗鲑产卵场一般水深 0.5~1.5 m。哲罗鲑产卵场也可能与其他鲑科鱼类的产卵场重叠，如大麻哈鱼（ *Oncorhynchus keta* ）。

哲罗鲑从栖息地向产卵场洄游的距离与年龄及体型大小有关，体型大的鱼一般在大江中生活，也可能在大江中繁殖。其洄游距离在几千米到几百千米，一般认为在 10~25 km。哲罗鲑在生殖洄游时可跨越小落差的障碍，但不能克服几十米高度的落差，因此水坝等会阻碍哲罗鲑的生殖洄游。

哲罗鲑具有产卵场记忆本能，每年洄游到同一地方进行繁殖，这种本能可能是可遗传的，会持续几代时间。

四、繁殖行为

春季，随着冰雪融化，哲罗鲑从大的、深的河流洄游到小的、狭窄的溪流中，寻找砂石底质、清澈、水文条件合适的溪流进行繁殖。Esteve 等（2009）采用水下摄像机详细记录了哲罗鲑在蒙古国 Uur 河中的繁殖行为，结合 Holčík 等（1988）的综述，得知哲罗鲑的繁殖行为可以分为 4 个步骤：①雌雄配对并洄游到产卵场；②雌鱼挖掘产卵坑；③产卵；④返回栖息地。

哲罗鲑繁殖时雌雄比例一般为 1 : 1，其繁殖行为与其他鲑科鱼类相比在雌雄配对上具有显著的差异。其他鲑科鱼类雌雄配对是一个活跃的过程，在产卵场进行，并持续整个产卵过程。而哲罗鲑的雌雄配对发生在到达产卵场之前，在产卵前 2 周雌雄配对就已完成，雄鱼会选择一尾雌鱼，并一直陪伴雌鱼直到繁殖结束，且雄鱼会驱赶其他雄鱼的入侵。哲罗鲑的雌雄配对会持续几天甚至几周，在配对过程中雄鱼之间会发生争斗，胜利者会陪伴在雌鱼身边，在此过程中雄鱼可能会受伤并导致死亡。

到达产卵场后，雌鱼会周期性地下降到河底，用尾部触碰底质，以选择合适的位置挖掘产卵坑，这个过程将持续 2~4 d。在选择好位置之后，雌鱼会用尾部击打河底，挖掘产卵坑，雄鱼也辅助雌鱼进行挖掘。在挖掘产卵坑时，雌鱼会移除表面的杂质、砂、粗砂砾，以及相当于人类头部大小的石块。在挖掘产卵坑时，雌鱼的攻击性会增强，会攻击并驱赶靠近产卵坑的其他配对的个体。雄鱼也会守护产卵坑周围几米的区域，当其他雄鱼进入产卵坑范围时会发动凶猛的攻击。

哲罗鲑挖掘的产卵坑为椭圆形洼地，长轴与溪流走向平行，产卵坑一般长120~200 cm、宽约 60 cm、深 10~40 cm。较大的个体挖掘的产卵坑也相对较大，可达 2~3 m 长、1.5~2 m 宽。在产卵完成后，产卵坑的后部较前部窄 5~10 cm，产卵坑之间相隔几米到几十米。

　　在经过几天的准备后，雌鱼开始产卵，在整个产卵过程中，哲罗鲑会发生多次排卵。排卵时雌鱼会挤压底质，臀鳍收起，张开嘴，并抖动身体，一次排卵持续 25~36 s。排卵时雄鱼位于雌鱼上方，稍后移，并持续用下颌触碰雌鱼，用腹鳍挤压雌鱼背鳍（图 2-5），排出精子，使卵受精，精子在 10℃时可保持活力 30~120 s。雌鱼产卵前会发生假排卵（虽发生排卵行为，但不排出卵子），可能是因为雌鱼没有受到足够的刺激诱导排卵。雌鱼的排卵是间歇性的，雌鱼每次会排出少量卵子，整个排卵可持续 2~5 d。早上排卵间歇持续时间较长，下午则较短，这可能受水温高低的影响，水温低间歇时间长，水温高则间歇时间短。在排卵间隙亲鱼偶尔会离开产卵坑，在产卵坑周边 2~10 m 内巡游并驱赶其他入侵鱼类。

图 2-5　哲罗鲑繁殖行为（修改自 Esteve et al., 2009）

a. 产卵坑中的哲罗鲑，雌鱼位于雄鱼下方；b. 正在挖掘产卵坑的雌鱼；c，d. 正在产卵过程中的一对哲罗鲑的
侧面观（c）和正面观（d）

　　与其他鲑科鱼类产卵后行为不同，哲罗鲑产卵后雌鱼会休息一段时间，然后用砂石覆盖受精卵，而其他鲑科鱼类产完卵后立即覆盖受精卵。产卵结束后，亲鱼在产卵坑附近巡游几天至 2 周才会离开返回夏季的栖息地。

　　在返回栖息地过程中，成对亲鱼尾部并排向下游游动，且经常相互触碰，从一个水坑游到另一个水坑。在每个水坑可能停留数小时，在此期间雄鱼会仔细检查周围环境，尤其是在较低、较浅的沙坑中，可能是在寻找一个快速撤离的地方，该过程可能会持续 2~3 周。返回到距离下游 5~10 km 时亲鱼分开，各自返回之前的领地或重新建立新的领地。

五、繁殖力

哲罗鲑雌鱼怀卵量为 $1\times10^4\sim3.4\times10^4$ 粒，黑龙江流域中国境内支流哲罗鲑怀卵量 $1\times10^4\sim3\times10^4$ 粒。尹家胜等（2003）的调查表明，5～15 龄乌苏里江哲罗鲑个体怀卵量为 4310～23 527 粒，7～10 龄雌鱼相对怀卵量 1126～1367 粒/kg。贝加尔湖北岸支流中雌性哲罗鲑的怀卵量约 2.2×10^4 粒（表 2-13）。产卵量随着生长和年龄而增加，从 9 龄体长约 98cm 时的 15 930 粒增至 29 龄体长 136 cm 时的 35 040 粒。怀卵量与年龄和体重的自然对数成正比：$\ln(F)=3.981+0.635\ln(W)$，$\ln(F)=8.546+0.590\ln(A)$，式中 F 为总怀卵量（粒），A 为年龄，W 为体重（g）。相对怀卵量从初产的 1.53 粒/g 增加到 12 龄的 1.94 粒/g。卵径从 14 龄的 4.1 mm 增长到 29 龄时的 5 mm。

表 2-13　贝加尔湖北岸支流中雌性哲罗鲑的平均绝对怀卵量和平均相对怀卵量
（摘自 Matveyev et al., 1998）

年龄	样本量（尾）	平均体长（mm）	平均体重（g）	怀卵量（粒）	相对怀卵量（粒/g）
9	2	983	10 469	15 930（15 870～15 990）	1.53（1.46～1.59）
10	1	990	10 625	18 978	1.78
11	1	997	11 850	23 069	1.94
12	2	1 045	12 436	23 910（23 800～24 020）	1.94
13	2	1 077	14 014	24 385（22 350～26 420）	1.74（1.70～1.77）
14	1	1 180	20 215	27 170	1.34
23	1	1 260	22 145	32 256	1.45
29	1	1 360	28 411	35 040	1.23

注：括号中表示怀卵量范围

哲罗鲑的繁殖力与年龄、体重等有关，其怀卵量与体长、体重、年龄的关系见表 2-14。各年龄段理论怀卵量如表 2-15 所示。

表 2-14　哲罗鲑怀卵量与体长、体重、年龄的关系（摘自 Holčík et al., 1988）

方程式	样本量（尾）
$F=-35\ 123.968\ 2+61.623\ 4SL$	6
$F=631.148\ 1+1.887\ 7W$	6
$F=-9\ 357.139\ 6+2\ 201.573\ 5A$	6
$FR=5\ 414.761\ 2-4.271\ 4SL$	6
$FR=2\ 936.596\ 8-0.130\ 9W$	6
$FR=322.881\ 3+152.565\ 3A$	6
$F=-1\ 567\ 969.453\ 7+1\ 950.264\ 8SL+1.657\ 9W$	6

续表

方程式	样本量（尾）
$F=17\ 672.418\ 9+4\ 205.383\ 8A-60.531\ 0SL$	6
$F=22\ 081.655\ 1+5\ 222.381\ 6A-2.723\ 7W$	6
$FR=32.189\ 2+0.986\ 1SL-18\ 574.373\ 2W$	6
$FR=7\ 106.342\ 9+459.553\ 7A-12.555\ 4SL$	6
$FR=-1\ 475.766\ 6+746.542\ 2A-0.631\ 3W$	6

注：F. 绝对怀卵量；FR. 相对怀卵量；SL. 体长；W. 体重；A. 年龄

表 2-15　哲罗鲑各年龄段理论怀卵量（粒）

		理论绝对怀卵量	理论相对怀卵量
体长	700 mm	8 012	2 425
	750 mm	11 094	2 211
	800 mm	14 175	1 998
体重	3 kg	6 294	2 544
	4 kg	8 182	2 413
	5 kg	10 070	2 282
	6 kg	11 957	2 151
年龄	4 龄	—	933
	6 龄	3 852	1 238
	8 龄	8 255	1 544

注：摘自 Holčík 等（1988）

产卵前雄鱼性腺指数（GSI）平均为 0.92%（0.78%～0.98%），而雌鱼性腺指数在 10.7%～11.8%，平均为 11.4%。产卵后雄性 GSI 立即下降到 0.11%，雌性下降到 1.4%～1.8%。6 月末未产出的卵和精子重新被吸收，雄性 GSI 进一步下降到 0.05%，雌性下降到 0.2%～0.11%，与上年未产卵且未成熟的哲罗鲑相似。

第六节　营 养 特 性

哲罗鲑是我国珍稀名贵鱼类，自 2003 年成功进行人工繁殖之后，在中国得到了广泛的养殖，其营养价值高是得到市场认可的原因之一。营养特性是生物学特性的重要组成部分，著者所在课题组及其他研究人员对哲罗鲑的肌肉和卵子的营养品质进行了分析，比较了养殖群体和野生群体，以及与其他鲑科鱼类营养品质的差异，本节对这些研究进行了综述，为全面了解哲罗鲑的生物学特性补充了基础资料。

一、常规营养特性

与其他鱼类相比，哲罗鲑具有高蛋白质、低脂肪的特点，其干物质中蛋白质含量高于虹鳟、金鳟、白点鲑、马苏大麻哈鱼和大西洋鲑等5种冷水性鱼类，而脂肪含量低于其他5种鱼类（表2-16）（孙中武和尹洪滨，2004）。在肌肉组织鲜样中，水分含量在74.87%～79.99%，粗蛋白质含量在12.28%～20.88%，粗脂肪含量在2.08%～4.68%，灰分含量在1.01%～2.09%（表2-16）。哲罗鲑成熟卵子的水分含量为56.68%，粗蛋白质含量为33.45%，粗脂肪含量为6.43%，灰分含量为3.42%（表2-16）（张永泉等，2015）。

表 2-16 哲罗鲑常规营养成分含量及与其他鱼类的比较（g/100g）

种类	组织	水分	粗蛋白质	粗脂肪	灰分	参考文献
虹鳟（Oncorhynchus mykiss）			76.18	15.65	5.55	
金鳟（Oncorhynchus aguabonita）			79.10	13.42	5.62	
马苏大麻哈鱼（O. masou）			76.34	15.58	5.11	孙中武和尹洪滨，2004#
白点鲑（S. pluvius）			79.02	12.7	5.89	
大西洋鲑（S. salar）			75.49	16.8	4.93	
野生哲罗鲑（H. taimen）			91.51	1.21	6.61	
养殖哲罗鲑（H. taimen）	腹部肌肉	79.68	17.45	4.68	1.12	
	内脏	75.69	15.55	3.30	1.56	
	背部肌肉	79.99	12.28	4.54	1.17	
野生哲罗鲑（H. taimen）	腹部肌肉	79.33	17.68	4.20	1.08	
	内脏	81.9	13.88	3.14	1.30	
	背部肌肉	79.78	17.26	3.78	1.01	
虹鳟（O. mykiss）		73.6	20.50	3.34	1.78	
鳜（Siniperca chuatsi）		79.03	16.75	1.50	2.67	姜作发等，2005
草鱼（Ctenopharyngodon idellus）		81.59	15.94	0.62	1.22	
青鱼（Mylopharyngodon piceus）		79.63	18.11	0.76	1.23	
鳙（Aristichthys nobilis）		76.58	16.26	3.04	1.18	
鲢（Hypophthalmichthys molitrix）		73.74	15.80	5.56	1.14	
团头鲂（Megalobrama amblycephala）		76.72	16.68	3.36	1.35	
鲫（Carassius auratus）		80.28	15.74	1.58	1.64	
鲤（Cyprinus carpio）		79.58	16.52	2.06	1.18	

种类	组织	水分	粗蛋白质	粗脂肪	灰分	参考文献
哲罗鲑（*H. taimen*）		78.01±0.23	17.44±0.39	2.08±0.10	2.09±0.17	
细鳞鲑（*B. lenok*）		77.66±0.36	17.27±0.33	2.89±0.32	1.87±0.32	张超等，2014
杂交种（*H. taimen*♀ × *B. lenok*♂）		77.78±0.33	17.54±0.39	2.39±0.25	1.98±0.12	
养殖哲罗鲑（*H. taimen*）	成熟卵子	56.68±0.714	33.45±0.131	6.43±0.021	3.42±0.031	张永泉等，2015
养殖哲罗鲑（*H. taimen*）	混合肌肉组织	74.87±0.776	20.88±0.895	2.35±0.207	1.37±0.052	著者2017年和2018年检测样本
松浦鲤（*C. carpio*）	混合肌肉组织	77.33±0.503	18.93±1.818	2.47±1.332	1.10±0.000	
松浦镜鲤（*C. carpio*）	混合肌肉组织	74.38±1.394	20.18±1.011	3.20±0.966	1.16±0.113	
方正银鲫（*C. gibelio*）	混合肌肉组织	74.87±1.545	18.97±1.718	3.70±1.548	1.23±0.052	

注：#表示各成分含量为以干物质为基础计算的含量，其他为以鲜样为基础计算的含量；松浦鲤和松浦镜鲤为相同物种的不同品种

二、氨基酸含量

对哲罗鲑中17种氨基酸的检测表明，肌肉中谷氨酸含量最高，鲜样中含量为2.65%～3.48%，占干物质的比例为12.22%～12.25%，最低为色氨酸，鲜样中含量为0.20%～0.23%，占干物质的比例为0.63%（表2-17）。氨基酸含量在鲜样中为8.92%～17.04%，在干物质中含量为74.01%～88.05%。必需氨基酸（EAA）在鲜样中含量为8.84%～10.82%，在干物质中含量为33.17%～38.37%，必需氨基酸占总氨基酸的比值为40.15%～50.8%。鲜味氨基酸（DAA）在鲜样中含量为4.57%～6.38%，在干物质中含量为27.07%～34.92%。哲罗鲑成熟卵子中氨基酸在鲜样中含量为26.82%，必需氨基酸占总氨基酸含量的43.53%，鲜味氨基酸占总氨基酸含量的31.20%。综合对比各研究结果，哲罗鲑的氨基酸含量、必需氨基酸含量和鲜味氨基酸含量均高于其他几种鱼类（表2-17）。

孙中武和尹洪滨（2004）、姜作发等（2005）、张超等（2014）及张永泉等（2015）均对哲罗鲑肌肉中的氨基酸品质进行了评价，获得的结论并不一致。孙中武和尹洪滨（2004）认为以氨基酸评分（AAS）和化学评分（CS）为标准，哲罗鲑、虹鳟、金鳟、白点鲑、马苏大麻哈鱼、大西洋鲑等6种鱼类第一限制性氨基酸均为蛋氨酸+半胱氨酸；若以AAS为标准，虹鳟、金鳟和哲罗鲑第二限制性氨基酸为苏氨酸，白点鲑为亮氨酸和苏氨酸，马苏大麻哈鱼为异亮氨酸，大西洋鲑为亮氨酸；若以CS为标准，虹鳟第二限制性氨基酸为苏氨酸，金鳟、马苏大麻哈鱼为异亮氨酸，其他3种鱼类为苯丙氨酸+酪氨酸（表2-18）。姜作发等（2005）认为若以AAS评价，赖氨酸（Lys）最高，其次为异亮氨酸（Ile），而色氨酸（Trp）最低。哲罗鲑的第一限制性氨基酸为色氨酸，第二限制性氨基酸为苏氨酸（Thr）。

表2-17　哲罗鲑氨基酸含量及与其他鱼类的比较

氨基酸种类	虹鳟[a]	金鳟[a]	马苏大麻哈鱼[a]	白点鲑[a]	大西洋鲑[a]	哲罗鲑[a]	养殖哲罗鲑[b] 腹肌	养殖哲罗鲑[b] 内脏	养殖哲罗鲑[b] 背肌	野生哲罗鲑[b] 腹肌	野生哲罗鲑[b] 内脏	野生哲罗鲑[b] 背肌	哲罗鲑[c] (n=6)	细鳞鲑[c] (n=6)	杂交种[c] (n=6)	哲罗鲑成熟卵子[d]	松浦鲤[c] (n=3)	方正银鲫[c] (n=6)	哲罗熊[c] (n=6)	松浦镜鲤[c] (n=9)
天冬氨酸 Asp	8.08	8.16	7.85	8.26	7.63	10.03	1.80	1.40	1.89	2.30	1.20	1.77	5.45±0.27	5.61±0.48	5.33±0.32	2.33±0.11	1.87±0.08	1.85±0.16	1.72±0.10	1.63±0.11
苏氨酸 Thr	3.46	3.50	3.55	3.46	3.35	4.07	0.82	0.70	0.85	1.05	0.65	0.81	2.50±0.22	2.18±0.20	2.92±0.24	1.59±0.07	0.75±0.12	0.76±0.04	0.71±0.08	0.66±0.08
丝氨酸 Ser	2.74	2.66	3.08	2.74	2.68	3.19	0.72	0.58	0.74	0.89	0.61	0.72	3.15±0.08	2.96±0.23	3.22±0.07	1.58±0.12	0.59±0.19	0.74±0.10	0.59±0.14	0.56±0.17
谷氨酸 Glu	12.25	11.94	12.22	11.60	11.67	14.9	2.69	2.30	2.80	3.48	1.66	2.65	12.22±0.32	11.86±0.40	12.17±0.28	2.93±0.20	2.80±0.30	2.94±0.56	2.61±0.23	2.44±0.27
甘氨酸 Gly	3.91	3.77	3.76	3.65	3.35	4.57	0.92	1.11	0.96	1.09	1.00	0.84	4.56±0.11	4.12±0.22	4.16±0.22	0.739±0.14	0.93±0.06	0.90±0.04	0.88±0.06	0.89±0.10
丙氨酸 Ala	4.96	4.76	4.58	4.52	4.58	5.42	0.97	0.97	0.99	1.23	0.71	0.93	4.82±0.10	4.69±0.18	4.76±0.17	2.37±0.09	1.13±0.07	1.14±0.12	1.06±0.08	0.99±0.08
半胱氨酸 Cys	0.46	0.37	0.46	0.55	0.41	0.53	0.38	0.34	0.41	0.46	0.31	0.38	0.75±0.02	0.80±0.08	0.77±0.06	0.32±0.02	—	—	—	—
缬氨酸 Val	5.50	5.85	5.57	5.58	5.35	6.39	0.92	0.84	0.96	1.18	0.71	0.93	3.55±0.08	3.49±0.11	3.58±0.07	1.54±0.10	0.99±0.04	0.90±0.08	0.87±0.04	0.80±0.08
蛋氨酸 Met	2.39	2.42	2.34	2.31	2.34	2.87	0.59	0.46	0.62	0.74	0.39	0.60	2.31±0.07	2.25±0.08	2.30±0.09	0.85±0.05	0.49±0.27	0.38±0.25	0.31±0.15	0.28±0.12
异亮氨酸 Ile	3.56	3.83	3.31	3.69	3.39	4.51	0.84	0.69	0.90	1.10	0.60	0.81	3.17±0.12	3.04±0.14	3.12±0.13	1.58±0.08	0.87±0.13	0.95±0.19	0.81±0.11	0.73±0.11
亮氨酸 Leu	6.14	6.31	5.96	6.11	5.79	7.35	1.39	0.94	1.45	1.77	1.01	1.41	6.00±0.15	5.85±0.21	6.04±0.16	2.63±0.13	1.47±0.14	1.54±0.21	1.27±0.39	1.28±0.12
酪氨酸 Tyr	2.47	2.58	2.45	2.43	2.27	2.97	0.65	0.45	0.67	0.82	0.50	0.62	2.50±0.10	2.52±0.11	2.61±0.09	1.162±0.03	0.51±0.15	0.58±0.08	0.53±0.31	0.42±0.12

续表

氨基酸种类	虹鳟[a]	金鳟[a]	马苏大麻哈鱼[a]	白点鲑[a]	大西洋鲑[a]	哲罗鲑[a]	养殖哲罗鲑[b]			野生哲罗鲑[b]			哲罗鲑[c] (n=6)	细鳞鲑[c] (n=6)	杂交种[c] (n=6)	哲罗鲑熟卵子[d]	松浦鲤[e] (n=3)	方正银鲫[e] (n=6)	哲罗鲑[e] (n=6)	松浦镜鲤[e] (n=9)
							腹肌	内脏	背肌	腹肌	内脏	背肌								
苯丙氨酸 Phe*	3.28	3.40	3.10	3.42	2.97	4.08	0.79	0.54	0.82	0.98	0.55	0.76	3.12±0.10	3.02±0.12	3.16±0.18	1.35±0.08	0.93±0.11	0.96±0.20	0.78±0.12	0.76±0.13
赖氨酸 Lys*	7.06	6.97	6.61	6.86	6.42	8.47	1.55	1.00	1.60	1.96	0.93	1.50	6.58±0.20	6.45±0.27	6.60±0.21	2.14±0.31	1.79±0.16	1.72±0.19	1.61±0.12	1.55±0.12
组氨酸 His*	1.63	1.87	1.62	1.90	1.55	1.83	0.46	0.30	0.47	0.53	0.34	0.41	1.61±0.05	1.59±0.10	1.60±0.15	0.71±0.04	0.49±0.05	0.55±0.02	0.53±0.10	0.44±0.05
精氨酸 Arg*	4.30	4.61	4.50	4.34	4.24	5.39	1.01	0.76	1.05	1.29	0.74	1.03	4.31±0.15	4.14±0.20	4.19±0.21	1.59±0.13	1.07±0.04	1.00±0.07	0.96±0.06	0.92±0.04
脯氨酸 Pro	1.05	1.29	1.28	1.21	1.34	1.38	0.31	0.42	0.32	0.42	0.32	0.31	2.10±0.05	1.97±0.09	2.15±0.49	1.38±0.04	0.64±0.05	0.63±0.11	0.63±0.09	0.57±0.06
色氨酸 Trp*	0.57	0.59	0.58	0.59	0.56	0.63	0.23	0.15	0.20	0.21	0.12	0.22	—	—	—	—	—	—	—	—
EAA	31.96	32.87	30.44	31.43	29.61	38.37	8.60	6.38	17.70	10.82	6.04	8.84	33.17±1.06	32.01±1.19	33.52±1.25	11.68	7.28	7.21	6.37	6.05
总计	73.81	74.88	72.86	73.24	69.89	88.58	17.04	13.95	8.92	21.50	12.35	16.70	74.01±1.91	70.58±2.77	74.26±1.70	26.82	17.32±1.39	17.53±2.10	15.87±1.27	14.90±1.28
E/T (%)	43.30	43.89	41.80	42.91	42.37	43.32	50.05	46.9	50.4	50.3	48.9	50.8	44.82	43.94	45.39	43.53	42.04	41.12	40.15	40.61
DAA	29.20	28.63	28.41	28.03	27.20	34.92	6.38	5.78	6.64	8.10	4.57	6.19	27.08±0.65	26.28±1.21	26.42±0.54	8.37	6.73	6.83	6.27	5.94
D/T (%)	39.56	38.23	38.99	38.27	39.92	39.42	37.44	41.43	37.51	37.67	37.00	37.07	36.58	37.23	35.58	31.20	38.86	38.94	39.5	39.87

注：●鲜味氨基酸比例；*必需氨基酸；EAA. 必需氨基酸；DAA. 鲜味氨基酸；总计. 总的氨基酸总量；E/T. 必需氨基酸占总氨基酸比例；D/T. 鲜味氨基酸占总氨基酸比例；a. 修改自孙中武和尹洪滨（2004）；b. 修改自姜作发等（2005）；c. 摘自张超等（2014）；d. 摘自张永泉等（2015）；e. 著者2017年和2018年检测结果均值；其中a和c为以干物质为基础计算的含量（g/100g），其他为以鲜样为基础计算的含量（g/100g）。杂交种为哲罗鲑♀×细鳞鲑♂）。

以 CS 评价，赖氨酸最高，其次为亮氨酸（Leu），而色氨酸最低。哲罗鲑的第一限制性氨基酸为色氨酸，第二限制性氨基酸为苯丙氨酸（Phe）+酪氨酸（Tyr）（表2-19）。张永泉等（2015）在分析哲罗鲑成熟卵子中氨基酸含量的研究中认为：以 AAS 来评价，太门哲罗鲑成熟卵子中苯丙氨酸+酪氨酸最高，其次为苏氨酸、赖氨酸和异亮氨酸，而缬氨酸最低，第一限制性氨基酸为缬氨酸，第二限制性氨基酸为蛋氨酸+半胱氨酸；以 CS 评价，苏氨酸为最高，其次是赖氨酸和亮氨酸，蛋氨酸+半胱氨酸最低，第一限制性氨基酸为蛋氨酸+半胱氨酸，第二限制性氨基酸为缬氨酸。张超等（2014）在进行哲罗鲑、细鳞鲑及其两者的杂交种的肌肉营养成分分析时认为：以 AAS 和 CS 为标准，均是杂交种的氨基酸价值高于哲罗鲑和细鳞鲑，三者之中细鳞鲑最低，必需氨基酸指数也呈同样趋势（表2-20）。

表 2-18 哲罗鲑与其他 5 种冷水鱼必需氨基酸指数的比较

种类	评分	异亮氨酸	亮氨酸	苏氨酸	丙氨酸	蛋氨酸+半胱氨酸	苯丙氨酸+酪氨酸	赖氨酸	色氨酸	必需氨基酸指数（EAAI）
虹鳟	AAS	1.17	1.15	1.14	1.45	1.06	1.36	1.7	10.75	84.58
	CS	0.88	0.94	0.97	1.02	0.61	0.91	1.31	0.44	
金鳟	AAS	1.21	1.13	1.11	1.49	1	1.24	1.62	0.75	82.98
	CS	0.92	0.93	0.95	1.05	0.57	0.84	1.25	0.44	
马苏大麻哈鱼	AAS	1.08	1.11	1.16	1.47	1.04	1.17	1.59	0.75	81.46
	CS	0.82	0.91	1	1.03	0.59	0.79	1.23	0.44	
白点鲑	AAS	1.17	1.1	1.1	1.42	1.03	1.22	1.6	0.75	81.51
	CS	0.88	0.9	0.94	1	0.59	0.82	1.23	0.44	
大西洋鲑	AAS	1.12	1.09	1.11	1.43	1.04	1.14	1.56	0.73	80.12
	CS	0.85	0.89	0.95	1	0.59	0.77	1.21	0.43	
哲罗鲑	AAS	1.23	1.14	1.11	1.41	1.05	1.27	1.7	0.68	82.89
	CS	0.93	0.94	0.95	0.98	0.6	0.85	1.31	0.41	

注：摘自孙中武和尹洪滨（2004）；AAS. 氨基酸评分，CS. 化学评分

表 2-19 哲罗鲑肌肉氨基酸评价

必需氨基酸	FAO/WHO（mg/g N）	鸡蛋蛋白（mg/g N）	养殖				野生			
			腹肌		背肌		腹肌		背肌	
			AAS	CS	AAS	CS	AAS	CS	AAS	CS
苏氨酸	292	250	1.17	1.01	3.38	3.90	3.34	2.86	3.25	2.78
缬氨酸	411	310	2.96	2.23	3.10	2.34	3.03	2.28	2.99	2.25
蛋氨酸+半胱氨酸	386	220	3.30	1.88	3.43	1.96	3.24	1.85	3.34	1.90
异亮氨酸	331	250	3.37	2.55	3.62	2.73	3.49	2.63	3.26	2.46

续表

必需氨基酸	FAO/WHO（mg/g N）	鸡蛋蛋白（mg/g N）	养殖				野生			
			腹肌		背肌		腹肌		背肌	
			AAS	CS	AAS	CS	AAS	CS	AAS	CS
亮氨酸	534	440	3.16	2.61	3.29	2.71	3.19	2.63	3.20	2.64
苯丙氨酸+酪氨酸	565	380	2.70	1.81	2.76	1.86	2.64	1.78	2.60	1.75
赖氨酸	441	340	4.56	3.52	4.69	3.62	4.58	3.53	4.42	3.41
色氨酸	99	60	0.28	0.17	0.24	0.14	9.26	0.15	0.27	0.16

注：摘自姜作发等（2005）；AAS. 氨基酸评分，CS. 化学评分。FAO/WHO.1973 年建议的每克氮中氨基酸评分标准模式值

表 2-20　哲罗鲑、细鳞鲑及其杂交种氨基酸评价

必需氨基酸	FAO/WHO（mg/g N）	鸡蛋蛋白（mg/g N）	哲罗鲑		细鳞鲑		杂交种	
			AAS	CS	AAS	CS	AAS	CS
苏氨酸	250	292	99	85	87	74	128	110
缬氨酸	310	411	114	86	112	85	127	96
蛋氨酸+半胱氨酸	220	386	138	79	138	79	154	88
异亮氨酸	250	331	126	95	121	91	137	104
亮氨酸	440	534	135	111	132	109	151	124
苯丙氨酸+酪氨酸	380	565	147	99	145	97	167	112
赖氨酸	340	441	192	148	189	145	213	164
EAAI			98.22		95.03		111.83	

注：修改自张超等（2014）；AAS. 氨基酸评分，CS. 化学评分；FAO/WHO.1973 年建议的每克氮中氨基酸评分标准模式值

三、脂肪酸含量

在哲罗鲑的肌肉共检测到 26 种脂肪酸，包括饱和脂肪酸 10 种、不饱和脂肪酸 16 种（表 2-21 和表 2-22）。不饱和脂肪酸占脂肪酸总量的 75.52%～78.28%，其中多不饱和脂肪酸含量丰富，占总脂肪酸的 38.46%～44.10%，二十二碳六烯酸（DHA）占总脂肪酸含量的 9.75%～20.9%，二十二碳五烯酸（EPA）含量占总脂肪酸含量的 2.89%～3.68%。此外，亚油酸（$18:2n\text{-}6$）的含量也较高，占总脂肪酸的 19.63%～30.59%。但是亚麻酸在肌肉中的沉积并不高，占总脂肪酸含量的 2.93%～4.49%。花生四烯酸（$20:4n\text{-}6$）含量低于 $n\text{-}3$ 脂肪酸，占总脂肪酸含量的 0.75%～1.54%。

此外，由表 2-21 可知，哲罗鲑的 DHA（$C22:6n\text{-}3$）含量低于细鳞鲑，而高于杂交种，EPA（$C22:5n\text{-}3$）含量较高于其余两者而 PUFA 含量高于细鳞鲑、低于杂

交种。由表 2-22 可知，虽然脂肪酸总量低于松浦鲤、松浦镜鲤和方正银鲫，但 DHA 和 EPA 含量是后三者的 2.0～5.4 倍。

太门哲罗鲑成熟卵子中共检测出 25 种脂肪酸（表 2-23），其中包括十二烷酸（月桂酸）、十三烷酸（银杏酸）、十四烷酸（豆蔻酸）、十五烷酸、十六烷酸（棕榈酸）、十七烷酸、十八烷酸（硬脂酸）和十九烷酸共 8 种饱和脂肪酸，饱和脂肪酸（saturated fatty acid, SFA）总量占太门哲罗鲑成熟卵子（鲜样）的 1.308%，其占总脂肪酸的 22.497%；检测出十六碳一烯酸、十七碳一烯酸、十八碳一烯酸、十九碳一烯酸和二十碳一烯酸共 5 种单不饱和脂肪酸，单不饱和脂肪酸（monounsaturated fatty acid, MUFA）总量占太门哲罗鲑成熟卵子（鲜样）的 2.382%，其占总脂肪酸的 41.226%；检测出十六碳二烯酸、十八碳二烯酸、十八碳三烯酸、二十碳二烯酸、二十碳三烯酸、二十碳四烯酸、二十碳五烯酸、二十二碳二烯酸、二十二碳四烯酸、二十二碳五烯酸和二十二碳六烯酸共 11 种多不饱和脂肪酸，多不饱和脂肪酸（polyunsaturated fatty acid, PUFA）总量占太门哲罗鲑成熟卵子（鲜样）的 2.101%，占总脂肪酸的 36.277%。不饱和脂肪酸总量（MUFA＋PUFA）占成熟卵子（鲜样）的比例高达 4.483%，占总脂肪酸比例高达 77.503%。

表 2-21　哲罗鲑脂肪酸含量及其与细鳞鲑和杂交种（哲罗鲑♀×细鳞鲑♂）的比较（%）

脂肪酸种类	哲罗鲑（n=3）	细鳞鲑（n=3）	杂交种（n=3）
C14:0	1.83±0.28	2.74±0.37	2.16±0.18
C15:0	0.27±0.034	0.30±0.016	0.24±0.023
C16:0	15.87±1.61	15.37±1.31	15.46±2.41
C17:0	4.86±1.32	3.31±0.25	3.46±0.43
C18:0	0.28±0.11	0.24±0.051	0.18±0.009
C20:0	0.49±0.026	0.08±0.028	0.15±0.043
C22:0	0.22±0.009	0.35±0.015	0.28±0.10
C16:1	5.32±1.14	11.33±2.52	4.57±0.89
C18:1	29.63±4.29	28.35±6.90	31.17±6.40
C20:1	1.23±0.081	1.54±0.099	1.10±0.070
C22:1	0.72±0.078	0.69±0.058	0.77±0.061
C24:1	0.153±0.021	0.179±0.013	0.147±0.019
C18:2n	19.50±5.82	17.52±2.86	21.69±3.38
C18:3n	2.92±0.61	1.40±0.17	2.57±0.21
C20:2n	1.06±0.24	0.11±0.026	0.69±0.060
C20:3n	0.68±0.065	0.29±0.036	0.62±0.13
C20:4n	1.53±0.67	1.14±0.32	1.61±0.57
C20:5n-3	3.04±0.41	1.68±0.16	2.25±0.18
C22:6n-3	9.75±3.76	13.28±3.09	8.59±0.55
SFA	23.82±2.94	22.39±2.24	21.93±2.79
UFA	75.52±2.32	77.51±3.64	77.78±2.70
MUFA	37.06±1.41	42.09±5.47	37.76±1.07
PUFA	38.46±1.29	35.42±1.80	40.02±3.65

注：修改自徐革锋等（2018）。UFA. 不饱和脂肪酸

表 2-22　哲罗鲑肌肉中的脂肪酸含量及其与鲤、鲫的比较（g/100g）

检测项目	2017 年				2018 年		
	哲罗鲑（n=3）	松浦鲤（n=3）	方正银鲫（n=3）	松浦镜鲤（n=3）	哲罗鲑（n=3）	方正银鲫（n=3）	松浦镜鲤（n=6）
豆蔻酸 C14:0	0.032±0.008	0.019±0.011	0.041±0.012	0.029±0.006	0.018±0.001	0.009±0.000	0.010±0.001
十五烷酸 C15:0	0.006±0.001	0.005±0.000	0.009±0.002	0.020±0.025	0.003±0.000	0.002±0.001	0.002±0.000
棕榈酸 C16:0	0.296±0.040	0.362±0.180	0.577±0.150	0.635±0.105	0.148±0.006	0.087±0.074	0.158±0.005
十七烷酸 C17:0	0.010±0.002	0.008±0.000	0.012±0.002	0.010±0.001	0.003±0.000	0.002±0.000	0.002±0.000
硬脂酸 C18:0	0.074±0.011	0.121±0.059	0.133±0.024	0.152±0.020	0.039±0.003	0.027±0.001	0.040±0.005
花生酸 C20:0	0.000±0.000	0.000±0.000	0.000±0.000	0.007±0.000	0.002±0.001	0.002±0.000	0.002±0.000
二十一碳酸 C21:0	0.000±0.000	0.000±0.000	0.000±0.000	0.000±0.000	0.000±0.000	0.000±0.000	0.000±0.000
山嵛酸 C22:0	0.000±0.000	0.000±0.000	0.000±0.000	0.000±0.000	0.001±0.001	0.000±0.000	0.000±0.000
二十三碳酸	0.004±0.000	0.000±0.000	0.006±0.000	0.003±0.000	0.000±0.000	0.000±0.000	0.000±0.000
二十四碳酸 C24:0	0.000±0.000	0.000±0.000	0.000±0.000	0.000±0.000	0.000±0.000	0.000±0.000	0.000±0.000
豆蔻油酸 C14:1n-5	0.000±0.000	0.000±0.000	0.000±0.000	0.000±0.000	0.000±0.000	0.000±0.000	0.000±0.000
棕榈油酸 C16:1n-7	0.036±0.007	0.070±0.042	0.127±0.046	0.100±0.025	0.021±0.000	0.026±0.002	0.029±0.006
油酸 C18:1n-9	0.414±0.079	0.778±0.479	1.385±0.459	1.317±0.285	0.180±0.018	0.329±0.019	0.337±0.010
亚油酸 C18:2n-6	0.449±0.078	0.504±0.248	1.070±0.277	0.965±0.222	0.286±0.012	0.280±0.005	0.259±0.022
γ-亚麻酸 C18:3n-6	0.054±0.075	0.010±0.005	0.026±0.007	0.021±0.002	0.005±0.000	0.008±0.002	0.003±0.001
顺-11-二十碳一烯酸 C20:1	0.026±0.005	0.047±0.026	0.094±0.028	0.076±0.027	0.008±0.001	0.024±0.001	0.021±0.003
α-亚麻酸 C18:3n-3	0.080±0.013	0.035±0.019	0.071±0.020	0.046±0.010	0.042±0.001	0.017±0.002	0.018±0.002
顺, 顺-11,14-二十碳二烯酸 C20:2	0.027±0.005	0.016±0.006	0.036±0.010	0.029±0.007	0.014±0.000	0.009±0.000	0.007±0.000
二高-γ-亚麻酸 C20:3n-6	0.014±0.002	0.033±0.006	0.069±0.016	0.057±0.009	0.004±0.004	0.015±0.002	0.008±0.001
顺-13-二十二碳一烯酸（芥酸）C22:1n-9	0.016±0.003	0.008±0.002	0.011±0.002	0.007±0.001	0.002±0.000	0.002±0.001	0.001±0.000
顺-11, 14,17-二十碳三烯酸 C20:3n-3	0.000±0.000	0.000±0.000	0.000±0.000	0.000±0.000	0.002±0.000	0.001±0.000	0.001±0.000
花生四烯酸 C20:4n-6	0.018±0.002	0.059±0.009	0.101±0.007	0.082±0.008	0.007±0.002	0.021±0.006	0.010±0.002
顺-13,16-二十二碳二烯酸 C22:2n-6	0.010±0.001	0.005±0.000	0.008±0.002	0.004±0.001	0.005±0.000	0.002±0.000	0.002±0.001
EPA C20:5n-3	0.075±0.008	0.014±0.003	0.034±0.006	0.019±0.004	0.027±0.007	0.005±0.001	0.007±0.004

续表

检测项目	2017年				2018年		
	哲罗鲑（n=3）	松浦鲤（n=3）	方正银鲫（n=3）	松浦镜鲤（n=3）	哲罗鲑（n=3）	方正银鲫（n=3）	松浦镜鲤（n=6）
顺-15-二十四碳一烯酸 C24:1n-9	0.009±0.001	0.004±0.000	0.005±0.001	0.004±0.001	0.002±0.000	0.001±0.000	0.001±0.000
DHA C22:6n-3	0.427±0.031	0.094±0.013	0.180±0.015	0.117±0.015	0.112±0.027	0.023±0.004	0.021±0.015
脂肪酸总量	2.040±0.272	2.180±1.110	3.997±1.080	3.680±0.710	0.935±0.005	0.935±0.005	0.942±0.011
饱和脂肪酸总量	0.418±0.063	0.506±0.257	0.779±0.189	0.839±0.142	0.215±0.003	0.129±0.073	0.214±0.008
不饱和脂肪酸总量	1.610±0.223	1.673±0.856	3.217±0.890	2.843±0.569	0.718±0.007	0.763±0.007	0.725±0.007

注：数据来源于著者2017年和2018年检测结果平均值

表2-23 哲罗鲑成熟卵子中脂肪酸含量占总脂肪酸含量、鲜样含量百分比

脂肪酸	占总脂肪酸含量比例（%）	占鲜样含量比例（%）	脂肪酸	占总脂肪酸含量比例（%）	占鲜样含量比例（%）
C12:0	0.037±0.010	0.002±0.000	C16:2	0.121±0.012	0.007±0.002
C13:0	0.035±0.010	0.002±0.000	C18:2	9.033±1.081	0.521±0.137
C14:0	1.823±0.121	0.106±0.029	C20:2	0.656±0.039	0.038±0.009
C15:0	0.508±0.091	0.029±0.008	C22:2	0.074±0.009	0.004±0.001
C16:0	15.270±0.649	0.888±0.252	C18:3	3.144±0.233	0.182±0.047
C17:0	0.385±0.055	0.022±0.006	C20:3	1.249±0.094	0.072±0.020
C18:0	4.369±0.186	0.254±0.070	C20:4	2.878±0.274	0.167±0.049
C19:0	0.072±0.013	0.004±0.001	C20:5	3.076±0.206	0.178±0.049
C14:1	0.085±0.015	0.005±0.002	C22:4	0.260±0.037	0.015±0.005
C16:1	10.310±0.918	0.597±0.169	C22:5	2.248±0.206	0.131±0.041
C17:1	0.595±0.096	0.034±0.009	C22:6	13.539±1.266	0.785±0.216
C18:1	29.874±1.080	1.724±0.445	SFA	22.497±1.135	1.308±0.368
C19:1	0.116±0.021	0.007±0.002	MUFA	41.226±2.153	2.382±0.631
C30:1	0.247±0.022	0.014±0.004	PUFA	36.277±3.457	2.101±0.576

注：摘自张永泉等（2015）

参 考 文 献

姜作发, 刘永, 李永发, 等.2005. 野生、人工养殖哲罗鱼生化成分分析和营养品质评价. 东北林业大学学报, 33（4）：34-36.

孙中武, 尹洪滨.2004. 六种冷水鱼肌肉营养组成分析与评价. 营养学报, 26（5）：386-392.

徐革锋, 黄天晴, 谷伟, 等. 2018. 养殖细鳞鲑、哲罗鲑及其杂交种肌肉脂肪酸组成与含量的比较. 水产学杂志, 31（2）：1-5.

尹家胜, 徐伟, 曹顶臣, 等. 2003. 乌苏里江哲罗鲑的年龄结构、性比和生长. 动物学报, 49（5）: 687-692.

张超, 佟广香, 匡友谊, 等. 2014. 哲罗鲑、细鳞鲑及其杂交种肌肉的营养成分分析. 大连海洋大学学报, 29（2）: 171-174.

张永泉, 尹家胜, 郭文学, 等. 2015. 太门哲罗鲑成熟卵子营养成分分析及评价. 食品科学, 36（4）: 97-100.

Borisoy P G. 1928. Ryby reki Leny. Trudy Yakut. Kom Akad Nauk SSSR, 9: 1-18I.

Bukirev A I. 1967. Kamskii losos - *Hucho taimen* (Pallas). Izv GosNIORKH, 62: 39-56.

Chidravadivelu K. 1972. Growth of *Hucho taimen* (Pallas, 1773) in the upper Enisei river of Mongolia. Vest es Spol Zool, 36: 172-178.

Esteve M, Gilroy D, McLennan D A. 2009. Spawning behavior of taimen (*Hucho taimen*) from the Uur River, Northern Mongolia. Environ Biol Fish, 84: 185-189.

Gilroy D J, Jensen O P, Allen B C, et al. 2010. Home range and seasonal movement of taimen, *Hucho taimen*, in Mongolia. Ecology of Freshwater Fish, 19（4）: 545-554.

Holčík J, Henseil K, Nieslanik J, et al. 1988. The Eurasian Huchen, *Hucho hucho*: Largest Salmon of the World. Dordrecht: Dr. W. Junk Publishers.

Huo T B, Yuan M Y, Jiang Z F. 2011. Length-weight relationships of 23 fish species from the Ergis River in Xingjiang, China. Journal of Applied Ichthyology, 27（3）: 937-938.

Kalashnikov Y E. 1978. Ryby basseina reki Vitim. Novosibirsk: Izd Nauka, Sib Otd.

Kirillov F N. 1964. Vidovoi sostav reki Aldana. Yakutsk: Pozvonochnye zhivotnye Yakutii.

Kirillov F N. 1972. Ryby Yakutii. Moskva: Izd Nauka.

Kirillov F N. 1976. Morfo-ekologicheskaya kharakteristika taimenya *Hucho taimen* (Pallas) r. Anabar Vopr Ikhtiol, 16: 165-167.

Luk'yanchikov F V. 1967. Promyslovo-biologicheskaya kharakteristika i sostoyanie zapasov promyslovykh ryb Bratskogo vodokhranilishcha v pervye gody ego sushchestvovaniya. Izv Biol-geogr Nauch-issled Inst Irkut Gos Univ, 20: 262-332.

Matveyev A N, Pronin N M, Samusenok V P, et al. 1998. Ecology of Siberian taimen *Hucho taimen* in the Lake Baikal Basin. Journal of Great Lakes Research, 24（4）: 905-916.

Misharin K I, Shutilo N V. 1971. Tajmen', ego morfologiya, biologiya i promysl. Izv Biol-geogr Nauch-issled Inst Irkut Gos Univ, 24: 58-105.

Nagy S. 1976. Contribution to the knowledge of the food of the huchen (*Hucho hucho*) (Teleostei: Salmonidae). Zool Listy, 25: 183-191.

Nikol'skii G V. 1956. Ryby basseina Amura. Moskva: Izd Akad Nauk SSSR.

Ohdachi S D, Seo Y. 2004. Small mammals and a frog found in the stomach of a Sakhalin Taimen *Hucho perryi* (Brevoort) in Hokkaido. Mammal Study, 29（1）: 85-87.

Olifer S A. 1977. Rybokhozyaistvennoe osvoenie Usl'-llimskogo vodokhranilishcha. lzv Gos-NIORKH, 115: 65-96.

Pirozhnikov P L. 1955. Materialy po biologii promyslovykh ryb reki Leny. Izv VNIORKH, 35: 61-128.

Podlesnyi A V. 1958. Ryby Eniseya, usloviya ikh obitaniva i ispol'zovaniya. Izv VNIORKH, 44: 97-178.

Pravdin I F. 1949. Taimen' - *Hucho hucho* (Pallas). In: Beg L S, Bogdanov A S, Kozhin N I, et al. Promyslovye ryby SSSR. Moskva: Opisaniya ryb Pishchepromizdat: 205-207.

Vander Z, Joppa L N, Allen B C, et al. 2007. Modeling spawning dates of *Hucho taimen* in Mongolia to establish fishery management zones. Ecological Applications, 17（8）: 2281-2289.

第三章 性 腺 发 育

性腺作为生殖系统的主要组成器官，是鱼类进行繁殖活动的基础，对维持种群的延续起着重要的作用。目前，鱼类性腺发育研究主要集中在精巢和卵巢结构的观察，不同发育期的形态特征描述和时相划分，性腺发育的内分泌激素作用机制，以及环境因子对性腺发育的影响等，本章通过观察哲罗鲑精子的超微结构（尹洪滨等，2008）、卵巢发育过程（徐伟等，2003）、卵黄的超微结构（张永泉等，2013a）、卵巢滤泡细胞发生的超微结构（张永泉等，2013b）及测定卵黄蛋白的理化性质及周年变化（王凤等，2009），总结了哲罗鲑性腺发育的生物学特点，以期为哲罗鲑的人工繁育技术研究提供理论依据。

第一节 精子的超微结构

哲罗鲑的精子由头部、中段和尾部组成（图 3-1 中 1）。

一、头部

哲罗鲑精子的头部呈卵圆形，直径为 2.1～2.7 μm，主要结构是细胞核，细胞质相对较少（图 3-1 中 2）。细胞核染色质密集呈团状，其中存在位置不定的网络状间隙，其周围无明显的膜存在。精子细胞膜为单层，核膜为双层，两者紧密相附，包裹着细胞核。细胞膜与核膜间偶见电子密度不等且体积相对较大的囊泡存在（图 3-1 中 3）。细胞核前端无顶体，后端有植入窝。植入窝较浅，凹入深度约为细胞核的 1/4。

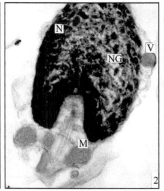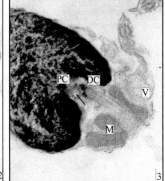

图 3-1 哲罗鲑精子的超微结构

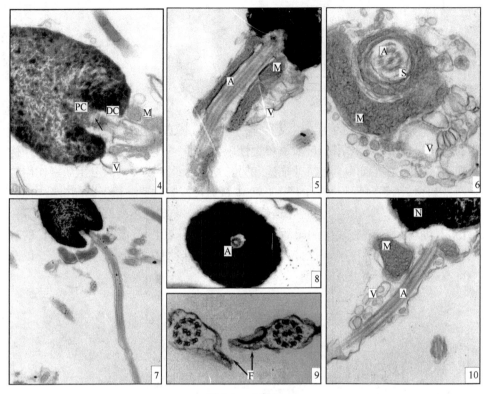

图 3-1 （续）

1. 精子横切，示头部、中段和尾部，×15 000；2. 精子头部纵切，示细胞核、细胞核中的间隙、线粒体、囊泡，×15 000；3. 精子头部和中段纵切，示近端中心粒（9 组三联微管结构）、远端中心粒、线粒体、囊泡，×15 000；4. 精子头部和中段纵切，示近端中心粒、远端中心粒、线粒体、囊泡，×15 000；5. 精子中段纵切，示线粒体、囊泡、轴丝，×15 000；6. 精子中段横切，示线粒体、囊泡、轴丝、袖套腔，×30 000；7. 精子纵切，示尾部细长，有侧鳍，×8000；8. 精子头部横切，示轴丝起始端无中央微管，×8000；9. 精子尾部横切，示 "9+2" 结构的轴丝、发达的侧鳍，×30 000；10. 精子中段和尾部纵切，示尾部近核段囊泡、轴丝、线粒体，×15 000

A. 轴丝；DC. 远端中心粒；F. 侧鳍；M. 线粒体；N. 细胞核；NG. 细胞核中的间隙；PC. 近端中心粒；S. 袖套腔；V. 囊泡；↑. 近端中心粒中央腔内的颗粒

二、中段

　　哲罗鲑精子的中段主要结构包括中心粒复合体和袖套。中心粒复合体位于植入窝中，分为近端中心粒和远端中心粒。近端中心粒位于植入窝的前端，由 9 组三联微管构成（图 3-1 中 3），在其中央腔内隐约可见 1～2 个颗粒状物质存在（图 3-1 中 3，4）。远端中心粒位于植入窝的后端，其顶部与近端中心粒相连，底端与精子尾部的轴丝相接，其轴线与轴丝平行。近端中心粒与远端中心粒垂直排列（图 3-1 中 4）。袖套较发达，与细胞核后端相连，呈筒状（图 3-1 中 5），其中央的空腔为袖套腔，袖套腔较狭。袖套腔两侧不对称，其中分布有丰富的线粒体，排列无规则，部分线粒体彼此融合（图 3-1 中 3～6），形成"复合线粒体"。线粒体的双膜层和内嵴均清晰可见，基质较疏松。袖套中有大量囊泡分布，囊泡中无明显可见的电子致密物质（图 3-1 中 6）。

三、尾部

哲罗鲑精子的尾部（鞭毛）细长（图 3-1 中 1，7），其长度约 12 μm。尾部起始于袖套腔的后段，与远端中心粒相连。尾部的主要结构为轴丝，轴丝起始端无中央微管，为 9 组外周二联微管结构（图 3-1 中 8），起始端之后的轴丝具典型的"9+2"微管结构（图 3-1 中 9）。二联微管的膜结构和动力蛋白臂均清晰可见。尾部近核段部分的轴丝外包有许多形状大小不一的囊泡（图 3-1 中 10），形成囊泡鞘，远核段则无此结构。尾部外表面有由细胞膜向两侧突出而成的侧鳍，侧鳍对称排列，呈波纹状（图 3-1 中 7），其发育程度差异显著，一侧明显地较另一侧发达（图 3-1 中 9）。

第二节　卵巢发育组织学观察

在黑龙江水产研究所渤海冷水性鱼试验站（水温 4～18℃）人工养殖的哲罗鲑鱼苗，原始生殖细胞出现明显雌雄性腺分化的时间在孵出后 60 d 左右（图 3-2 中 1，2）。

Ⅰ期卵巢的出现时间在第 3 个月，持续到第 14 个月，肉眼观察性腺呈透明细线状，紧贴在体腔壁上，无法分清雌雄。切片观察卵巢中以Ⅰ时相的卵原细胞和部分早期的初级卵母细胞为主，其细胞质较少，细胞核较大，卵细胞直径为 70～180 μm（图 3-2 中 3，4）。

Ⅱ期卵巢的出现时间在第 15 个月，持续到第 34 个月，卵巢的前部增粗，靠近生殖孔部位的性腺较细，为肉红色。切片观察卵巢中以Ⅱ时相的小生长期初级卵母细胞为主，卵细胞已明显分布在多个产卵板上，卵细胞直径为 160～480 μm（图 3-2 中 5，6）。

Ⅲ期卵巢的出现时间在第 35 个月，持续到第 47 个月，卵巢整体明显增大变粗，肉眼能清晰地看到淡黄色的卵，卵巢表面有较多细血管分布，切片观察卵巢中以Ⅲ时相的大生长期初级卵母细胞为主，细胞质中开始出现大量液泡，卵细胞直径为 450～1200 μm（图 3-2 中 7）。

Ⅳ期卵巢的出现时间在第 48 个月，持续到第 59 个月，这时卵巢粗大，为圆柱形，显橘黄色，表面有较粗血管分布，质量占鱼体的 5.3%～16.7%。切片观察卵巢中以Ⅳ时相卵黄颗粒大量积累的初级卵母细胞为主，卵细胞体积明显迅速增大，卵细胞直径为 1100～4500 μm（图 3-2 中 8）。

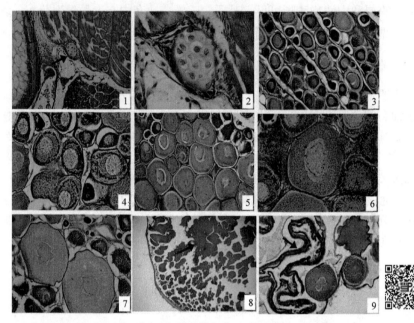

图 3-2　哲罗鲑不同时期的卵巢发育（彩图请扫二维码）

1. 出苗 62 d 初始分化的卵巢（箭头），×250；2. 出苗 62 d 初始分化的卵巢，×1000；3. Ⅰ时相初级卵母细胞，×100；4. Ⅰ时相初级卵母细胞，×250；5. Ⅱ时相初级卵母细胞，×100；6. Ⅱ时相初级卵母细胞，×250；7. Ⅲ时相初级卵母细胞，×100 倍；8. Ⅳ时相初级卵母细胞，箭头示已开始偏移的细胞核，×50；9. 排卵后卵巢恢复到第Ⅱ期的组织学结构，箭头示产后留下的滤泡膜，×100

成熟的卵巢经药物催产后，卵细胞会从滤泡膜内释放出来，并落入腹腔中，这时卵巢变得非常松软，为鲜红色，切片观察有大量的空滤泡和第Ⅰ、Ⅱ时相的初级卵母细胞（图 3-2 中 9）。

第三节　不同发育时期卵黄的超微结构

依据哲罗鲑卵黄物质加工、合成、积累，以及参与卵黄颗粒形成的细胞器变化，同时参照王爱民（1994）和徐革锋等（2007）的分期方法，其发育期可分为卵黄发生前期、卵黄泡期、卵黄积累期和卵黄积累完成期 4 个时期，各期的主要发育特征如下。

一、卵黄发生前期

卵黄发生前期是指卵母细胞发育过程中的卵黄物质开始积累前的时期，这个时期虽然未形成卵黄，但与卵黄形成有关的各个细胞器已开始出现变化。

　　在水温为 8.2～14.3℃条件下，哲罗鲑受精卵破膜后 70～80 d 性腺已开始分化，卵原细胞分布于卵巢腔生殖上皮表面，靠近基质膜，呈团状排列紧密，数目不等，此时卵原细胞呈椭圆形，细胞直径 6～12 μm，细胞膜明显，细胞核较大，核质均匀、细腻，异染色质少，细胞核位于细胞中央，核膜清晰，核仁为一个（图 3-3 中 1）。破膜 140 d 后卵巢出现产卵板，产卵板基部出现大量发育中的 Ⅱ 时相早期和中期的卵母细胞，此卵母细胞呈椭圆形，细胞直径 50～100 μm，低倍镜下观察核仁增多，大小不均，分布在细胞核周围，靠近核膜内侧，细胞质中高尔基体和内质网分布较少，在核膜外侧周围，线粒体密集分布，形成围核分布的线粒体云（巴尔比亚尼体：Balbiani body）（图 3-3 中 2），高倍镜下观察此时线粒体形状各异，主要呈长条形和椭圆形（图 3-3 中 3），卵母细胞被滤泡层包裹，早期滤泡层仅是扁平细胞单层排列，滤泡细胞内细胞质较少，核较大（图 3-3 中 4）；当卵母细胞发育到 Ⅱ 时相晚期卵母细胞外侧明显包被三层结构，最内层由滤泡细胞组成，此时滤泡细胞核依然很大，但细胞质内分布大量的线粒体，中间层（又称基层）主要由胶原纤维组成，最外层主要由鞘细胞组成（图 3-3 中 5）。

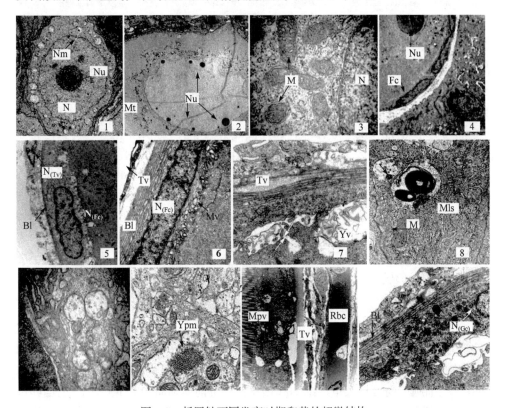

图 3-3　哲罗鲑不同发育时期卵黄的超微结构

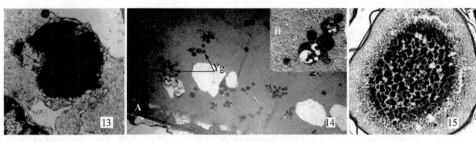

图 3-3 （续）

1. 上浮 50～60 d 鱼苗卵巢中的卵原细胞（×1600）；2. 上浮 140 d 鱼苗卵巢中的卵母细胞（×1560）；3. 高倍镜下的线粒体云（×12 800）；4. 单层排列的滤泡细胞（×1000）；5. Ⅱ时相卵母细胞外层三层结构的滤泡层（×2100）；6. Ⅲ时相卵母细胞和滤泡细胞间指状突起的微绒毛（×4400）；7. 卵母细胞中不断扩大的卵黄泡（×4200）；8. 多层环形片层结构（×4800）；9. 不断分裂的线粒体（×6800）；10. 空泡形成卵黄前体物质（×7200）；11. Ⅳ时相卵母细胞滤泡层（×1000）；12. 鞘细胞层内卵黄前体物质穿过基层进入颗粒细胞内加工修饰小的卵黄蛋白颗粒（×4000）；13. 细胞质中卵黄蛋白颗粒不断聚集形成电子密度较高的卵黄球（×4200）；14. 细胞质中随机分布的卵黄球（B：不断融合的卵黄球）（×450）；15. 卵黄球体积不断加大并聚集在中部的卵母细胞（×10）
N. 细胞核；Nu. 核仁；Nm. 核膜；Mt. 线粒体云；M. 线粒体；Fc. 滤泡细胞；Tv. 鞘细胞层；$N_{(Tv)}$. 鞘细胞核；Bl. 基层；$N_{(Fc)}$. 滤泡细胞核；Mv. 微绒毛；Yv. 卵黄泡；Mls. 多层环形片层结构；Ypm. 卵黄前体物质；Mpv. 微胞饮小泡；Rbc. 红细胞；Zr. 放射带；Gc. 颗粒细胞；Ypp. 卵黄蛋白颗粒；$N_{(Gc)}$. 颗粒细胞核；Yg. 卵黄球

二、卵黄泡期

随着卵母细胞发育到Ⅲ时相早期，卵母细胞直径为 110～400 μm，此时滤泡细胞的细胞质开始向卵母细胞伸出细长的指状突起（微绒毛），同时卵母细胞的细胞质也向滤泡细胞伸出短粗的指状突起，与滤泡细胞的指突互相镶嵌连接（图 3-3 中 6）。随着连接的不断深入，在连接处出现形状不规则空泡——卵黄泡，卵黄泡体积正在不断变大（图 3-3 中 7）；当卵母细胞发育到Ⅲ时相中期，细胞质内质网不断膨大、断裂和融合形成多层环形片层结构，且数目不断增加，形状呈圆形或椭圆形，部分内部呈高电子密度的絮状物质（图 3-3 中 8），此时卵母细胞内部个体较大的线粒体会分裂成大小不等的两部分，多呈球形，这种线粒体的内嵴已经开始退化和消失（图 3-3 中 9）；卵母细胞发育到Ⅲ时相晚期，在线粒体形成的空泡内发现少量聚集的颗粒状卵黄蛋白（图 3-3 中 10），这是线粒体参与了内源性卵黄颗粒形成的标志。

三、卵黄积累期

卵黄积累期持续时间较长，此时卵母细胞直径 400～1200 μm，随着卵母细胞不断发育，当发育到Ⅳ时相早期，细胞质中内质网和高尔基体大量增加，卵母细胞滤泡层形成典型多层结构，由内向外依次为放射带、颗粒细胞层、基层和鞘细胞层，鞘细胞层内可见大量红细胞和颗粒状卵黄前体物质（图 3-3 中 11）；当卵母细胞发育到Ⅳ时相中期外源性卵黄积累明显，大量卵黄前体物质不断经过血液汇集于鞘细胞层，后经微胞饮作用穿过由胶原纤维组成的基层，经过多泡体作用转运至颗粒细胞内，在细胞内经过加工和修饰作用形成小的卵黄蛋白颗粒（图 3-3 中 12），卵黄蛋白颗粒经微胞饮作用穿过放射带进入卵母细胞边缘形成的空泡中，不断积累形成卵黄球（图 3-3 中 13）。

四、卵黄积累完成期

卵黄积累完成期卵母细胞呈球形和椭球形。低倍镜下可观察卵黄球积累的过程，卵母细胞Ⅳ时相晚期的开始阶段卵黄球随机分布（图 3-3 中 14A），随着卵母细胞的发育，卵黄球开始不断向细胞内部聚集，同时卵黄球间也不断地彼此融合形成体积更大的卵黄球（图 3-3 中 14B）；当卵母细胞继续发育到Ⅳ时相晚期的中间阶段，大量的卵黄球集中在卵母细胞中部，呈球形，卵母细胞边缘尚存在空泡（图 3-3 中 15）；随着卵母细胞Ⅳ时相晚期的结束，卵黄发生进入尾声，卵黄积累完毕，卵黄占据着卵细胞的绝大部分。

第四节　卵巢滤泡细胞发生的超微结构

根据哲罗鲑滤泡细胞在卵巢发育过程中出现的时间、数量、大小和分布状况及细胞结构与功能，同时参照 Andrade 等（2001）、方永强和 Welsch（1995）、牟振波等（2008）关于其时期划分的观点，将哲罗鲑滤泡细胞的发生分成零散滤泡膜细胞期、单层扁平滤泡膜细胞期、多层扁平滤泡膜细胞期、颗粒细胞分泌期和颗粒细胞退化期。

一、零散滤泡膜细胞期

哲罗鲑上浮后 50～60 d 性腺开始分化，出现大量的卵原细胞，细胞直径在 3～12 μm，细胞核较大，核仁分布在细胞核中部，此时卵原细胞的外侧只有薄薄的一层结缔组织膜，尚无滤泡细胞存在（图 3-4 中 1）。随着卵原细胞不断发育，其外

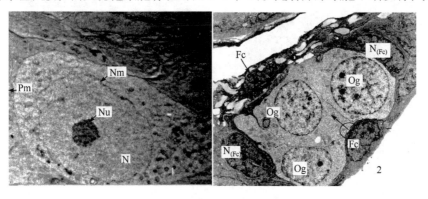

图 3-4　滤泡细胞超微结构

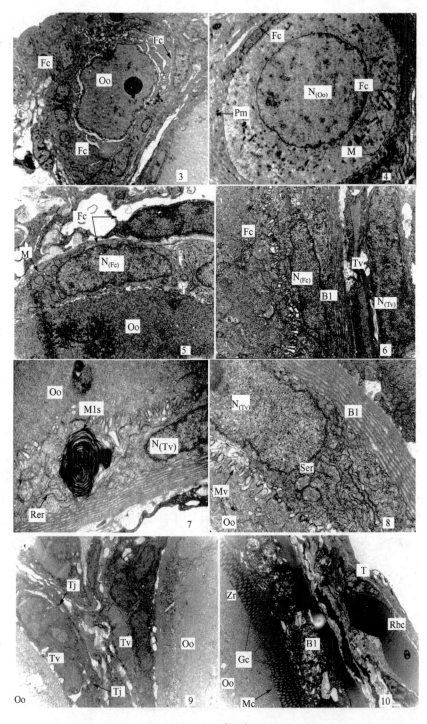

图 3-4 （续）

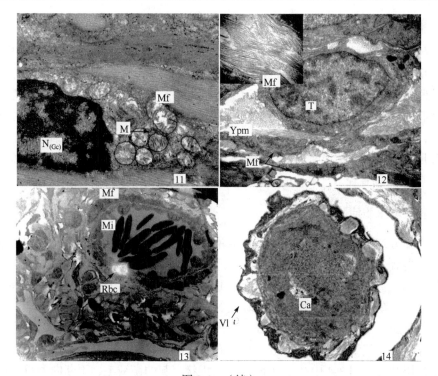

图 3-4　（续）

1. 卵原细胞，×1900；2. 零散滤泡细胞包裹卵原细胞团，×1700；3. 滤泡细胞对卵原细胞形成初步包裹，×900；
4. 单层扁平滤泡细胞，×1800；5. 多层滤泡细胞，×4000；6. 滤泡膜的三层结构，×4000；7. 滤泡细胞内层环
形片层结构，×6000；8. 细胞膜与滤泡膜的微绒毛，×8000；9. 滤泡层间的紧密连接，×1800；10. 滤泡膜的典型
多层结构，×1300；11. 颗粒细胞，×8000；12. 鞘细胞和微丝，×2700；13. 萎缩滤泡层间微血管，×900；14. 闭
锁卵泡，×1000

N. 细胞核；Nu. 核仁；Nm. 核膜；Pm. 细胞膜；Fc. 滤泡细胞；$N_{(Fc)}$. 滤泡细胞核；Og. 卵原细胞；Oo. 卵母细
胞；$N_{(Oo)}$. 卵母细胞核；M. 线粒体；Tv. 鞘细胞层；$N_{(Tv)}$. 鞘细胞核；Bl. 基层；Rer. 粗面内质网；Mls. 多层环
形片层结构；Mv. 微绒毛；Ser. 滑面内质网；Tj. 紧密连接；Gc. 颗粒细胞；T. 鞘膜细胞；Zr. 放射带；Rbc. 红
细胞；Mc. 微绒毛通道；Mf. 微丝；$N_{(Gc)}$. 颗粒细胞核；Ypm. 卵黄前体颗粒；Mi. 微血管；Vl. 空泡；
Ca. 闭锁卵泡

围的结缔组织膜增厚，开始有卵巢基质细胞分化出早期滤泡细胞，并不断大量分
裂增殖，刚形成的滤泡细胞尚未成层排列，零散分布于卵原细胞团外侧，部分滤
泡细胞有向卵原细胞中间运动的趋势，也称"穿梭包围运动"，此时卵原细胞和滤
泡细胞差异明显，卵原细胞核大、圆（直径 3～5 μm），细胞质相对滤泡细胞较多，
而滤泡细胞内胞质较少，细胞器不发达，只发现少量线粒体，细胞核较大、占据
细胞绝大部分，呈长椭圆形，长轴为短轴的 2～3 倍（长轴直径 5～8 μm，短轴直
径 2～3 μm）（图 3-4 中 2）。

二、单层扁平滤泡膜细胞期

随着卵原细胞进一步发育成初级卵母细胞期细胞,细胞直径达到 15 μm 以上。单层扁平滤泡膜细胞期早期,滤泡细胞经过大量增殖和穿梭包围运动,在卵母细胞外侧呈现松散的包围状,此时滤泡细胞核大小差异较大(图 3-4 中 3)。随着卵母细胞的发育,滤泡细胞在卵母细胞外侧呈明显连续单层排列,完全将卵母细胞包裹,此时滤泡细胞呈扁平长梭形,细胞内部细胞质依然很少,但细胞质中线粒体数目有所增加,其绝大部分仍由细胞核占据,细胞核呈长梭形,长轴为短轴的3～5 倍(长轴直径 6～10 μm,短轴直径 1～2 μm)(图 3-4 中 4)。

三、多层扁平滤泡膜细胞期

当卵母细胞发育到 Ⅱ 时相中后期滤泡层进入多层扁平细胞期,此时卵母细胞外侧包裹着 2～3 层细胞,呈扁平状,细胞内部分布大量线粒体(图 3-4 中 5)。当卵母细胞发育到 Ⅱ 时相后期和 Ⅲ 时相,其外侧滤泡层明显分三层结构,最外层为鞘细胞层,鞘细胞层主要由细胞核较大、扁平的鞘细胞组成(图 3-4 中 6);中间层又称基层,主要由胶原纤维组成;最内层由扁平滤泡细胞组成,此时滤泡细胞核依然很大,但细胞质增加,内部除分布大量的线粒体外,出现了内质网和多层环形片层结构(图 3-4 中 7),细胞质形成指状突起的微绒毛,不断向卵母细胞胞膜伸出,此时卵母细胞也不断向细胞膜与滤泡层之间伸出微绒毛,且与滤泡细胞连接十分紧密,两者之间不存在非细胞的结构物质(图 3-4 中 8),这三层结构共同形成功能性膜单位,即卵泡,此时卵母细胞外侧细胞结构才可称为滤泡膜。相邻滤泡膜相接触的地方有紧密连接(图 3-4 中 9)。

四、颗粒细胞分泌期

当卵母细胞发育到 Ⅳ 时相,也是卵母细胞进入卵黄大量积累的阶段,其滤泡膜发生明显变化,形成典型多层膜结构,由内向外依次为放射带、颗粒细胞层、基层和鞘细胞层(图 3-4 中 10)。随着卵母细胞的不断发育,在卵母细胞和颗粒细胞间的放射带不断增厚,放射带间有许多具有连接作用的呈“蜂窝状”的微绒毛通道;放射带和基层间的滤泡细胞因内含分泌颗粒而被称为颗粒细胞,其形态也由原来的扁平长梭形变成立方形颗粒状(细胞核长轴直径 4～6 μm,短轴 2～4 μm),随着卵母细胞的进一步发育,颗粒细胞内密集分布着大量的内质网和线粒体,部分线粒体开始出现空泡化,分泌一些颗粒物质,同时在细胞质边缘处发现大量细丝状胶质物质(图 3-4 中 11);此时将颗粒细胞层和鞘细胞层分隔开的基质层胶原纤维开始溶解;最外层的鞘细胞层细胞变小,分布着大量的红细胞,与基质层紧密相连,在外源性卵黄积累旺盛时期在鞘细胞之间可见大量的由血液运输而来的卵黄前体颗粒和发达的微丝结构（图 3-4 中 12）。

五、颗粒细胞退化期

当卵母细胞发育成熟达到Ⅳ时相末期，其脱离滤泡膜，外层仅见胶质膜。颗粒细胞的退化主要分为两种情况：第一种是成熟雌鱼排卵后，卵巢充血，滤泡膜间出现大量微血管，血管内有大量的红细胞，产卵板之间有破裂的空泡，颗粒细胞层变成多泡松散结构，鞘细胞层中的外源性卵黄颗粒基本排空，剩下了许多泡状群，鞘细胞核也开始萎缩变形，其中微丝结构断裂消失（图 3-4 中 13）；第二种是当卵巢排卵后，部分尚未发育完全的卵母细胞外层仍被滤泡膜包裹，形成闭锁卵泡，随后闭锁卵泡中颗粒细胞变成吞噬细胞进入卵子消化卵黄，滤泡膜鞘细胞间丰富的微丝结构消失，在滤泡膜和卵母细胞细胞膜间形成许多空泡，最后退化的卵母细胞萎缩消失，卵膜模糊而后断裂，胶液化的卵黄呈不规则块状（图 3-4 中 14）。

第五节　卵黄蛋白的理化性质及周年变化

依据远东哲罗鲑（*Parahucho perryi*）血清卵黄蛋白的理化性质与其浓度变化研究（Hiramatsu et al.，1997），王凤等（2009）分析了哲罗鲑卵黄蛋白的理化性质、结构组成、周年浓度变化及其浓度变化与卵母细胞发育的关系。

一、卵黄蛋白的理化性质与免疫原性

哲罗鲑卵黄蛋白粗提液经质量分数为 45% 的硫酸铵处理后，通过 SephadexG-200 凝胶层析后的洗脱曲线上出现 3 个对称的洗脱峰（图 3-5）。多次收集峰 2 蛋白洗脱液，浓缩后经 SephadexG-200 再次洗脱后，电泳图谱上呈现单一的条带（图 3-6）。

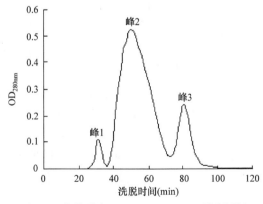

图 3-5　卵黄蛋白经 SephadexG-200 凝胶层析
OD_{280nm} 表示在 280nm 处的吸光度

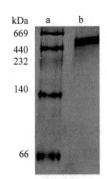

图 3-6　卵黄蛋白提取液峰 2 蛋白质电泳图谱

a. 标准蛋白；b. 峰 2 蛋白

采用兔抗血清对卵黄蛋白组分进行研究，结果表明，兔抗卵黄各峰蛋白的血清效价为 1∶64 以上可以发生免疫反应。哲罗鲑性成熟雌鱼血清与兔抗卵黄蛋白峰 2 血清产生免疫沉淀反应，且性成熟雌鱼血清与兔抗峰 1 和峰 3 蛋白血清均不发生免疫沉淀反应，表明峰 2 蛋白为卵黄雌性蛋白（图 3-7，图 3-8）。

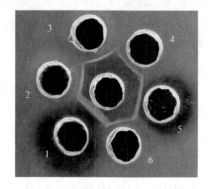　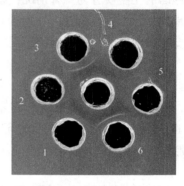

图 3-7　峰 2 蛋白抗血清效价的测定　　　　图 3-8　峰 2 蛋白抗血清的免疫反应图片
图中 1～6 为不同比例稀释的待检血清　　　　图中 1～6 为不同比例稀释的待检血清

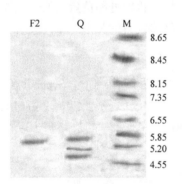

峰 2 蛋白的糖蛋白、磷蛋白和脂蛋白染色均为阳性，表明峰 2 蛋白为一种糖磷脂蛋白。等电点电泳结果表明，峰 2 蛋白为单一蛋白条带（图 3-9）。依据等电点的标准方程，计算出 3 种蛋白质的等电点分别为 5.60、5.00 和 4.80，而峰 2 蛋白的等电点为 5.60。

免疫印迹（图 3-10）和免疫扩散结果表明，哲罗鲑卵黄脂蛋白的兔抗血清均与哲罗鲑雌鱼血清发生免疫反应，不与雄鱼血清发生免疫反应，这两种蛋白质均具有雌性特异性。两种蛋白质的抗血清可以相互检测，哲罗鲑雌鱼血清中雌性蛋白与卵黄中的雌性蛋白在免疫原性、结构上具有较高的同源性（图 3-10）。哲罗鲑的卵黄脂蛋白（lipovitellin，Lv）分子量高达 460 kDa，由 3 个亚基组成，其分子量分别为 137.8 kDa、84.2

图 3-9　峰 2 蛋白的等电点电泳
图谱
F2. 峰 2 蛋白；Q. 卵黄蛋白粗提液；
M. pH 蛋白标准

kDa 和 10.8 kDa（图 3-11）。经检测，哲罗鲑的 Lv 抗血清可与血清中的卵黄原蛋白（vitellogenin，Vg）发生特异性免疫反应，因此，可以用 Lv 抗血清代替 Vg 抗血清对 Vg 进行检测。

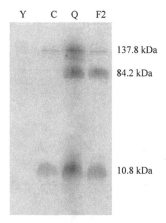

图 3-10 免疫印迹检测结果
Y. 雄鱼血清；C. 性成熟雌鱼血清；Q. 卵黄
蛋白粗提液；F2. 峰 2 蛋白

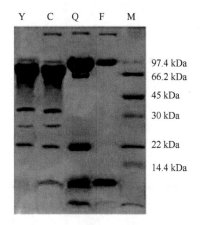

图 3-11 12% SDS 聚丙烯酰胺凝胶电泳图谱
Y. 雄鱼血清；C. 性成熟雌鱼血清；Q. 卵黄蛋白粗提液；
F. 卵黄脂磷蛋白；M. 标准蛋白

二、繁殖期血液中卵黄原蛋白的浓度变化

哲罗鲑血清中 Vg 浓度在繁殖产卵后的 5～8 月较低，6 月降至最低值
（573 ng/mL）；9～12 月会迅速升高，在 12 月出现最大峰值（1918 ng/mL）；随
后，翌年的繁殖季 2 月、3 月下降，4 月人工繁殖药物催产排卵时降低到 935
ng/mL （图 3-12）。在哲罗鲑的整个生殖周期中血清卵黄原蛋白浓度只在繁殖前
11～12 月出现一个高峰期，依据生产实践肉眼观察，此时卵巢发育处在第Ⅳ期，
这表明人工养殖条件下，哲罗鲑的生殖周期为 1 年。

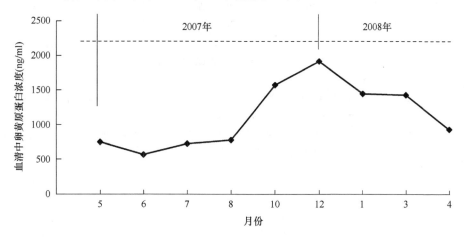

图 3-12 繁殖期哲罗鲑血清中卵黄原蛋白浓度变化

在 12 月，当哲罗鲑的卵黄原蛋白浓度达到最大时，其卵母细胞直径为 3.5～

4.0 mm，当卵母细胞的直径增大到最大（4.5～5.0 mm）时，卵黄原蛋白浓度约为最大浓度的 1/2（表 3-1）。

表 3-1　生殖周期中血清 Vg 浓度与卵母细胞直径、发育分期的关系

月份	Vg（ng/mL）	卵母细胞直径（mm）	卵母细胞发育分期
6	573.4±200.1	0.16～0.48	Ⅱ
8	781.7±229.1	0.45～1.2	Ⅲ
12	1918.2±113.7	3.5～4.0	Ⅳ
4	935.7±207.9	4.5～5.0	Ⅳ

参 考 文 献

方永强, Welsch U. 1995. 文昌鱼卵巢中滤泡细胞超微结构及功能的研究. 中国科学（B 辑），25（10）：1079-1085.

牟振波, 徐革锋, 杨双英. 2008. 细鳞鱼卵巢滤泡细胞的发育及功能. 中国水产科学, 15(1)：167-171.

王爱民. 1994. 莫桑比克非鲫卵黄形成的电镜观察. 水生生物学报, 18（1）：26-31.

王凤, 张颖, 佟广香, 等. 2009. 哲罗鲑生殖周期中血清卵黄蛋白原浓度的 ELISA 检测. 上海海洋大学学报, 18（6）：673-679.

徐革锋, 陈松波, 牟振波. 2007. 细鳞鱼的卵黄发生. 中国水产科学, 14（3）：171-177.

徐伟, 尹家胜, 姜作发, 等. 2003. 哲罗鲑人工繁育技术的初步研究. 中国水产科学, 10（1）：29-34.

尹洪滨, 尹家胜, 孙中武, 等. 2008. 乌苏里江哲罗鲑精子的超微结构. 水产学报, 32（1）：27-31.

张永泉, 尹家胜, 杜佳, 等. 2013a. 不同发育时期哲罗鲑卵黄的超微结构. 动物学杂志, 48（2）：249-255.

张永泉, 尹家胜, 杜佳, 等. 2013b. 哲罗鲑卵巢滤泡细胞发生的超微结构研究. 海洋与湖沼, 44（1）：262-266.

Andrade R F, Bazzoli N, Rizzo E, et al. 2001. Continuous gametogenesis in the neotropical freshwater teleost *Bryconops affinis* (Pisces: Characidae). Tissu Cell, 33（5）：524-532.

Hiramatsu N, Shimizu M, Fukada H, et al. 1997. Transition of serum itellogenin cycle in sakhalin taimen (*Hucho perryi*). Comp Biochem Physiol, 118（2）：149-157.

第四章 消化系统

哲罗鲑为大型凶猛肉食性鱼类，主要捕食鱼类和水生昆虫，仔鱼阶段以水生昆虫为主，稚、幼鱼阶段以小型鱼类和底栖动物为主，成鱼以鱼类和大型水生动物性饵料为主，其消化系统结构和发育表现出与食性相适应的特点（张永泉等，2010，2011；关海红等，2006，2007，2009；关海红和尹家胜，2012；顾岩等，2008），本章主要对哲罗鲑消化系统结构和发育规律进行了系统研究分析与总结。

第一节 消化系统结构

哲罗鲑的消化系统包括消化道和消化腺两部分。消化道分为口咽腔、食道、胃、肠、肛门等部分，消化腺包括肝和胰腺。

一、结构特征

（一）消化道

哲罗鲑是大型肉食性鱼类。齿十分发达，主要有舌齿、上颌齿、下颌齿、犁齿、腭齿和咽齿。口腔和咽无明显界限，合称口咽腔。口腔中可明显看见舌，舌上有 10 枚舌齿呈两列 5 行对称分布，舌上分布少量的味蕾。在口咽腔的上壁有两层平行排列的犬齿，外层着生 40~43 枚上颌齿，其中有 10~12 枚未突出于黏膜层；内层齿由着生在犁骨上的 5 枚犁齿（全部突出于黏膜层）和 19~26 枚腭齿（其中 5 枚未突出于黏膜层）共同构成；在下颌部发现有下颌齿 39 枚，其中有 16~19 枚未突出于黏膜层；在咽部着生有大量的无规则排列的咽齿。食道、胃和肠共同构成"N"字形排列。口咽腔后为粗短的食道，食道后为胃，两者以鳔管为界。消化道较短，为体长的 1.3 倍。哲罗鲑属有胃鱼，胃呈囊状，属"V"形胃。胃与肠的交界处形成明显的缢缩。肠有 1 个弯曲，肠分为前肠和直肠两段，前肠和直肠有明显的分界缢缩。肠管由前往后逐渐变细，直肠的管壁较厚。幽门盲囊十分发达，数目在 201~254 个，均开口于前肠，肠长/体长比为 0.733。

（二）消化腺

肝是鱼体内最大的消化腺，呈暗褐色或紫红色，通过前端的悬韧带连于心脏后腹腔前壁，哲罗鲑是大型肉食性鱼类，肝体积较大，胆囊包裹在肝内，开口于肠。哲罗鲑的肝和胰脏是完全分开的两个组织，胰脏由导管开口于肠部，分布在肠的背部，呈长条状。

二、组织显微结构

（一）口咽腔

哲罗鲑的口、咽并无明显的分界，口咽腔内有舌、齿和鳃耙。舌为基舌骨突出于口咽腔，外覆结缔组织和很薄的黏膜层，前端游离于口咽腔中，舌上分布大量的黏液细胞与突出于黏膜层的舌齿（图4-1中1）。由图4-1中2可见上颌黏膜层很薄，分布有大量的黏液细胞，在黏膜层上分布有少量的味蕾，在口裂处可以看见锋利的颌齿和腭齿。咽部上壁和下壁不规则地排列着很多咽齿（图4-1中3），口腔壁只有很薄的黏膜层，未发现肌肉层，咽部由黏膜层、肌肉层和浆膜层组成，口咽腔的黏膜层由复层扁平上皮构成，上分布有较多的味蕾，黏膜层中还分布有球形黏液细胞和棒状细胞。球形黏液细胞位于黏膜层表面，细胞呈椭圆形；棒状细胞位于上皮的中下部，细胞呈棒状或梨形，有一小核，位于细胞的中下部，核周围有一圈淡染区域——晕圈。肌肉层分内纵、外环两层肌肉，均为横纹肌。

（二）食道

食道位于口咽腔之后，食道与胃以鳔管为界，由内向外分为黏膜层、黏膜下层、肌肉层和浆膜层。由固有膜和复层上皮共同向食道内腔形成9~15个黏膜皱褶，黏膜皱褶呈舌状突起，由3~5层细胞构成，呈表层细胞扁平，呈核圆形或椭圆形，细胞质染成淡红色。表层下主要由黏液细胞和梭形上皮细胞组成（图4-1中4），棒状细胞很少。梭形上皮细胞及其核均长梭形，细胞质被染成淡红色。黏液细胞椭圆形，大小为20.9 μm×23.1 μm，越靠近基底层的黏液细胞体积越大，核不明显，低倍镜下细胞空泡状，高倍镜下可见细胞质内具网状淡红色结构，近表层可见明显开口。基底层细胞排列较规则，黏膜上皮下面为由疏松结缔组织构成的固有膜。黏膜下层与固有膜分界不明显。肌肉层特发达，分内、外两层，内层为环肌、外层为纵肌，均属于横纹肌。

（三）胃

哲罗鲑的胃呈V形，分为贲门部、胃体部和幽门部，胃组织由黏膜层、黏膜下层、肌肉层和浆膜层构成，黏膜层形成许多褶皱，与食道连接处为胃的贲门部（图4-1中5）。食道处黏膜层为复层扁平上皮，含有大量的黏液细胞，当过渡到贲门部时，复层扁平上皮陡然变为单层柱状上皮，其上开始出现胃小凹，从光镜切片观察，单层柱状上皮细胞核位于细胞基部，柱状细胞呈长方形，核大小为32 μm×12 μm，黏膜层上皮有很多呈"M"形的胃小凹，宽约7 μm，长约24 μm，分布间距约

100 μm。单层柱状上皮下有一层较厚的胃腺组织，在胃黏膜层未发现黏液细胞，但在柱状上皮下有大量的胃腺细胞，贲门部的胃腺较短，单层排列，腺体分支较少，胃体部和幽门部的胃腺相当发达，腺腔变大，复层排列，分支增多，胃腺由一圈排列规则的腺细胞围成一个椭球形，中间为一透明的管腔，胃腺开口于胃小凹处，腺细胞呈矮柱状，细胞核为球形，分布在细胞的底部，细胞内充满着色较深的酶原颗粒，核为圆形或椭圆形（图4-1中6）。黏膜层下连着固有膜，在固有膜中还发现有一层大量散在分布的环形平滑肌。胃体部的黏膜下层非常厚，含有大量致密结缔组织和脂肪组织，并含有大量血管和静脉丛。肌肉层分内环肌和外纵肌，环行肌要比纵行肌发达，内环肌厚度 222.67 μm，外纵肌厚度 63.7 μm（图4-1中7）。

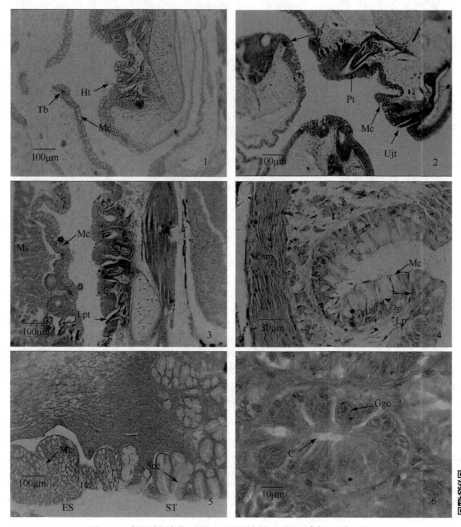

图 4-1　哲罗鲑消化系统组织学结构（彩图请扫二维码）

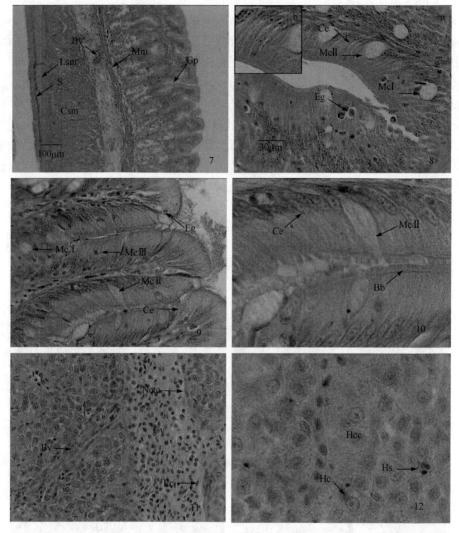

图 4-1 （续）

1. 咽部横切，示前端游离的舌，×10；2. 口咽腔前部横切，×10；3. 口咽腔后部横切，×10；4. 食道横切，×40；5. 食道与胃交界处纵切，×10；6. 胃腺横切，×100；7. 胃部纵切，×10；8. 幽门盲囊横切，示黏膜层，×40；9. 前肠横切，示黏膜层，×40；10. 肠横切，示黏膜褶皱，×100；11. 肝，示中央静脉纵切，×40；12. 肝横切，示肝细胞索，×100

T. 舌；Ht. 舌齿；Tb. 味蕾；Mc. 黏液细胞；Pt. 腭齿；Ujt. 上颌齿；Lpt. 下咽齿；Ms. 肌层；Csm. 环行肌；Lp. 固有膜；Es. 食道；St. 胃；Sce. 柱状上皮；Ggc. 胃腺细胞；C. 胃腺腔；Bv. 血管；Lsm. 纵行肌；Mm. 黏膜肌；Gp. 胃小凹；S. 浆膜；Eg. 嗜伊红颗粒；McⅠ. Ⅰ型黏液细胞；McⅡ. Ⅱ型黏液细胞；McⅢ. Ⅲ型黏液细胞；Ce. 柱状细胞；Bb. 纹状缘；Cv. 中央静脉；Ec. 红细胞；Hs. 肝血窦；Hc. 肝细胞；Hcc. 肝细胞索；Netc. 内皮细胞核

（四）幽门盲囊

哲罗鲑幽门盲囊数目在 217～234，所有幽门盲囊无组织结构上的差异，与肠部基本一致，由内向外依次是黏膜层、黏膜下层、肌肉层和浆膜层，从幽门盲囊横切面可以看出含有 5～7 个褶皱，褶皱平均厚度为 215.9 μm。黏膜上皮由柱状细胞（图 4-1 中 8）构成，其间分布着苏木精-伊红染色（HE 染色）后为空泡状的椭圆形Ⅰ型黏液细胞、杯状Ⅱ型黏液细胞和大量的嗜伊红囊状结构，这种结构外圈透明，中间有圆形的嗜伊红颗粒，嗜伊红颗粒的直径在 7～8 μm。固有膜与黏膜下层较薄，内环肌与外纵肌形成双层结构，厚度从幽门盲囊基部向远端逐渐变薄。

（五）肠

哲罗鲑肠道短，前部起源于幽门括约肌之后，在肠瓣处变窄，使整个肠道分为前肠和直肠两部分。前肠和直肠在组织结构上相似，都由黏膜层、黏膜下层、肌肉层及浆膜层组成，黏膜层形成非常丰富的褶皱（小肠绒毛），小肠绒毛有很多分支。小肠的上皮主要由单层柱状上皮细胞组成，排列紧密；其间也散布较多黏液细胞，上皮细胞游离面具有明显、丰富的微绒毛。黏液细胞的数目由前肠到直肠不断减少，且种类也不同，在前肠段发现有 3 种不同的黏液细胞（图 4-1 中 9），Ⅰ型细胞为圆形，HE 染色着色较浅，呈空泡状；Ⅱ型细胞为杯状，HE 染色着色较浅，呈空泡状，Ⅲ型细胞为囊状，黏液细胞 HE 染色颗粒着色较深，其各自的功能有待进一步的研究。由图 4-1 中 10 可见，Ⅱ型黏液细胞开口处已突破微绒毛开口与肠腔。在黏膜层和黏膜下层之间有一层薄薄的黏膜肌。前肠的黏膜下层比胃部薄，在致密结缔组织之间分布着血管、纤维素。肌肉层分内环、外纵两层，环行肌肉层厚 61.5 μm，纵行肌肉层厚 26.5 μm。直肠与前肠的交界处有明显的缢缩，直肠段管腔明显比前肠变细、管壁变厚，环行肌肉层厚 108.6 μm，纵行肌肉厚 49.8 μm，且黏液细胞分布减少。

（六）消化腺——肝和胰脏

肝紫红色或暗褐色，不分叶。胆囊长囊状、深紫色，位于肝背面右上方，埋在肝下。肝最外面覆盖着由疏松结缔组织构成的浆膜层，结缔组织纤维伸入肝实质，把肝组织分隔成许多分隔不明显的肝小叶，每个肝小叶的中心是中央静脉，中央静脉从肝小叶后端开始，沿途汇集支静脉的血液，管径逐渐变粗，管腔中充满血细胞，大多数为红细胞，亦有少量白细胞，管壁较薄，由一层不连续的内皮细胞组成，内皮细胞核明显，向血管腔内突出，纵切面呈长梭形（图 4-1 中 11）。肝细胞成单行以中央静脉为中心呈放射状排列形成明显的肝细胞索，肝细胞索分支互相连接形成网状结构，网眼间隙为肝血窦，其中可见红细胞分布，肝细胞较大，呈多边形，细胞近圆形位于细胞中央，核染色质较疏散，未见双核肝细胞，细胞核大小 5.0～7.9 μm，细胞质丰富、嗜酸性，也含有颗粒和小块嗜碱性物质，可见大小不等的空泡状脂滴（图 4-1 中 12）。胰脏由导管开口于肠部，分布在肠的背部，呈长条状。

第二节　消化系统发育

一、形态发育特征

初孵仔鱼口咽腔已分化，消化管道为直管状，口与肛门尚未与外界相通。破膜 22 d，肠前端出现缢痕，形态上观察胃、肠分界清晰可分，Bouin 氏液固定消化管色较深，胃开始分化。破膜 28 d 肠后段出现直肠和前肠的缢痕，直肠段分化明显，并在肠前端与胃交界缢痕处开始出现弯曲，但胃部并未膨大。破膜 37 d 弯曲进一步变大，此时胃仍未膨大，并在肠前端表面出现很多点状突起，为幽门盲囊原基（图 4-2 中 2）。破膜 39 d，弯曲加大，胃部开始膨胀，幽门盲囊原基进一步发育变大。破膜 45 d 弯曲变大，胃与肠已形成"N"字形，肠、胃、幽门盲囊原基更加清晰（图 4-2 中 1），此时消化道形态已经与成鱼基本相同，此时口腔内可以看见上颌齿、下颌齿和呈并排排列的舌齿。

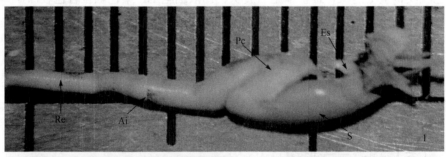

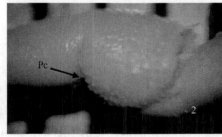
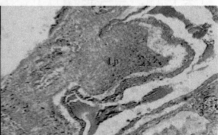

图 4-2　哲罗鲑口咽腔、食道、胃发育图（彩图请扫二维码）

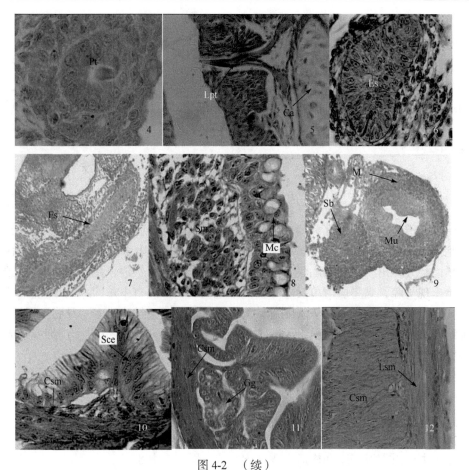

图 4-2 （续）

1. 破膜后 45 d 消化管；2. 破膜后 37 d 幽门盲囊原基；3. 破膜后 4 d 口咽腔横切，×10；4. 发育中的腭齿，×100；
5. 成熟颌齿，×100；6. 破膜前食道原基，×40；7. 破膜 2 d 食道横切，×10；8. 破膜后 34 d 食道黏膜层，×40；
9. 破膜 2 d 胃横切，×10；10. 破膜 18 d 胃横切，×40；11. 破膜后 24 d 胃横切，×40；12. 破膜 24 d 胃肌肉层，×100
S. 胃；Pc. 幽门盲囊；Ai. 前肠；Re. 直肠；Lp. 舌原基；Pt. 腭齿；Lpt. 下颌齿；Ca. 下颌软骨；Es. 食道；
Sm. 黏膜下层；Mc. 黏液细胞；Sb. 鳔；M. 肌肉层；Mu. 黏膜层；Sce. 单层柱状上皮；Csm. 环行肌；Gg. 胃腺；
Lsm. 纵行肌

二、组织发育特征

（一）口咽腔

破膜 4 d 口腔下壁中后部出现雏形舌，此时舌原基为一堆实心细胞团，外表附有一层细胞，未来将发育成黏膜层（图 4-2 中 3）。破膜 12 d 基舌骨后方开始钙化，但此时舌前端仍然没有游离，在舌上发现由两层细胞组成的齿囊，中间即将发育成舌齿，此时正在钙化的腭骨左右两侧共出现 6 枚发育的腭齿，齿原基与腭骨紧密排列成双层细胞索结构，细胞核大且圆，细胞质较少，染色比周围细胞深（图 4-2 中 4）。破膜 56 d 口咽腔结构基本与成鱼相似，着生颌齿、腭齿、咽齿等。口咽腔由黏膜层、肌肉层和浆膜层组成，黏膜层由复层扁平上皮构成，其间分布有球形黏液细胞、棒状细胞和少量味蕾。舌上有 10 枚舌齿呈两列 5 行对称分布；在口咽腔的上壁有两层平行排列的犬齿，外层着生有 40～43 枚上颌齿；内层齿由着生在犁骨上的犁齿和 19～26 枚腭齿共同构成；在下颌部有下颌齿 39 枚，在咽部着生有大量的无规则排列的咽齿，在口裂处可以看见锋利的颌齿（图 4-2 中 5）。

（二）食道

破膜前食道还没有分化，只是一堆实心细胞团（图 4-2 中 6），未来将发育成食道，食道是由前端咽部和消化管后端向中间贯通的。破膜 2 d 食道仍然为实心细胞团，呈扁平状，但是外面肌肉层已见雏形（图 4-2 中 7）。破膜 8 d 食道后端虽然已经分化出肌肉层和黏膜下层，但是仍然没有完全贯通，此时食道前端已经开始出现空腔，黏膜层由单层立方上皮细胞构成，其间有少量的黏液细胞。破膜 16 d 食道已贯通，腹面完全从卵黄囊上分离，球形黏液细胞增多，黏膜下层可见被结缔组织分隔开的纵行肌束。此时，食道后部上皮仍由单层立方上皮细胞组成，黏膜褶皱较浅且数量少。破膜 34 d 食道发育与成鱼基本相同，明显分为黏膜层、黏膜下层、肌层及浆膜层，出现 3～4 个黏膜褶皱。黏膜下层由疏松结缔组织组成，内分散的纵行肌束增多，背侧环肌层厚（51.95 ± 9.23）μm，腹侧的肌层厚（37.68 ± 2.31）μm。食道中部此时黏膜下层有较多的纤维，无纵行肌束，环行肌较薄。食道后部褶皱数为 5～6 个，黏膜层由 3～4 层细胞组成，细胞质顶部透明，表层下主要由黏液细胞和梭形上皮细胞组成（图 4-2 中 8）。

（三）胃

破膜 2 d 在消化管道前端，胃开始分化，管壁较厚，可见明显的两层，胃原基细胞形成胃腔。此时胃上皮细胞有丝分裂加强，出现多核合胞体结构，由于胃原基有丝分裂的结果，胃原基细胞均呈卵圆形，核大而圆，位于中央（图 4-2 中 9）；破膜 8 d 胃腔进一步扩大，出现 5～7 个黏膜褶皱，细胞由卵圆形变为长梭形，形成了原始的环肌纤维层，由 2～3 层肌纤维组成；破膜 18 d 胃上皮多核合胞体结构减少，甚至消失，上皮细胞为柱状，核位于细胞的下部，胃贲门部褶皱增加至 6～7 个，由中胚层间充质细胞分化形成的成纤维细胞、肥大细胞和少许的胶原纤维构成黏膜层。此时，胃肌层由平滑肌纤维组成，胃贲门黏膜仍为单层矮柱状，细胞顶部细胞质内充满黏原颗粒，不易着色，故透明或着色极浅，核圆，位于细胞基部。胃后段黏膜褶皱 8～9 个，此时仍然没有形成胃腺（图 4-2 中 10）；破膜 24 d 胃发育得较完整，由黏膜层、黏膜下层、肌肉层和浆膜层构成，黏膜层形成许多褶皱，胃贲门部的黏膜上皮由单层矮柱状细胞组成，细胞核圆且大，位于细胞中部或基部（图 4-2 中 11）。固有膜内充满胃腺，腺体由一圈排列规则的腺细胞围成一个椭球形，中间为一透明的腺腔，开口于胃小凹处，腺细胞为短柱状的浆液性细胞，核多为圆形；肌层明显增厚；胃底部由于食物的充塞，胃褶皱变得矮小或完全消失，固有膜明显，由致密结缔组织构成，含有少量网状纤维，而且固有膜内有血管和淋巴毛细管，胃腺丰富；胃幽门部环行肌极为发达（图 4-2 中 12），褶皱相对较深，最深处达 62 μm。

（四）前肠与直肠

肠是消化管的主要部分，胚胎期肠由原始的实心细胞团（图 4-3 中 1）发育成由两层细胞组成的管状结构，外层细胞较少，内层细胞不断分裂；破膜 2 d 仔鱼的肠管腔变大，呈直管状，管壁由单层未分化的细胞组成，细胞高 8～12 μm，具单一的长形核，核仁位于细胞中央。肠下肌细胞呈长梭形，核为长椭圆形，位于细胞中央；破膜 20 d 胃与肠交接的膨大部位出现瓣囊，肌肉增厚形成幽门括约肌，将胃与肠分开（图 4-3 中 2）；破膜 26 d 肠段出现肠瓣，将肠分化为前肠和直

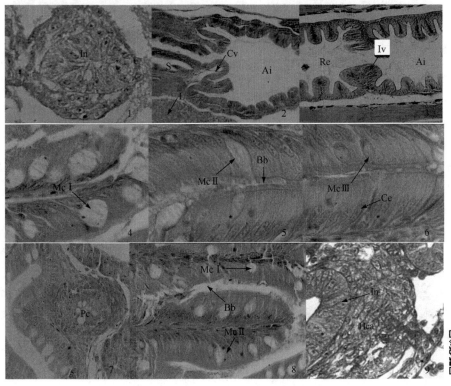

图 4-3 哲罗鲑肠和消化腺发育图（彩图请扫二维码）

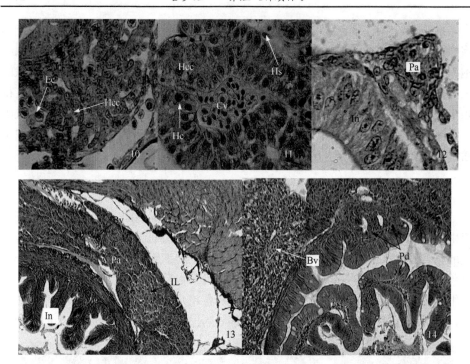

图 4-3 　（续）

1. 破膜前肠原基，×40；2. 破膜 20 d 胃肠交界纵切，×10；3. 破膜 26 d 前肠与直肠交界纵切，×10；4. Ⅰ型黏液
细胞，×100；5. Ⅱ型黏液细胞，×100；6. Ⅲ型黏液细胞，×100；7. 破膜 36 d 幽门盲囊原基，×40；8. 破膜 60 d
幽门盲囊黏膜层横切，×40；9. 破膜前肝原基，×40；10. 破膜 2 d 肝横切，×40；11. 破膜 22 d 肝横切，×40；
12. 胰脏原基，×40；13. 破膜 18 d 胰脏横切，×10；14. 破膜 32 d 胰脏横切，×10

In. 肠道；S. 胃；Ai. 前肠；Cv. 瓣囊；Re. 直肠；Iv. 肠瓣；McⅠ. Ⅰ型黏液细胞；McⅡ. Ⅱ型黏液细胞；
McⅢ. Ⅲ型黏液细胞；Ce. 柱状细胞；Bb. 纹状缘；Hca. 肝细胞团；Ec. 红细胞；Hcc. 肝细胞索；V. 中央静脉；
Hs. 肝血窦；L. 肝；Pa. 胰脏；Il. 胰岛；Pd. 胰管；Hc. 肝细胞；Pc. 幽门盲囊原基；Bv. 血管

肠，前肠与直肠组织结构基本相似，但直肠黏液细胞较少，管壁较前肠厚（图 4-3
中 3），此时前肠褶皱增多并加深，前肠中段上皮的单层柱状细胞界限不明显，核
大而圆，位于细胞的基部，环行肌厚 24.44 μm。

　　破膜 46 d 肠的结构与成鱼基本相同，前肠和直肠的组织结构相似，都由黏膜
层、黏膜下层、肌肉层及浆膜层组成。直肠段管腔明显比前肠变细、管壁变厚，
且黏液细胞分布减少；前肠肌肉层分内环、外纵两层，在黏膜层和黏膜下层之间
有一层薄薄的黏膜肌。前肠上皮主要由单层柱状上皮细胞组成，上皮细胞游离面
具有丰富的微绒毛，其间散布大量黏液细胞，在前肠段发现有 3 种不同的黏液细
胞（图 4-3 中 4～6）。

　　（五）幽门盲囊

　　破膜 36 d，在胃和肠的交界处出现少量幽门盲囊原基，为管壁背侧隆起的细

胞团（图4-3中7），此突起随后发育成幽门盲囊的典型的指状突起。破膜46 d，幽门盲囊原基突起数量增多，结构逐渐完善，幽门盲囊分布在肠环肌外侧，体积进一步增大，此时细胞分成两层。外层细胞呈现长梭形，环绕着内部的圆形细胞，此时细胞处在分裂旺盛时期。破膜60 d幽门盲囊组织结构与成鱼相同，由内向外依次是黏膜层、黏膜下层、肌肉层和浆膜层，数目在217～234（图4-3中8）。

（六）消化腺

肝的分化：胚胎期在胃背部分布尚未分化的细胞团，是肝的前体（图4-3中9）；破膜2 d仔鱼肝细胞已开始分化，细胞团体积增大，细胞核圆形，颜色较深，核仁明显，细胞之间出现一些大的不规则腔隙，开始出现肝细胞索，肝中发现大量的红细胞（图4-3中10）。

破膜10 d时肝中出现明显的中央静脉和肝细胞索，可见胆管开口胃、肠交界处肝体积不断增大，逐渐占据了卵黄囊消退留下的空隙，体积进一步增大；破膜22 d时肝中部肝细胞开始空泡，整个肝空泡化很严重，常以肝血窦为中心，几个肝细胞集成一团，肝体积很大，肝血窦在靠近肝的外侧边缘部分数量较多，且结构清晰，肝细胞较致密，肝内中央静脉明显（图4-3中11）。

胰腺的分化：初孵仔鱼在肠背侧出现胰脏组织（图4-3中12）；破膜12 d细胞形状不规则，胰腺细胞间有一些不规则的腔隙，其内有大量粉色嗜伊红酶原颗粒物质；破膜18 d胰脏细胞核大，淡蓝色，呈长圆形或圆锥形，中间为一深染的血管，胰腺内部出现一个浅染的胰岛（图4-3中13）；破膜32 d，胰腺细胞结构致密，细胞核深染明显。此时胰腺的组织结构与成鱼基本无差异，胰腺处有大量的脂肪细胞，胰岛较大，呈椭圆形，血管数量增多，可见开口于肠的导管（图4-3中14）。

第三节 消化酶活性分析

消化酶的活性与鱼类的食性密切相关，研究表明，鱼类消化酶的种类很多，主要有蛋白酶、淀粉酶、酯酶等，而且各种消化酶在不同的生存环境下活性存在一定差异。顾岩等（2008）采用聚丙烯酰胺凝胶电泳方法，对野生和人工养殖条件下两个哲罗鲑群体不同消化器官中的蛋白酶、淀粉酶、酯酶3种消化酶活性进行了对比研究。

一、酯酶

在野生和养殖条件下哲罗鲑的食道与胃中均检测到3条酶带，养殖哲罗鲑表达的酶带染色较深，说明其酯酶的相对含量更高（表 4-1），但与野生哲罗鲑的差异不显著（$P>0.05$）。肝的酶谱较为复杂，在野生哲罗鲑的肝中检测出 7 条酶带，在养殖哲罗鲑中检测出 6 条酶带，两者肝中酯酶的相对含量存在显著差异（$P<0.05$）。野生哲罗鲑的幽门盲囊仅表达 1 条酶带，养殖哲罗鲑的幽门盲囊表达 2 条酶带，且两者酶的相对含量差异显著（$P<0.05$）。两种类型哲罗鲑肠道的酯酶酶谱存在明显不同，野生哲罗鲑的前肠和后肠均表达 1 条酶带，而养殖哲罗鲑的前肠表达 5 条酶带、后肠表达 3 条酶带，且相对含量差异极为显著（$P<0.01$）（图 4-4 中 1）。

表 4-1　消化系统各器官酯酶的相对含量

器官	食道	胃	肝	幽门盲囊	前肠	后肠
野生型	34.7±4.6a	34.1±3.2a	87.2±3.7a	9.1±0.8a	9.4±0.7a	9.0±0.6a
养殖型	36.9±3.1a	36.2±2.8a	75.8±4.2b	18.4±2.0b	49.5±4.4c	32.7±2.8c

注：同列相同字母表示差异不显著，相邻字母表示差异显著，相间字母表示差异极显著

二、淀粉酶

在两种类型哲罗鲑的食道与胃中均检测到 5 条酶带（图 4-4 中 2），虽然养殖哲罗鲑表达的酶带染色较深，但两者的相对含量差异并不显著（$P>0.05$）。野生哲罗鲑的肝表达 4 条酶带，养殖哲罗鲑表达 5 条，两者肝淀粉酶的相对含量差异显著（$P<0.05$）。两种类型哲罗鲑幽门盲囊均表达 1 条酶带，但养殖哲罗鲑幽门盲囊淀粉酶的相对含量明显较野生哲罗鲑的高，两者相对含量差异极为显著（$P<0.01$）。两种类型哲罗鲑肠道的淀粉酶酶谱存在明显不同，野生哲罗鲑的前肠和后肠均表达 2 条酶带，养殖哲罗鲑的前肠与后肠均表达 1 条酶带，且两者相对含量差异显著（$P<0.05$）（表 4-2）。

表 4-2　消化系统各器官淀粉酶的相对含量

器官	食道	胃	肝	幽门盲囊	前肠	后肠
野生型	1.9±0.04a	1.8±0.02a	2.0±0.03a	0.7±0.03a	1.0±0.02a	1.1±0.01a
养殖型	2.3±0.03a	2.7±0.04a	2.9±0.04b	2.1±0.02c	0.6±0.001b	0.7±0.001b

注：同列相同字母表示差异不显著，相邻字母表示差异显著，相间字母表示差异极显著

三、蛋白酶

哲罗鲑消化系统的蛋白酶表达存在一定的 pH 依赖性（图 4-4 中 3，4）。酸性条件下，两种类型哲罗鲑都只有食道和胃有蛋白酶表达，而且均表达 5 条酶带，

相对含量差异不显著（$P>0.05$）。碱性条件下，两种类型哲罗鲑都只有幽门盲囊和肠有蛋白酶表达，而且均表达2条酶带，相对含量差异不显著（$P>0.05$）。两种条件下，均未见肝有蛋白酶表达（表4-3）。

表4-3 消化系统各器官蛋白酶的相对含量

器官	（pH=3）		（pH=9）		
	食道	胃	幽门盲囊	前肠	后肠
野生型	69.7±3.7	71.3±4.0	41.8±3.4	40.6±2.8	40.3±3.2
养殖型	81.2±4.6	84.2±4.5	43.2±3.3	40.1±3.0	40.0±2.9

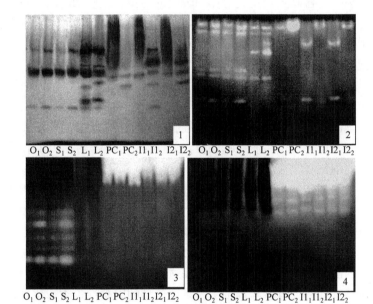

图4-4　消化酶电泳图谱
1. 酯酶；2. 淀粉酶；3. 蛋白酶（pH=3）；4. 蛋白酶（pH=9）
O. 食道；S. 胃；L. 肝；PC. 幽门盲囊；I1. 前肠；I2. 后肠
下角标1代表野生型；2代表养殖型

第四节　消化系统与摄食行为的关系

一、形态结构与摄食行为之间的关系

哲罗鲑口咽腔内分布有大量的呈倒钩状的舌齿、颌齿、犁骨齿、腭齿与咽齿，这种发达的齿结构与其摄食方式相适应，适于抓取和咀嚼较大食饵；哲罗鲑食道短而粗，胃呈"V"形且明显分成贲门部、胃体部和幽门部，肠较短，肠长比 0.733 且仅有一个弯曲。肠的长短实际上从一个侧面反映了食物消化的难易（尾崎久雄，1983），并且它被广泛运用于对鱼类营养类别的划分中（Albrecht et al.，2001），肠长比在 0.733 左右的哲罗鲑应属于肉食性鱼类。

二、黏液细胞与摄食行为之间的关系

哲罗鲑消化道中存在三种不同类型的黏液细胞，口咽腔、食道与直肠段黏膜层主要分布有大量Ⅰ型黏液细胞和Ⅱ型黏液细胞，推断Ⅰ型黏液细胞的功能主要是分泌黏液，起到润滑作用。大量的黏液细胞是与其生活习性密不可分的，哲罗鲑为肉食性鱼类，喜欢捕食鱼类等体积较大的活饵，这些细胞的大量出现和黏液的大量分泌，能保护上皮细胞免受机械损伤和细菌感染，为吞咽食物尤其是坚硬食物提供了很好的润滑和保护作用。此外在哲罗鲑的幽门盲囊和肠段还观察到Ⅲ型黏液细胞，推断Ⅲ型黏液细胞可能参与营养物质的消化吸收。

三、嗜伊红囊状结构与摄食行为之间的关系

哲罗鲑幽门盲囊和肠的黏膜层柱状细胞之间分布着大量嗜伊红囊状结构，嗜伊红囊状结构又可称为蛋白质吞噬颗粒，这种结构外圈透明，中间有嗜伊红颗粒，它与蛋白质的消化吸收有着密切的关系，这与短盖巨脂鲤（郭恩棉等，2002）和真鲷（喻子牛等，1997）等肉食性鱼类的研究结果相一致，说明了哲罗鲑发达的蛋白质消化机能与其摄食习性密切相关，所以在人工驯化饲养过程中，饲料中蛋白质的含量一定要满足鱼体的需要，这样更有利于鱼的健康、快速生长。

以上观点说明，哲罗鲑消化系统的形态结构是与其摄食习性密切相关的，且消化系统的内部结构也与长期摄食肉类相适应。在长期的自然状况下，为了捕食和消化代谢肉食动物，哲罗鲑具备了一系列典型的肉食性鱼类消化系统的特点。因此，在人工驯养的过程中，要注意饵料的选择，人工饲料的配制尤其要保证蛋白质和脂肪的供给。

参 考 文 献

顾岩, 尹家胜, 孙中武, 等. 2008. 野生与养殖哲罗鱼消化系统及消化酶的比较. 中国水产科学, 15（2）：330-335.

关海红, 匡友谊, 徐伟, 等. 2007. 哲罗鱼消化系统器官发生发育的组织学观察. 动物学杂志, 42（2）：116-123.

关海红, 徐伟, 匡友谊, 等. 2009. 哲罗鱼消化系统的解剖学研究. 中山大学学报（自然科学版）, 48（6）：100-104.

关海红, 尹家胜, 匡友谊, 等. 2006. 哲罗鱼摄食器官发生、发育的初步研究. 水产学杂志, 19（1）: 26-30.

关海红, 尹家胜. 2012. 哲罗鱼和大麻哈鱼消化系统的比较解剖分析. 水产学杂志, 25(3): 26-30.

郭恩棉, 王鑫, 周培勇, 等. 2002. 短盖巨脂鲤消化系统胚后发育学的研究. 莱阳农学院学报, 19（3）: 161-167.

尾崎久雄. 1983. 鱼类消化生理学（上、下）. 上海: 上海科学技术出版社.

喻子牛, 孔晓瑜, 孙世春. 1997. 真鲷消化道的组织学和形态学研究. 水产学报, 21(2): 113-119.

张永泉, 贾钟贺, 刘奕, 等. 2011. 太门哲罗鱼消化系统形态学和组织学的研究. 淡水渔业, 41（2）: 30-35.

张永泉, 刘奕, 尹家胜, 等. 2010. 哲罗鱼（ *Hucho taimen* ）消化系统胚后发育的形态与组织学的研究. 海洋与湖沼, 41（3）: 422-428.

Albrecht M P, Ferreira M F N, Caramaschi E P. 2001. Anatomical features and histology of the digestive tract of two related neotropical omnivorous fishes (Characiformes; Anostomidae). Journal of Fish Biology, 58: 419-430.

第五章　人工繁殖

鱼类人工繁殖技术是渔业生产的重要环节之一，只有大量生产出优质的苗种，才能形成该鱼的规模化生产，苗种繁育技术掌握的好坏是该鱼能否形成产业化的关键。本章中著者从多年的科研和生产实践中总结了经验，梳理了野生哲罗鲑幼鱼的采捕时间、收集方法、运输技术（曹顶臣等，2003），人工繁殖的药物催产，以及精液和卵的采集、受精卵孵化等方面内容（徐伟等，2003，2004，2007，2008，2013；张永泉等，2008），可为哲罗鲑的苗种规模化生产提供技术支持。

第一节　野生哲罗鲑的采捕和驯养

一、野生鱼种的采捕

（一）捕捞时间和地点

近年来，由于环境污染、森林破坏和过度捕捞等人为因素，在我国仅黑龙江省乌苏里江段、呼玛河水系及新疆喀纳斯湖生存有很小的哲罗鲑群体，2000年4月和2001年10月科研小组两次在黑龙江省虎林市虎头镇乌苏里江段进行野生哲罗鲑采捕工作。

通过实地调查了解到，每年4月和10月的中旬，在哲罗鲑越冬洄游和春季开江向溪流上溯时该江段才能捕到一定数量的哲罗鲑，其他月份一般很少见到。虎头到大木河江段每年捕捞量较多，一般在几千斤左右，其中虎头附近的几个捕鱼点出鱼量最大，小木河到七里沁河江段也有少量，而其他江段则很少。秋季9～10月乌苏里江水位较高的年头，捕到的哲罗鲑就多，相反，水位低捕到的哲罗鲑就少。在一天中清晨捕到哲罗鲑最多，中午捕到的哲罗鲑则少。

在乌苏里江虎头镇河段，汇入江内的几条河中已很少见到哲罗鲑了，根据渔民出鱼的地点和数量，基本上可以推测这一江段的哲罗鲑主要来自俄罗斯的伊曼河。此河水质清澈，底质为鹅卵石，透明度达2m多，水源多来自山泉水，常年温度较低，是哲罗鲑栖息繁衍的理想场所。

（二）捕捞方法

当地的渔民一般使用单层刺网固定、三层刺网拖曳、钩钓等方法捕捞哲罗鲑。

在收集活鱼的过程中发现，单层刺网、钩钓等方法捕到的鱼受伤较严重，饲养几天后就会死亡，因此只有利用三层刺网顺流拖曳（当地渔民称"打趟网"）捕到的哲罗鲑少量能够成活。以裹、缠捕到的哲罗鲑成活率高，而刺到的哲罗鲑成活率较低。因为，网片刺到的哲罗鲑，头与躯干连接部位受伤严重，饲养几天后就会长出水霉菌，极易死亡。为了提高收集哲罗鲑的成活率，应告诉渔民捕到哲罗鲑后，利用剪刀将网眼剪破取哲罗鲑，不要从网眼中硬往下撸，尽可能地减少对鱼体的损伤。

（三）捕鱼点的暂养

在当地渔民捕捞到哲罗鲑后，一般会将其直接放入小尼龙网兜沉入江中暂养，虽然在购买时是活的，但由于鱼体表面长时间与网兜摩擦，受伤很严重，暂养一些时间就会死亡。为了提高哲罗鲑的采捕成活率，后期让渔民使用大一些的尼龙网兜并用木棒支持起来，形成一个小网箱，固定在水流平缓的江中暂养，若有些捕鱼点条件允许，放在较大一点的水坑中效果最佳。

（四）收集方法

由于这一江段的渔民捕鱼点分散，离虎头镇又很远，捕到的哲罗鲑很少当天能够运回来，再加上渔民暂养方法不得当，前期在岸上收集到的十几条哲罗鲑暂养了几天就都死了。为了能够及时收集各捕鱼点的哲罗鲑，后期采取了一系列的措施，租用打鱼船每天下江收购，保障渔民捕到的活鱼当天能收到；在活鱼搬运、称重时，使用衬有厚塑料布的编织袋，装少许水减少擦伤；活鱼舱里不与其他鱼类混养，降低哲罗鲑的密度，在用船运输过程中，循环加入新鲜的江水保持溶氧，这样活鱼就得到了较好的保护，成活率也就有了较大的提高。

（五）暂放的管理

将活哲罗鲑运到虎头镇后需要放养到大一些的暂养池里，按每平方米密度 3～5 尾搭建池塘。暂养池首先用 10 mg/kg 高锰酸钾对水池进行消毒，冲洗后，加入 30～40 cm 高的水，充分曝气 1～2 d。在放鱼之前，需要将鱼体受伤部位用紫药水擦抹消毒，尤其是头后部位和鳍条。入池后，再用浓度 1.5 mg/kg 亚甲基蓝溶液长时间浸泡。在池塘中放入循环泵，每天循环 2～3 次每次 1 h，使用小型充气泵保证水体有充足的氧气，每天换去四分之一的水，保持水质清新，保持水温不要超过 20℃。

（六）长途运输

在长途运输前，保证最后收到的一批野生鱼已在池中暂养了 3～5 d，胃内的食物已消化，体内粪便已排出。如果运输的距离较远，可使用有液态氧设备的活鱼车，在活鱼车上装入清新干净的水，放鱼的密度为每立方米水体 1~2 kg 的鱼 15~25 尾。装车后需不断充氧，及时运送到目的地。在活鱼整个移动过程中，都需要用衬有厚塑料布的编织袋，装少许水，轻拿轻放，一条一条的操作，尽可能减少对鱼体的伤害。

（七）野外采捕效果

两次采捕的野生活体哲罗鲑都是从虎林市虎头镇运送到宁安市渤海镇，长途运输时间为 9 h，两次运输成活率分别是 76.0% 和 94.3%（表 5-1）。到达目的地放养到大池塘中，后期仍有许多个体长了水霉菌，尽管采取了多项消毒措施，但还是没有避免死亡，最后成活的个体分别只有 23.7% 和 47.0%。从这两次采捕的经验可知，收集野生活体哲罗鲑是一项艰难的工作，需要做好各项前期准备工作，时时分析出现的问题，不断总结经验，并根据实际情况想出解决的办法，这样才会有好的效果。春季采捕，哲罗鲑在河流中经过漫长的封冰期后，体质较差，鱼体的鳞片排列较疏松，易脱落受伤，因此采捕时间应选在秋天较好。

表 5-1　野生哲罗鲑的采捕情况

采捕时间	2000 年 4 月	2001 年 10 月
收鱼挑选程度	较细致	细致
捕鱼点暂放时间	12 h 以上	8 h 以下
称鱼时装鱼用具	用网兜	衬有厚塑料布的编织袋
运鱼的活鱼舱	舱内没有厚塑料布	舱内用厚塑料布围住
消毒情况	体表擦抹	体表擦抹和池塘连续消毒
运输数量（尾）	100	106
运输成活率（%）	76.0	94.3
池塘养殖成活率（%）	23.7	47.0

二、野生鱼种的驯养

采捕的野生哲罗鲑幼鱼饲养在黑龙江水产研究所渤海冷水性鱼试验站的池塘中，水体为涌泉流水，水温 4~17℃。哲罗鲑属凶猛肉食性鱼类，在自然野生环境条件下主要摄食鱼类、鸟类和蛙类等，而在人工养殖过程中发现该鱼不捡食落到底部的死鱼，只能投喂鲜活适口的小鱼。一般为 100~200 g 的鲤、鲫较好，每天投喂的量为体重的 3%~5%，保证池塘中总有一定数量的活鱼。哲罗鲑在追逐食物时，速度快、摄食凶猛，如果在水泥池中饲养嘴部、腹部极易擦伤，所以最好采用在土池中饲养，池塘面积 300 m² 以上，水深 0.5 m 左右，放养密度为 1 尾/

（2～3）m²，哲罗鲑喜蹦跳，所以要设置好防逃设施，尤其是大雨天，及时巡查、补漏。黑龙江省每年的 11 月至翌年 4 月为鱼类越冬期，哲罗鲑在流水池中饲养，冬季并不停食，但这段时间摄食明显会减少，为了有效地提高哲罗鲑越冬成活率，必须加强秋季的培育，越冬前要精养细喂。

第二节　野生哲罗鲑的人工繁殖

一、催产时间

哲罗鲑为春季繁殖鱼类，当自然水温回升至 8℃，一周后即可开始进行人工繁殖，产卵期在 3～4 月，一般在 3 月初至 4 月上旬。

二、催产药物

人工繁殖使用的药物包括鲑鱼促性腺激素释放激素类似物（sGnRH-A）、鱼用绒毛膜促性腺激素（HCG）和地欧酮（DOM）。催产药物易采用背鳍基部肌肉二次注射，也可以将鱼体麻醉后胸鳍基部体腔注射，二针的间隔时间为 72 h。

从 2004～2006 年人工药物繁殖试验的结果来看，采捕的野生哲罗鲑幼鱼可在池塘中培育至性成熟，注射激素 HCG、sGnRH-A 和 DOM 的混合制剂，可促使成熟的雌性哲罗鲑亲鱼产卵。催产药物的效应时间随水温的变化而有不同（表 5-2），水温在 6～11℃一般 8～11 d 雌鱼就可排卵。人工繁殖的催产率平均为 87.5%（表 5-3）。

表 5-2　人工繁殖水温与药物效应时间的关系

水温变化（℃）	6～8	7～9	8～10	9～11
药物效应时间（d）	11	10	9	8

表 5-3　人工繁殖的催产率

年份	水温（℃）	♀∶♂	雌鱼体重（kg）	产卵雌鱼数	催产率（%）
2004	8.3～11.6	18∶14	6.2～8.7	15	83.3
2005	8.6～11.0	35∶32	6.8～10.4	29	82.9
2006	8.3～10.7	26∶23	6.5～11.6	25	96.2

三、精液和卵的采集

哲罗鲑排卵后，卵游离在腹腔中 5 d 内不会影响受精率，为了减少亲鱼受伤，催产后每隔 3～4 d 检查 1 次亲鱼排卵情况即可。由于哲罗鲑亲鱼较大，身体较滑，在操作中较难控制，可以设计一个简单的操作台（附录 3：专利号 CN201020175860.6）。底部铺有棉被、上面附上塑料布，操作台的凹槽要适中（约 30 cm），既能将鱼体挤住，又方便操作，凹槽侧面留一个缺口，以便接卵、取精液。当检查发现雌性亲鱼排卵后，将亲鱼放入浓度为 0.05%的苯氧乙醇麻醉液中，2～3 min 后待鱼体腹部向上时，放置到操作台上。首先要采集雄鱼的精液，用干毛巾将腹部和泄殖孔周围的水擦干，轻压腹部将精液挤到小杯中（附录 3：专利号 CN201110348360.7），如果精液较多时，直接可用器皿接取，较少时可用吸管吸取。采卵时应从身体前部向生殖孔处挤压，要快、稳、准，收集到的鱼卵利用塑料沥水盆将体液滤掉。

四、受精卵的直径

哲罗鲑的受精卵圆形淡黄色，卵膜较软，无黏性。7⁺～9⁺龄鱼（多次性成熟）未吸水时的卵径 4.20～5.56 mm，平均（4.98±0.33）mm；吸水膨胀后的卵径 4.32～5.76 mm，平均（5.20±0.38）mm，增大约 0.2 mm，85%以上在 5.0～6.0 mm，吸水后膨胀变化规律见图 5-1。5⁺龄鱼（初次性成熟）吸水后的卵径 3.24～5.68 mm，平均（4.50±0.63）mm，50%以上在 4.0～5.0mm（表 5-4）。

表 5-4　哲罗鲑受精卵吸水后的卵径（2004 年）

年龄	卵径（n=200）		
	范围（mm）	比例（%）	平均（mm）
5⁺龄鱼（初次性成熟）	3.24～4.00	26.9	
	4.00～5.00	51.9	4.50±0.63
	5.00～5.68	21.2	
7⁺～9⁺龄鱼（多次性成熟）	4.32～5.00	12.8	
	5.00～5.76	87.2	5.20±0.38

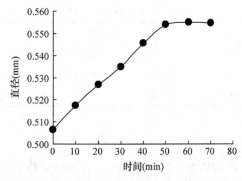

图 5-1　哲罗鲑受精卵直径吸水后膨胀变化

五、雌性亲鱼的产卵量

（一）雌性亲鱼产前体重与排卵量的关系

繁殖期哲罗鲑雌性亲鱼体长（L）和产前体重（W）（图5-2）的相关性符合幂函数方程 $W= 0.003L^{3.326}$，$R^2=0.926$。

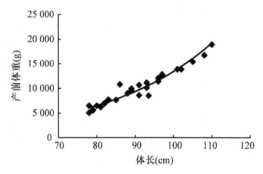

图5-2　繁殖期雌性亲鱼体长与产前体重的关系

雌鱼产前体重与实际产卵量的关系在个体之间差异较大。从图5-3可以看出，有的个体虽然产前体重较小，但产卵量较高，有的产前体重较大，产卵量却较少，这主要受亲鱼年龄、个体性腺发育、注射激素水平及人工采卵技能等多方面因素影响而导致的，但整体趋势还是随着产前体重的增加，产卵量逐渐增多。

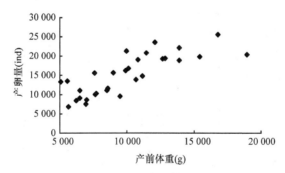

图5-3　繁殖期雌性亲鱼产前体重与产卵量关系

（二）雌性亲鱼产后体重与产卵量的关系

在渤海冷水性鱼试验站池塘的人工养殖条件下，初次性成熟的个体产卵量一般在（3116±1054）粒，随着体重的增加，产卵量逐渐增大，10 kg左右的个体产卵量可达到（17 361±5304）粒，不同体重亲鱼的产卵量见表5-5。

表 5-5　哲罗鲑产后体重与产卵量的关系

产后体重（g）		产卵量（ind）		样本数
范围	平均	范围	平均	
1 670～1 968	1 820±131	1 900～4 560	3 116±1 054	5
2 055～2 937	2 331±282	3 040～10 640	5 647±2 454	10
3 002～3 970	3 553±299	3 040～114 000	7 104±2 533	17
4 022～4 805	4 410±232	3 800～13 680	8 849±2 985	23
5 030～5 870	5 416±394	6 840～15 200	9 446±3 250	7
6 005～6 855	6 467±274	6 080～19 000	10 939±3 894	16
7 140～7 985	7 581±277	7 676～15 200	12 687±1 896	31
8 025～8 795	8 302±252	7 600～17 480	12 920±2 877	22
9 150～9 545	9 306±151	11 400～19 000	14 271±2 166	18
10 210～10 825	10 554±258	9 120～22 800	17 361±5 304	14

六、人工授精方法

在哲罗鲑的人工繁殖过程中，目前尚没有发现雌鱼能够自然产卵体外受精，因此，只能通过人工的方法获得受精卵。在避光的环境条件下，每盆收集 1 尾雌鱼的成熟卵，然后加入 3 尾雄鱼 4～5 mL 的精液，再加入适量的水，搅拌 1～2 min，静止 2～3 min，将受精卵用清水洗 2～3 遍，去除精液和其他杂质，放置 30～60 min 使卵子充分吸水膨胀。

受精率计算以原肠中期为标准统计，均匀取样，每次取 50～100 粒，分别统计其中的活卵数和死卵数，每批受精卵要重复统计 2～3 次，以活卵数占样本数的百分率为该批卵的受精率。

第三节　哲罗鲑 F_1 全人工繁殖

一、全人工养殖模式下的繁殖

将野生哲罗鲑亲鱼催产获得的 F_1 苗种，分别饲养在黑龙江水产研究所渤海冷水性鱼试验站（以下简称黑龙江渤海站）和中国水产科学研究院北京房山鲟鱼养殖基地（以下简称北京房山基地），黑龙江渤海站的养殖池是长方形水泥池，面积 30 m×5 m，水深 1.0 m，北京房山基地的养殖池是圆形水泥池，半径 5 m，水深 1.5 m，两地养殖池的水源和水温状况见表 5-6。鱼苗阶段投喂充足的水蚤和水丝蚓，鱼种阶段完全投喂人工配合颗粒饵料，日投喂量是鱼体重的 4%～6%，并根据摄食情况进行适当增减。

表5-6　池养哲罗鲑 F₁ 的水源和水温

地点	水源	水温（℃）			
		12～2月	3～5月	6～8月	9～11月
北京房山基地	井水+河流水（混合水）	8.5±1.7	13.2±1.3	19.8±2.1	15.4±1.8
黑龙江渤海站	涌泉水	4.2±1.5	8.6±1.7	16.2±2.5	11.6±1.4

2006 年在人工养殖条件下 F_1 培育至性成熟，在北京房山基地和黑龙江渤海站初次进行人工养殖哲罗鲑的药物催产试验，其繁殖效果见表5-7和表5-8。从测得的数据可知，哲罗鲑雌雄性比接近 1，未吸水的成熟卵直径为（3.96±0.53）mm（ $n=100$ ），范围为 3.34～5.32 mm，吸水后的卵径为（4.32±0.65）mm（ $n=100$ ），范围为 3.62～5.58 mm，卵粒较小、不均匀，孵出的仔鱼体质较弱，畸形苗较多。北京房山基地亲鱼的催产率为 21.7%，受精率为 56.3%，仔鱼上浮率为 75.0%；黑龙江渤海站亲鱼的催产率为 47.4%，受精率为 73.0%，仔鱼上浮率为 82.2%。亲鱼的体长和体重北京房山基地明显大于黑龙江渤海站，但繁殖效果黑龙江渤海站相对较好。

表5-7　哲罗鲑 F₁ 的药物催产情况

地点	♀ : ♂	体重（kg）	水温（℃）	效应时间（d）	产卵雌鱼数	产卵数（ind）（ $\bar{x}$ ±SD）	催产率（%）
北京房山基地	23 : 19	6.25±0.90	8～10	6～9	5	7650±1400（ $n=5$ ）	21.7
黑龙江渤海站	38 : 30	4.14±0.38	8～9	8～11	18	6560±1300（ $n=18$ ）	47.4

注：$\bar{x}$ ±SD 为平均值±标准差

表5-8　哲罗鲑 F₁ 的受精率、发眼率、孵化率和仔鱼上浮率（%）

地点	受精率		发眼率		孵化率		仔鱼上浮率	
	范围	$\bar{x}$ ±SD	范围	$\bar{x}$ ±SD	范围	$\bar{x}$ ±SD	范围	$\bar{x}$ ±SD
北京房山基地	35.7～74.3	56.3±13.5（ $n=5$ ）	82.5～93.5	88.3±4.2（ $n=5$ ）	82.5～94.3	88.9±4.4（ $n=5$ ）	72.7～81.5	75.0±3.6（ $n=5$ ）
黑龙江渤海站	48.7～92.4	73.0±15.9（ $n=18$ ）	82.3～94.9	89.0±4.7（ $n=18$ ）	84.7～95.2	90.4±3.9（ $n=18$ ）	75.3～88.6	82.2±4.9（ $n=18$ ）

从实验结果来看，北京房山基地和黑龙江渤海站人工养殖的哲罗鲑性腺都可以良好发育，但成熟度有所不同。初期触摸、轻压腹部检查亲鱼的雌雄和性腺发育状况时，北京房山基地 46 尾雄性亲鱼中没有 1 尾能够挤出精液，黑龙江渤海站 53 尾雄鱼中却有 5 尾能挤出精液。但经人工注射催熟药物后，雄鱼都可以挤出精液。而且北京房山基地的催产率、受精率和仔鱼上浮率也都明显低于黑龙江渤海

站。分析其原因可能有两方面：①北京房山基地冬季水源是河流水和井水的混合水，水温较高，在 8～10℃，相对于冷水鱼来讲无明显的低温期，生长虽然较快，但性腺完全发育会受到一定的影响。许多研究证明，鱼类的性腺完全发育需要一个低温期的积累，低温是刺激营养物质向性腺转化的条件，卵黄的积累也主要在冬季和早春。黑龙江渤海站冬季的低温期较长，生长虽然较慢，但更适合性腺的生长成熟。②本次哲罗鲑的全人工繁殖时间，黑龙江渤海站在 3 月上旬，北京房山基地在 2 月中旬，较前者提早了 20 d 左右，性腺成熟度相对也就没有前者效果好。对照同批黑龙江渤海站培育的野生哲罗鲑（10～12 龄，♀:♂=26：23）人工繁殖情况，催产率达 96.2%，发眼率 85.4%，仔鱼上浮率 87.8%（表 5-9），本次人工养殖哲罗鲑的繁殖效果整体较差。推测人工养殖的 5 龄哲罗鲑只有部分个体成熟，群体性腺完全成熟还需延迟 1～2 年。

表 5-9　野生哲罗鲑人工繁殖的催产率、发眼率和仔鱼上浮率（%）

年份	催产率	发眼率	仔鱼上浮率
2004	83.3	80.1±10.6	84.8±7.1
2005	82.9	85.1±6.8	86.6±4.8
2006	96.2	85.4±8.6	87.8±5.9

二、人工繁殖亲鱼产后的死亡

哲罗鲑是一年一次性产卵鱼类，每年的 3 月中旬到 4 月上旬进行哲罗鲑人工繁殖，2012 年统计了黑龙江水产研究所渤海冷水性鱼试验站哲罗鲑人工繁殖亲鱼产后的死亡情况。哲罗鲑繁殖后的亲鱼死亡主要集中在 4～6 月，4 月最多，达到了 2.26%，从 7 月开始逐渐减少，4～12 月的总死亡率为 6.78%（表 5-10）。

表 5-10　哲罗鲑亲鱼产后不同月份死亡情况（2012 年）

池塘号	入池数（尾）	亲鱼死亡数（尾）									合计
		4 月	5 月	6 月	7 月	8 月	9 月	10 月	11 月	12 月	
1#	212	3	4	3	2	1	1	0	1	0	15
2#	99	4	1	1	0	1	—	0	0	0	7
3#	167	5	2	3	2	2	1	1	2	1	19
4#	236	3	2	2	1	0	1	0	0	0	9
5#	215	6	3	0	1	1	2	1	1	0	15
6#	177	4	2	0	1	1	1	1	0	0	10
合计	1106	25	14	9	7	6	6	3	4	1	75

在采集哲罗鲑雄鱼精液时发现，只有 60% 左右的雄亲鱼能挤出精液，且挤出

的精液量较少，一般只有 10~20 mL；采集雌性鱼卵后，解剖观察产后死亡的个体时，体腔内仍有 200~400 粒成熟卵。因为，哲罗鲑的亲鱼个体大，腹部肌肉较厚，只有用力挤压腹部才能完成采集精卵的工作，这样就会对鱼体造成较大伤害。从死亡鱼体的内外解剖观察发现，绝大多数亲鱼体表大量滋生水霉菌，鱼体瘦弱而死亡，主要是由于哲罗鲑个体较大，不易控制，在拉网、运输、人工采精和采卵过程中操作不当，鱼体碰撞和体表擦伤，后期生长水霉菌。还有一些个体背部肌肉腐烂，腹腔内部大量出血死亡。分析其原因，前者主要是肌肉吸收注射的催产药物不畅，注射部位周围溃烂；后者可能是卵子游离时动脉破裂大量出血。

三、预防繁殖亲鱼死亡的注意事项

哲罗鲑繁殖期水温较低，大多数生产单位采用的都是流水养殖，整个水体的消毒不容易操作，因此，产后亲鱼就容易生长水霉菌而死亡。针对生产中遇到的一些实际问题，应注意以下几方面：①排好生产计划，掌握好繁殖时机，减少捕捞和性腺发育检查的次数，以及不同池塘之间的运输环节。②在注射器针头的基部缠有胶布或套有胶管，保证针头扎入鱼体背部肌肉（肌内注射 1.5~2.0 cm）和胸腔（胸腔注射 0.5~1.0 cm）的深度以减少对鱼体的伤害。③在亲鱼人工采精、采卵过程中，选用适宜的麻醉剂和控制好麻醉时间，产后需在头部、腹部、尾部体表涂抹消炎药水。④人工采精、采卵时，应从胸部逐渐挤压到腹部，力度不宜过大，鱼体应倾斜 30°，尽量减少重复挤压的次数。⑤完善人工繁殖操作规程，不断调整和补充生产中遇到的实际问题。⑥建立一个完整的生产操作记录档案，为查找出现问题的原因提供依据。

第四节 人 工 孵 化

一、受精卵的孵化

将受精吸水膨胀后的卵倒入孵化桶中，每个桶（10 kg 水桶改装）放 2~3 L。采用流水孵化，水质清澈，溶氧量在 7 mg/L 以上。每 3~4 d 用消毒液从注水口流入桶内进行消毒，每次持续 1 h，可抑制死卵生长水霉菌。孵化期间，应避免日光照射，日光中紫外线对鱼卵有致畸、致死作用。在孵化期间，受精卵应处于安静的状态，这样有利于孵化率的提高。待受精卵完全发眼后，移入平列槽中，及时将死卵拣出。

二、胚胎发育

在水温 4.8~9℃条件下，哲罗鲑受精卵整个胚胎发育过程分为 6 个大的发育阶段，可细分为 26 个发育分期（表 5-11），从受精卵到孵化出膜历时 839 h。受精卵阶段历时 13 h，卵裂阶段历时 40 h，囊胚阶段历时 162 h，原肠阶段历时 72 h，神经胚阶段历时 16 h，器官形成阶段历时 504 h。

表 5-11　哲罗鲑胚胎发育时序

序号	发育时期	受精后（h）	水温（℃）	胚胎发育积温（℃·d）	图号
1	受精卵	—	8	—	5-4-1
2	胚盘隆起	2	7.6	0.65	5-4-2
3	第一次卵裂（2 细胞期）	13	5	3.11	5-4-3
4	第二次卵裂（4 细胞期）	15	5	3.52	5-4-4
5	第三次卵裂（8 细胞期）	21	6	4.86	5-4-5
6	第四次卵裂（16 细胞期）	27	6.5	6.52	5-4-6
7	分裂后期	33	5	7.83	5-4-7
8	囊胚早期	53	6	9.70	5-4-8
9	囊胚中期	143	4.8	32.04	5-4-9
10	低囊胚期	167	5.3	37.54	5-4-10
11	囊胚晚期	179	5	40.04	5-4-11
12	原肠早期	215	5.6	48.89	5-4-12
13	原肠中期	239	6.2	55.09	5-4-13
14	原肠晚期	263	6.8	61.09	5-4-14
15	神经胚期	287	6.9	68.79	5-4-15
16	胚孔封闭	335	6.8	82.39	5-4-16
17	眼基出现期	311	6.8	75.59	5-4-17
18	脑部分化期	359	6.9	89.29	5-4-18
19	胸鳍原基出现期	383	6.9	96.19	5-4-19
20	眼囊形成期	407	6.9	103.09	5-4-21
21	尾芽形成期	431	7.2	110.29	5-4-22
22	眼晶体出现	455	6.9	117.19	5-4-23
23	尾鳍出现期	479	7.4	124.59	5-4-24
24	眼色素出现期	599	8	165.69	5-4-25
25	循环期	695	8.2	199.29	5-4-26
26	出膜期	839	7.8	262.09	5-4-27 5-4-28

（一）受精卵

哲罗鲑的卵为端黄卵，呈圆球形，相对密度大于水，有大量的卵黄，呈橘黄色（图 5-4 中 1），吸水膨胀后卵黄与卵膜之间出现围卵黄周隙。受精后 2 h 原生

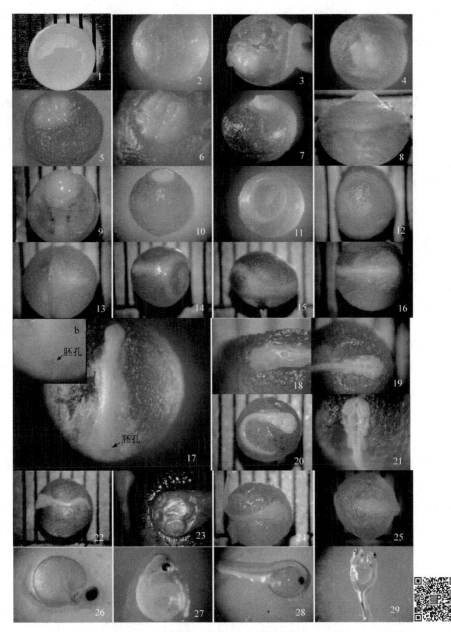

图 5-4　哲罗鲑胚胎发育图（彩图请扫二维码）

质开始向动物极聚集，逐渐隆起出现盘状胚盘，胚盘的形成为卵裂奠定了基础（图5-4中2）。

（二）卵裂期

受精后13 h时出现第一次卵裂（经裂），隆起的胚盘向两边拉长，盘顶部中央产生裂痕并逐渐加深形成分裂沟，继而将胚盘一分为二，形成两个基本相等的分裂球，进入2细胞期（图5-4中3）；2 h后也就是受精后15 h时出现第二次卵裂，与第一次卵裂垂直，形成4个大小相等的细胞，进入4细胞期（图5-4中4）；6 h后出现第三次卵裂，两个经裂面与第一次卵裂平行，出现8个细胞，细胞大小相似，排列两行，每行4个进入8细胞期（图5-4中5）；当受精后27 h出现第四次卵裂，有两个分裂面，与第一个分裂面垂直，16个分裂球分成4排，每排4个，即16细胞期（图5-4中6）；随着细胞的不断分裂，分裂球越分越小，但界限尚清楚，分裂球大小不一，形成多细胞的胚体，进入分裂后期（图5-4中7）。

（三）囊胚期

受精后53 h时，随着细胞分裂，胚盘隆起达最高，形成高囊胚，进入囊胚早期（图5-4中8）。囊胚早期细胞分裂迅速，细胞变小，胚盘细胞堆积形似帽状，与卵黄物质交界明显，但交界边缘很不完整。受精后143 h随着囊胚边缘细胞的增多，已看不出细胞个数，胚盘面积不断变大，开始向植物极下包和内卷，随之变得稍扁平，胚胎进入囊胚中期（图5-4中9）。经过24 h囊胚层变扁呈饼状（图5-4中10），进入低囊胚期；经过36 h囊胚层逐渐变低，与卵黄囊连接较平滑。囊胚细胞继续内卷形成不太明显的胚环，胚层继续下包，胚环形成，此时胚环边缘出现薄厚两面，原生质网消失，进入囊胚晚期（图5-4中11）。

（四）原肠期

受精后215 h胚环继续下包，内卷明显，下包到1/3处，在未来胚环一侧出现增厚盾状突起（称为胚盾），进入原肠早期（图5-4中12）；受精后239 h，胚环继续下包到1/2处，胚盾明显增长，头突出现，胚体开始延长并逐步完整，此时为原肠中期（图5-4中13）；受精后263 h，胚环下包到3/4处，植物极由胚层包裹形成胚孔，漏出极少的卵黄，形成未来卵黄栓，胚盾逐渐延伸，超过动物极顶部，胚体基本形成，进入原肠晚期（图5-4中14）。

（五）神经胚期

受精后287 h，胚盘下包4/5，神经板形成，胚体转为侧卧，胚体后端有一个圆形原口，未包入的卵黄像一个栓子在原口上，称为"卵黄栓"，胚体头部较中后部明显隆起增大，可看出头部雏形（图5-4中15）；受精后335 h胚孔关闭，胚盘完全包住卵黄，脊索呈柱状，神经板头端隆起，头部雏形更见明显（图5-4中16）。

（六）器官形成期

受精后311 h时在前脑的两侧出现一对肾性突起，为眼的原基，此时胚孔尚未关闭（图5-4中17）。受精后359 h时脑部开始分化，分为明显的前、中、后脑，为脑部分化期（图5-4中18）；受精后383 h在头部后方两侧出现胸鳍原基（图5-4中19），经过120 h后胸鳍分化更加明显，已具备了胚体雏形（图5-4中20）。受精后407 h，在眼前方腹面有一团暗色斑块，称为嗅囊，眼原基进一步发育，形成长椭圆形眼囊，称为眼囊形成期（图5-4中21）；受精后431 h胚体尾部向后发育延长，尾芽形成（图5-4中22）；再经过48 h的发育，尾部已经脱离卵黄囊形成透明的鳍褶（图5-4中24）；受精后455 h眼原基进一步发育，在眼囊中发育形成晶体（图5-4中23）；受精后599 h眼部开始出现黑色素（图5-4中25），眼囊逐渐变黑；再经过96 h，剥离卵皮，在卵黄囊上方可看到管状的心脏搏动（75次/min），该时期鱼体透明，鱼周身血流清晰可见，并且有大量血管分布到卵黄囊，血液淡红色，此时期为循环期（图5-4中26）；受精后839 h胚体尾芽继续增长，鳍褶变宽，卵黄囊上血管增多，胚体较前扭动剧烈，卵膜逐渐变薄，加上胚体运动的牵拉，使卵膜破裂，开始破膜而出。经过观察，大多数鱼以头部从裂口孵出（图5-4中27），也有个别鱼以尾部从裂口孵出（图5-4中28）。刚出膜的鱼体无色素，心跳128～142次/min，头部向卵黄囊方向弯曲，出膜后的仔鱼经短暂游动后随即沉入底部静卧，极少动，卵黄囊呈长椭圆形，在破膜的个体中也有少量畸形个体（图5-4中29）。

三、仔鱼发育

刚破膜鱼苗体重（0.091±0.006）g，全长（18.45±0.32）mm，卵黄囊体积（0.074±0.009）cm^3，肛突明显，背鳍原基出现，第一对鳃弓出现并开始钙化（图5-5中1）；8 d后体重为（0.111±0.005）g，全长（22.79±0.72）cm，卵黄囊体积（0.056±0.007）cm^3，口开启，头部、腹部及卵黄色素出现，卵黄囊毛细血管发达，可见尾部血液向心脏汇集，血色素明显（图5-5中2），经Bouin氏液固定仔鱼，在肛门前端、卵黄囊之后明显看见腹鳍原基。破膜后12 d鱼体表黑色素开始沉积，首先在肛突上出现点状黑色斑点，随着鱼的发育斑点不断增多；17 d后体重（0.129±0.013）g，全长（22.79±0.73）cm，卵黄囊体积（0.017±0.004）cm^3；在肛门后方出现突起，为臀鳍原基（图5-5中3）；破膜后27 d，鳍褶分化明显，胸鳍、背鳍、臀鳍与尾鳍鳍条清晰（图5-5中4），此时卵黄囊基本吸收完全，仔鱼已经能主动摄食轮虫等小型浮游动物，但摄食器官尚未发育完善；破膜后39 d所有鳍条发育完全，外形与成鱼基本相同（图5-5中5），解剖观察，在肠前端形成很多点状突起，为幽门盲囊原基。破膜后60 d摄食器官发育完全，口腔内上颌齿、下颌齿、犁齿和鄂齿都已经形成，前端游离舌与成鱼基本相同，舌上着生两列 5 排共 10 枚舌齿（图 5-5 中 6）。

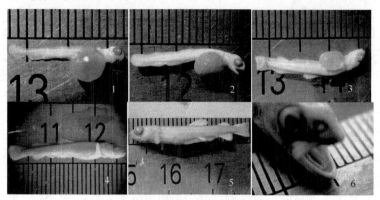

图 5-5　哲罗鲑仔鱼发育图

四、仔鱼期的管理

　　刚出膜的仔鱼喜集群在容器的边和角，主要在水体底部游动。这一时期由于鱼苗密度较大，要适当增加水流量。随着卵黄囊不断被吸收，各器官逐渐完善，当仔鱼的卵黄囊吸收到 2/3～3/4，鱼苗开始上浮摄食，这时从孵化槽中挑选平游的仔鱼放入培育槽中，鱼苗驯化采取依次投喂水蚤→水蚤、水丝蚓→水丝蚓→水丝蚓、软颗粒饲料→软颗粒饲料→软颗粒饲料、硬颗粒饲料→硬颗粒饲料的驯养方法，从动物性饵料转化为人工配合颗粒饲料喂养（表 5-12）。在开始投喂人工配合颗粒饲料后，每天给鱼苗 2～5 h 的光照，时间要逐渐延长，这样有利于鱼苗放入室外池塘后能适应日光的照射。在驯养过程中发现哲罗鲑的苗种自残较严重，要逐渐减小平列槽的培育密度，大小鱼苗及时逐级分开饲养，而且还要注意进水口和排水口处的鱼苗逃逸。

表 5-12　哲罗鲑鱼苗的人工驯养（2005 年）

日期（月.日）	饵料种类	每天投喂次数	驯养天数	投喂量
6.8～6.12	水蚤	6	5	足量
6.13～6.23	水蚤 水丝蚓	2 4	11	足量 1 h 内吃完
6.24～7.3	水丝蚓	5	10	1 h 内吃完
7.4～7.9	水丝蚓 软颗粒饲料	2 4	6	1 h 内吃完 体重的 4%～5%
7.10～7.23	软颗粒饲料	6	14	体重的 6%～7%
7.24～7.30	软颗粒饲料 硬颗粒饲料	2 4	7	体重的 1%～2% 体重的 4%～6%
8.1～8.15	硬颗粒饲料	6	16	体重的 7%～8%

五、人工孵化注意事项

人工孵化应注意以下几方面：①哲罗鲑胚胎发育持续时间长，所以在人工孵化过程中选择水质清、污染少的水作为孵化用水，孵化期间要避光，由于孵化水温较低，水霉菌滋生较快，每隔 2 d 用 500 mg/L 甲醛消毒一次直至发眼，随时检查入水口是否通畅。②哲罗鲑受精卵在 7℃水温孵化时约 3 d 发育到囊胚期，这时期对外界刺激不敏感，可以在这一时期拣出未受精的死卵，避免死卵生长水霉菌波及活的受精卵。③受精后 7 d 左右胚胎发育到原肠期，这时期的胚胎发育对外界刺激不稳定，应当避免晃动孵化桶，保证静止孵化。④受精后 20 d，胚胎发育到器官形成期，对外界刺激耐受力增强，应第二次拣出死卵。⑤哲罗鲑为肉食性鱼类，存在严重自残现象，所以在仔鱼人工饲养阶段，应保证适当密度，将大个体不断分出，从而降低自残概率，提高人工驯化的成活率。

参 考 文 献

曹顶臣, 徐伟, 尹家胜, 等.2003. 野生哲罗鱼的采捕及运输技术. 水产学杂志, 16（1）: 70-72.

徐伟, 孙慧武, 关海红, 等. 2007. 哲罗鱼全人工繁育的初步研究. 中国水产科学, 14（6）: 896-902.

徐伟, 尹家胜, 姜作发, 等.2003. 哲罗鱼人工繁育技术的初步研究. 中国水产科学, 10（1）: 29-34.

徐伟, 尹家胜, 姜作发, 等. 2004. 哲罗鱼人工繁殖技术要点. 水产学杂志, 17（2）: 69-71.

徐伟, 尹家胜, 匡友谊, 等. 2008. 哲罗鱼人工育苗技术研究. 上海水产大学学报, 17（4）: 452-456.

徐伟, 尹家胜, 佟广香, 等.2013. 哲罗鱼的产卵量和亲鱼死亡分析. 水产学杂志, 26（4）: 12-14.

张永泉, 尹家胜, 贾钟贺, 等. 2008. 哲罗鱼胚胎和仔鱼发育研究. 大连水产学院学报, 21（6）: 425-430.

第六章 人工养殖

鱼类人工养殖技术是规模化生产的重要环节之一，其养殖效果常会受到环境因子和饲养方式等诸多方面的影响。同时，由于养殖种类和个体之间的不同，受到的影响程度也会有一定的差异。本章总结了温度、光照、流速和溶氧量，以及投喂方式、饵料选择等因素对哲罗鲑人工养殖的影响，初步确定了部分环境因子的理想需求，以期为哲罗鲑的规模化生产，以及其他土著鲑科鱼类的研发提供理论参考。

第一节 延迟投喂对存活、生长和行为的影响

为探索哲罗鲑对早期饥饿的生态适应机制，指导该鱼的苗种培育工作，本节阐述了延迟投喂对哲罗鲑存活、生长和行为的影响（张永泉等，2009，2010a，2010b，2013；郭文学等，2013）。

一、对存活的影响

哲罗鲑作为凶猛肉食性鱼类，存在严重自相残食现象，在人工驯化早期为了降低自相残食比例，每次都需要投喂大量的粉末状人工饲料，然而这种驯养方法会导致鱼苗细菌性烂鳃病发生，经过实验，对比发现，哲罗鲑鱼苗饥饿 9 d 后投喂总死亡率和自残死亡率都较低。鱼苗开口后，虽然直接投喂实验组 S0 的自残死亡率低于饥饿 9 d 后投喂实验组 S1，但由于直接投喂实验组 S0 的时间比饥饿后 9 d 投喂实验组 S1 多了 9 d，其烂鳃病也相对比较严重，导致直接投喂实验组 S0 的总死亡率明显高于饥饿后 9 d 投喂实验组 S1，详细数据见图 6-1。

二、对生长的影响

延迟投喂对哲罗鲑生长的影响详见表 6-1。研究表明，直接投喂和饥饿 9 d 后投喂的哲罗鲑体重均呈典型的指数增长，生长方程为 $M_{S0}=120.96e^{0.0376x}$，$R^2=0.9407$；$M_{S1}=80.871e^{0.0486x}$，$R^2=0.9406$（其中 M 为体重，x 为试验天数）。随着投喂天数的延长，两者间体重差距在不断缩小，当 36 d 时两者体重已不存在差异（$P>0.05$）。哲罗鲑饥饿 12 d 后投喂体重生长曲线虽然也呈现指数增长模式（$M_{S2}=62.67e^{0.0483x}$，$R^2=0.9382$），但随着投喂天数的延长，与直接投喂的哲罗鲑

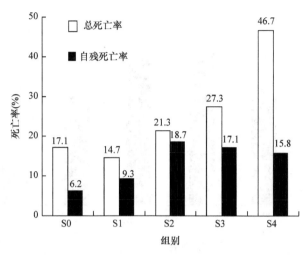

图 6-1　不同处理下哲罗鲑的死亡率

S0. 直接投喂；S1. 饥饿 9 d 后投喂；S2. 饥饿 12 d 后投喂；S3. 饥饿 15 d 后投喂；S4. 饥饿 18 d 后投喂

的生长差距逐渐变大，并存在显著差异（$P<0.05$）；饥饿 15 d 后投喂体重生长曲线呈指数增长模式，生长方程 $M_{S3}= 70.097e^{0.0306x}$，$R^2 = 0.8007$。饥饿 9 d 后投喂特定生长率最高，为 5.0%，此后随着投喂时间的延长，特定生长率逐渐降低，当延迟投喂 18 d 后特定生长率最低，为 1.3%（图 6-2）。

表 6-1　延迟投喂对体长（全长）和体高的影响

时间 （d）	直接投喂		饥饿 9 d 后投喂		饥饿 12 d 后投喂		饥饿 15 d 后投喂		饥饿 18 d 后投喂	
	全长（cm）	体高（cm）	全长（cm）	体高（cm）	全长（cm）	体高（cm）	全长（cm）	体高（cm）	全长（cm）	体高（cm）
0	2.83±0.05	0.41±0.01	—	—						
9	3.03±0.02A	0.44±0.02a	2.97±0.04A	0.38±0.02b	—	—				
12	3.22±0.02A	0.47±0.02a	2.99±0.09B	0.44±0.02a	2.96±0.03A	0.35±0.02b	—	—		
15	3.17±0.14A	0.47±0.02a	3.15±0.07A	0.44±0.02b	3.02±0.04B	0.38±0.01c	2.98±0.04A	0.32±0.01c	—	—
18	3.35±0.12A	0.52±0.02a	3.33±0.09A	0.43±0.02b	3.12±0.09B	0.38±0.02c	3.01±0.04C	0.33±0.01d	2.97±0.03C	0.30±0.01c
21	3.56±0.13A	0.51±0.02a	3.43±0.07A	0.46±0.02b	3.22±0.06B	0.40±0.01c	3.05±0.03C	0.36±0.01d	2.94±0.04C	0.31±0.01e
24	3.69±0.13A	0.55±0.04a	3.59±0.10A	0.48±0.02b	3.34±0.08B	0.44±0.02b	3.07±0.04C	0.37±0.01d	2.91±0.03D	0.30±0.01e
27	3.90±0.14A	0.59±0.03a	3.74±0.09B	0.53±0.02b	3.51±0.08C	0.49±0.02c	3.14±0.05D	0.38±0.01d	2.94±0.12E	0.30±0.02e
30	3.91±0.17A	0.63±0.02a	3.86±0.11A	0.56±0.03b	3.57±0.10B	0.53±0.02b	3.20±0.09C	0.43±0.02c	2.86±0.03D	0.39±0.03d
33	4.21±0.14A	0.67±0.04a	3.99±0.14A	0.61±0.02b	3.76±0.14B	0.52±0.01c	3.32±0.09C	0.44±0.02d	2.94±0.04D	0.35±0.01e
36	4.49±0.12A	0.69±0.03a	4.26±0.13A	0.63±0.03b	3.95±0.13B	0.56±0.02c	3.57±0.10C	0.49±0.02d	3.03±0.03D	0.40±0.01e

注：同行不同大/小字母分别表示不同处理全长/体高差异显著（$P<0.05$）

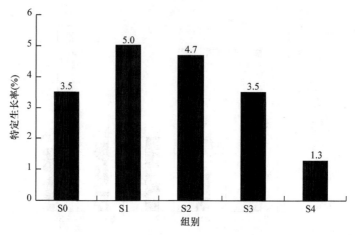

图 6-2　不同处理下哲罗鲑的特定生长率

S0. 直接投喂；S1. 饥饿 9 d 后投喂；S2. 饥饿 12 d 后投喂；S3. 饥饿 15 d 后投喂；S4. 饥饿 18 d 后投喂

三、对行为的影响

随着延迟投喂时间不断变长，哲罗鲑的行为表现也不尽相同。正常投喂和饥饿 9 d 后投喂鱼苗的表现接近，投喂前鱼群主要聚集在入水口，对光线反应敏感，出现少量互相残食现象，饥饿 9 d 初次投喂后鱼群整体摄食较好；饥饿 12 d 后在投喂前鱼体消瘦明显，对光线反应敏感，出现大量自相残食现象，初次投喂时鱼群摄食很好；饥饿 15 d 后在投喂前鱼群大部分聚集在入水口，但有部分个体脱离群体，漂浮水面独游，自相残食较多，投喂后鱼类摄食状况不佳；饥饿 18 d 后在投喂前鱼群中脱离群体个体增多，部分个体活动性差，对外界刺激反应迟钝，部分失去自相残食的能力，投喂后群体中很大一部分不能摄食，直接导致死亡，摄食的个体生长出现脊柱弯曲的畸形现象。

综上所述，在水温 10.4～14.9℃条件下，分析得出延迟 9 d 后投喂哲罗鲑苗种出现了"完全补偿生长"。

第二节　驯化方式对养殖的影响

哲罗鲑作为我国新研发的鲑科养殖鱼类，由于苗种野性较强，贾钟贺等（2012）开展了不同驯化方式的对比实验，实验分 3 组，A 组以浮游动物开口，投喂浮游动物 3 d，投喂水丝蚓 15 d，改投人工饲料；B 组以水丝蚓开口，投喂水丝蚓 15 d，改投人工饲料；C 组直接投喂人工饲料，经过 60 d 的对比饲养，详细结果如下。

一、不同驯化方式对哲罗鲑生长的影响

哲罗鲑开始实验时体重为（0.129 ±0.07）g，对经过 60 d 饲养的哲罗鲑体重数据进行统计分析，发现直接投喂人工饲料开口方式饲养的哲罗鲑比浮游动物开口组和水丝蚓开口组的体重增长都要快（表 6-2），其体重特定生长率（SGR）为 3.577%，明显大于浮游动物开口组（3.132%）和水丝蚓开口组（3.024%）。

表 6-2 不同驯化方式下哲罗鲑体重、全长生长情况

参数	A 组		B 组		C 组	
	体重（g）	全长（cm）	体重（g）	全长（cm）	体重（g）	全长（cm）
0 d	0.129±0.007	2.85±0.05	0.129±0.007	2.85±0.05	0.129±0.007	2.85±0.05
6 d	0.149±0.003	3.03±0.07	0.148±0.002	3.08±0.07	0.145±0.002	2.97±0.09
12 d	0.176±0.005	3.12±0.17	0.173±0.006	3.13±0.14	0.171±0.002	3.11±0.21
18 d	0.162±0.007	3.26±0.34	0.159±0.008	3.18±0.22	0.221±0.004	3.48±0.26
24 d	0.237±0.007	3.38±0.27	0.229±0.006	3.36±0.31	0.295±0.005	3.42±0.21
30 d	0.324±0.009	3.52±0.27	0.301±0.009	3.43±0.22	0.363±0.004	3.62±0.32
39 d	0.453±0.012	3.78±0.35	0.423±0.013	3.78±0.35	0.516±0.009	3.82±0.43
45 d	0.534±0.016	3.97±0.69	0.512±0.015	3.82±0.68	0.676±0.011	4.11±0.65
54 d	0.701±0.018	4.38±0.75	0.687±0.016	4.21±0.65	0.836±0.013	4.63±0.65
60 d	0.842±0.016	4.67±0.85	0.790±0.012	4.52±0.76	1.100±0.013	5.42±0.52
SGR（%）	3.132		3.024		3.577	
CV（%）	21.47		22.59		11.32	

注：A 组以浮游动物开口，投喂浮游动物 3 d，投喂水丝蚓 15 d，改投人工饲料；B 组以水丝蚓开口，投喂水丝蚓 15 d，改投人工饲料；C 组直接投喂人工饲料。CV. 变异系数

二、不同驯化方式对哲罗鲑存活率的影响

不同驯化方式对哲罗鲑死亡率的影响明显，浮游动物开口组第 26 天死亡率达最大值（1.93%），第 40 天时死亡率基本稳定，维持在 0.081% 左右；水丝蚓开口组第 22 天死亡率达最大值（2%），此后不断降低，第 40 天时死亡率基本稳定，维持在 0.072% 左右；直接投喂人工饲料开口组第 9 天死亡率达最大值（1.3%），第 9 天后死亡率不断降低，第 25 天时死亡率基本稳定，维持在 0.075% 左右，经过 60 d 的人工饲养发现，直接投喂人工饲料组苗种驯化存活率为 84.36%，明显高于浮游动物开口组的 75.67%。

三、不同驯化方式对哲罗鲑生长离散和行为的影响

种群变异系数（CV）是反映群体生长离散变化的重要指标之一，系数越小说明群体间差异越小，整体越整齐。经过 60 d 的人工驯化，3 组（A 组、B 组、C 组）种群变异系数依次为 21.47%、22.59% 和 11.32%，直接投喂饲料明显低于其他开口方式（表 6-2）。

不同驯化方式对哲罗鲑仔鱼和稚鱼的活动行为有一定的影响，其中浮游动物开口组在前期投喂浮游动物阶段初次摄食率均高于其他开口方式，经过 7 d 左右的饲养，此时明显能观察到以浮游动物和水丝蚓开口的哲罗鲑对光线、声音等外界刺激反应比较敏感，大部分鱼都在水体底层进食，但到动物性饵料向人工饲料过渡阶段，明显可以看出浮游动物开口组和水丝蚓开口组鱼体在不断消瘦，且对外界反应明显变慢，并且出现大量的自相残食现象，此时个体间差异明显变大，经过一段时间的人工驯化各组死亡率逐渐趋于稳定。

综合分析，在规模化的人工驯化过程中直接投喂人工饲料驯养，其成活率、生长速度都优于其他投喂方式。人工饲料驯化的哲罗鲑鱼苗种群变异系数小，鱼苗规格相对整齐。因此，全人工饲料驯化方法是哲罗鲑苗种规模化培育的理想模式，但需要注意不断调整颗粒饲料的大小，使其在哲罗鲑不同生长阶段达到最大的适口性。

第三节　光照、温度、溶解氧对养殖的影响

一、光照

光照是水产经济动物重要的环境因子之一，不仅可以影响水产经济动物的生长与存活，还可影响其摄食、行为及体色。为了掌握光照强度对哲罗鲑养殖过程的影响，郭文学等（2014）设置 3 个光强梯度：黑暗组（光强均值：0 lx）、对照组[光强均值：（27.07±11.98）lx]和光照组[（187.03±61.47）lx]对比实验，实验结束时体长、体重的最终值与绝对生长、相对生长均以光照组为最高，统计分析得出哲罗鲑的生长效率随光照强度的增加而逐渐升高。在哲罗鲑人工养殖过程中，应适当给予一定的光照，但需要注意，强烈的阳光直射有时会造成鱼体的晒伤，引起体表黏液的增生或细菌的二次性感染，所以在苗种培育阶段，可以适当增加部分光照，但应避免阳光直射。不同光照强度下哲罗鲑生长参数详细数据见表6-3。

表6-3　不同光照强度下哲罗鲑生长参数

参数	组别	实验初始值	实验终末值	绝对生长
体长（cm）	黑暗组	8.81 ± 0.65	11.92 ± 0.77	3.11 ± 0.86
	对照组	8.78 ± 0.74	12.26 ± 1.02	3.48 ± 1.33
	光照组	8.69 ± 0.66	12.44 ± 0.96	3.75 ± 1.20
体重（g）	黑暗组	4.98 ± 1.04	12.11 ± 2.23	7.11 ± 2.23
	对照组	4.78 ± 1.05	12.71 ± 3.24	7.94 ± 3.49
	光照组	4.68 ± 1.07	12.73 ± 2.93	8.05 ± 3.13

续表

参数	组别	实验初始值	实验终末值	绝对生长
肥满度（%）	黑暗组	0.73 ± 0.11	0.71 ± 0.04	—
	对照组	0.70 ± 0.05	0.68 ± 0.03	—
	光照组	0.70 ± 0.04	0.65 ± 0.03	—
体长相对生长率（%）	黑暗组		35.84± 11.53	
	对照组		40.61± 16.66	
	光照组		43.99 ± 16.01	
体重相对生长率（%）	黑暗组		150.57 ± 65.31	
	对照组		178.30 ± 89.48	
	光照组		186.14 ± 95.30	
特定增长率（%）	黑暗组		1.48 ± 0.41	
	对照组		1.62 ± 0.57	
	光照组		1.67 ± 0.53	

二、温度

为进一步探明温度对哲罗鲑养殖的影响，国内学者进行了相关的研究，王金燕等（2011）报道哲罗鲑幼鱼经过 63 d 的人工养殖，在一定的温度范围内增长率随着温度的升高，生长速度加快，温度为 18℃时，幼鱼体长与体重增长率均为最大，温度 18℃，可视为哲罗鲑幼鱼最适生长温度。随着温度的升高，18℃后生长速率开始下降，到达 24℃时，哲罗鲑幼鱼会出现大批量死亡，这一温度可视为哲罗鲑幼鱼生长的高温阈值（表 6-4）。这与王尚等（2015）报道的哲罗鲑鱼苗在温度为 4～8℃时生长较缓慢，16～18℃时生长速率达到顶峰，温度达到 20℃时开始出现死亡，温度达到 22℃时全部死亡的研究结果比较接近。综合分析得出，温度16～18℃为哲罗鲑人工养殖的理想温度，当温度达到 20℃死亡率明显增高。

表 6-4 温度对哲罗鲑幼鱼生长的影响

温度（℃）	终末体长（mm）	体长增长率（mm/d）	终末体重（g）	体重增长率（g/d）	存活率（%）
12	72.13±0.95	$5.64×10^{-3}$	2.80±0.02	$1.62×10^{-2}$	94.17±0.35
15	93.41±1.31	$7.42×10^{-3}$	6.58±0.27	$2.21×10^{-2}$	90.25±1.0
18	98.14±2.46	$7.76×10^{-3}$	7.43±0.36	$2.30×10^{-2}$	86.93±1.17
21	82.62±0.88	$6.59×10^{-3}$	5.07±0.04	$2.04×10^{-2}$	58.07±1.91
24	—	—	—	—	6.27±1.07

三、溶解氧

（一）哲罗鲑耗氧率的研究

匡友谊等（2003）研究发现哲罗鲑耗氧量和耗氧率随着水温的升高而增加，同一温度范围内，耗氧量随着体重的增加而增加，而耗氧率随着体重的增加而减小。张永泉等（2010a）报道在 13～15℃哲罗鲑耗氧量随着体重的增加而增加，其耗氧率随着体重的增加而减小。哲罗鲑耗氧率在 6:00～18:00 明显高于其他时间段，这表明白天哲罗鲑耗氧率明显高于夜间（表6-5），得出哲罗鲑是白天活动和进食多于夜间，建议哲罗鲑人工养殖过程中，应在每天的 6:00～18:00 投喂。

表6-5　不同规格哲罗鲑耗氧率和耗氧量

时间	A组		B组		C组	
	耗氧量 [mg/(h·尾)]	耗氧率 [mg/(g·h)]	耗氧量 [mg/(h·尾)]	耗氧率 [mg/(g·h)]	耗氧量 [mg/(h·尾)]	耗氧率 [mg/(g·h)]
8:00	0.48	0.72	1.82	0.70	15.56	0.24
10:00	0.53	0.79	1.89	0.72	19.2	0.31
12:00	0.57	0.81	1.89	0.72	18.37	0.29
14:00	0.53	0.79	1.77	0.67	18.24	0.29
16:00	0.5	0.76	1.76	0.67	16.68	0.25
18:00	0.43	0.64	1.26	0.48	4.8	0.08
20:00	0.43	0.64	1.65	0.63	7.3	0.12
22:00	0.38	0.57	1.37	0.52	4.8	0.08
24:00	0.48	0.72	1.45	0.54	6.12	0.11
2:00	0.42	0.64	1.32	0.5	4.7	0.07
4:00	0.48	0.72	1.42	0.54	16.73	0.25
6:00	0.53	0.79	1.78	0.67	15.78	0.24

注：A组. 平均体重为（0.67±0.19）g；B组. 平均体重为（2.60±0.61）g；C组. 平均体重为（61.83±8.44）g

（二）哲罗鲑窒息点的研究

张永泉等（2010a）报道哲罗鲑窒息点与体重呈负相关，平均体重为（0.67±0.19）g、（2.60±0.61）g 和（61.83±8.44）g 三种规格的个体开始浮头溶氧量分别为 3.14 mg/L、2.82 mg/L 和 2.34 mg/L，开始死亡溶氧量分别为 2.88 mg/L、2.32 mg/L 和 1.92 mg/L（表6-6）。当鱼类缺氧浮头后会严重影响摄食，从而影响其生长，因此，在人工养殖过程中，要定时监测水中的溶解氧，保证有充足的氧量。

表6-6　哲罗鲑窒息点测定

组别	数量（尾）	封闭溶氧量（mg/L）	开始浮头溶氧量（mg/L）	开始死亡溶氧量（mg/L）	50%死亡溶氧量（mg/L）	100%死亡溶氧量（mg/L）
A	30	8.16	3.14	2.88	2.08	1.84
B	12	8.00	2.82	2.32	1.92	1.60
C	4	8.16	2.34	1.92	1.60	1.44

注：A. 平均体重为（0.67±0.19）g；B. 平均体重为（2.60±0.61）g；C. 平均体重为（61.83±8.44）g

第四节　放养密度对养殖的影响

在鱼类养殖过程中为了提高水体利用率，创造更大的商业价值，通常追求高密度养殖。但高养殖密度往往会导致种群对食物、生存水体空间和水中溶解氧等因素的竞争，养殖密度作为一种环境胁迫因子能引起鱼类的应激反应，改变鱼类内在生理状况和增大鱼病发生的可能性，使养殖群体生长率和存活率下降，并且个体间生长差异增大，即出现所谓的生长级差。为掌握哲罗鲑的合理养殖密度，白庆利等（2009）对5个养殖密度组的哲罗鲑生长、存活及行为关系进行了历时70 d的实验，实验用养殖鱼缸为圆形玻璃钢结构，直径90 cm，高60 cm，实验期间水深控制在40 cm，养殖密度D1组1000尾/缸、D2组2000尾/缸、D3组3000尾/缸、D4组4000尾/缸、D5组5000尾/缸，其研究结果如下。

（一）养殖密度与哲罗鲑稚鱼存活率的关系

实验开始时各组死亡率均较高，但随着实验的进行各组死亡率均呈下降趋势，这说明转饵期是哲罗鲑的高死亡期，但随着哲罗鲑稚鱼的生长，其抗逆性增强，死亡率稳步下降。比较来看，整个实验期间不同养殖密度组之间存活率依次为 D2>D3>D4>D5>D1，较高的死亡率出现在低密度组，这可能与集群效应有关，过低的养殖密度不利于早期哲罗鲑稚鱼的驯化和摄食，如表6-7所示。在实验过程中也注意到，存活率较高的高密度组稚鱼往往行动活泼，食欲较强，摄食迅速。

表 6-7　不同养殖密度下哲罗鲑存活率（%）

实验时间	D1	D2	D3	D4	D5
0～40 d	89.25±0.35	94.95±0.64	94.18±0.07	93.58±1.31	92.79±1.20
40～70 d	98.26±0.22	99.05±0.40	98.69±0.61	97.74±0.85	98.20±0.25
总存活率	87.7±0.57	94.25±0.50	92.95±0.11	91.45±0.71	91.12±0.99

（二）养殖密度对哲罗鲑稚鱼肥满度的影响

肥满度是反映体长与体重之间关系的指标，鱼的肥满度随气候、饵料条件及鱼体自身因素和生长阶段而变化。实验开始时，哲罗鲑稚鱼肥满度为0.589～0.658，经过70 d的实验后，肥满度为0.728～0.793。实验期间养殖密度4000尾/缸组肥满度最高，为0.793（表6-8）。本实验表明，养殖密度对哲罗鲑稚鱼肥满度的影响较小。随着实验的进行，虽然哲罗鲑稚鱼体重生长表现出一定的差异，但单因素方差分析结果显示，各密度组之间并没有显著性差异（$P>0.05$，$P=0.998$）。

表 6-8　不同养殖密度下哲罗鲑体重、体长和肥满度变化情况

密度组	实验开始时			70 d实验后		
	体长（cm）	体重（g）	肥满度	体长（cm）	体重（g）	肥满度
D1	3.567±0.029	0.293±0.008	0.645±0.023	10.569±0.249	8.659±0.621	0.733±0.405
D2	3.483±0.022	0.278±0.010	0.658±0.015	10.336±0.058	8.041±0.374	0.728±0.193
D3	3.535±0.049	0.268±0.016	0.606±0.106	10.327±0.104	8.302±0.344	0.728±0.004
D4	3.507±0.139	0.265±0.019	0.613±0.001	9.967±0.230	7.856±0.503	0.793±0.091
D5	3.447±0.047	0.242±0.017	0.589±0.004	9.437±0.252	6.546±0.562	0.779±0.352

（三）养殖密度对哲罗鲑稚鱼活动行为的影响

养殖密度对哲罗鲑的活动行为也有一定的影响，1000 尾/缸与 5000 尾/缸 2 个密度组对比明显，具体表现为：高密度组幼鱼集群明显，低密度组幼鱼多"散游"，高密度组抢食明显，投饵时很快就能进入摄食状态，而低密度组进入摄食状态较慢，抢食强度低。但高密度组的稚鱼相遇频率要高于低密度组中的频率，鱼类活动呈现一种比较"焦急"的状态，彼此相互碰撞与避让；而低密度中鱼的活动相对平稳，少有碰撞，"情绪"看似比较平和。实验过程中还发现稚鱼的体色与养殖密度有关，高密度组的体色较深，低密度环境下的体色较浅，而体色的变化是哲罗鲑稚鱼对环境产生应激的一种反应，因此可以通过观察体色来对哲罗鲑养殖密度进行调整。

综上所述，本实验的养殖密度范围对哲罗鲑稚鱼生长存在一定影响，主要表现在饵料转换期对稚鱼死亡率的影响较大，但对生长情况的影响并不显著。实验中较高的死亡率也会出现在较低的密度组中，建议哲罗鲑稚鱼体长为（3.508±0.046）cm 时，在养殖驯化期间可以采用 5000 尾/缸的密度进行培育。

第五节　世代繁衍对苗种生长的影响

我国学者尹家胜研究员率领科研团队长期致力于哲罗鲑的科技研发，1997年，在黑龙江流域的乌苏里江采捕野生哲罗鲑幼鱼，运至中国水产科学研究院黑龙江水产研究所渤海冷水性鱼试验站进行人工养殖培育，于 2003 年达到性成熟，并进行人工繁殖获得了 G_0 代苗种亲本，G_0 代苗种在 2008 年性成熟，繁殖获得 G_1 代苗种亲本，G_1 代苗种在 2013 年性成熟，获得 G_2 代苗种亲本。2017 年，G_2 代苗种亲本性成熟，为了避免不同年度测量数据的差异，采用多尾鱼混交的方法繁殖，分别获得 G_0、G_1 和 G_2 代苗种，并对上述世代繁衍苗种生长性状数据进行了系统分析（佟广香等，2019）。

一、不同世代繁衍苗种体长和体重数据

对 G_0、G_1 和 G_2 三个世代苗种在 4 月龄、7 月龄和 11 月龄时测定了体长和体重数据（表 6-9）。对数据统计分析得出，不同月龄的 G_0 代苗种体长、体重均小于同月龄的 G_1 和 G_2 代苗种，说明 G_1 和 G_2 代苗种具有明显的生长优势；不同月龄 G_1 代苗种的体长、体重范围均大于 G_0 和 G_2 代苗种，说明 G_1 代苗种生长离散较为严重，个体间差异较大。

表 6-9 不同世代哲罗鲑苗种体长和体重数据

月龄	性状	世代	平均值	标准差	标准误	极大值	极小值	极差
4 月龄	体长（mm）	G_0	7.42	0.56	0.079	8.43	6.50	1.93
		G_1	8.14	0.57	0.080	9.25	6.73	2.52
		G_2	8.17	0.52	0.074	9.36	7.23	2.13
	体重（g）	G_0	3.94	0.91	0.128	5.51	2.58	2.93
		G_1	5.31	1.14	0.161	7.88	3.27	4.61
		G_2	5.23	1.00	0.142	7.22	3.46	3.76
7 月龄	体长（mm）	G_0	123.77	1.48	10.47	147.98	101.10	46.88
		G_1	125.28	14.52	2.054	155.37	101.29	54.08
		G_2	125.19	9.18	1.299	149.00	109.22	39.78
	体重（g）	G_0	18.405	5.16	0.730	31.98	9.31	22.67
		G_1	19.66	7.10	1.004	37.33	10.05	27.28
		G_2	17.93	4.54	0.642	31.12	11.25	19.87
11 月龄	体长（mm）	G_0	126.85	9.13	1.291	148.70	109.20	39.50
		G_1	130.63	12.06	1.706	154.00	102.90	51.10
		G_2	132.72	11.27	1.594	149.70	110.30	39.40
	体重（g）	G_0	19.46	4.67	0.660	32.56	11.75	20.81
		G_1	22.05	6.28	0.888	38.67	9.36	29.31
		G_2	23.60	6.227	0.881	33.61	12.49	21.12

注：G_0、G_1 和 G_2 均是 2017 年繁殖获得，并在相同养殖条件下培育

二、不同世代繁衍苗种体长与体重的生长方程

体长、体重是鱼类种群的基本生物学特征，能够反映鱼类个体生理状态及种群结构的变化（Andersen et al.，2015），也是鱼类适应环境变化的重要生活史特征（Wootton，1993）。体长与体重的关系式为 $W=aL^b$，式中 b 表示鱼类生长发育的不均匀性，理论值为 2.5～4.0（华元渝和胡传林，1981），是反映鱼类在不同环

境和不同阶段生长的一个特征数,指数 $b>3$ 或 $b<3$ 为异速生长,指数 $b=3$ 为等速生长。不同世代哲罗鲑苗种的 b 值存在一定差异,为 $2.8337\sim3.2819$。

G_0、G_1 和 G_2 苗种 4 月龄体长-体重生长方程如下,此时 3 个世代生长方程中的 b 值均小于 3,说明处于异速生长阶段,4 月龄不同世代哲罗鲑苗种体长与体重关系式如下:

$$G_0: y=0.01x^{2.9745},\ R^2=0.9311$$

$$G_1: y=0.0138x^{2.8337},\ R^2=0.9059$$

$$G_2: y=0.0107x^{2.9416},\ R^2=0.9315$$

G_0、G_1 和 G_2 苗种 7 月龄体长-体重生长方程如下,此时仅 G_1 代苗种 b 值小于 3,其他 2 个世代略高于 3,7 月龄不同世代哲罗鲑苗种体长与体重关系式如下:

$$G_0: y=2\times10^{-6}x^{3.2819},\ R^2=0.9525$$

$$G_1: y=1\times10^{-5}x^{2.9659},\ R^2=0.932$$

$$G_2: y=6\times10^{-6}x^{3.0889},\ R^2=0.8866$$

G_0、G_1 和 G_2 苗种 11 月龄体长-体重生长方程如下,此时 b 值均接近 3,趋于等速生长。R^2 接近 1.0,说明体重与体长的立方成正比,拟合度较好。11 月龄不同世代哲罗鲑苗种体长与体重关系式如下:

$$G_0: y=7\times10^{-6}x^{3.0711},\ R^2=0.9201$$

$$G_1: y=5\times10^{-6}x^{3.1252},\ R^2=0.9757$$

$$G_2: y=7\times10^{-6}x^{3.0753},\ R^2=0.8911$$

哲罗鲑属凶猛肉食性鱼类,通过人工驯养和上述数据统计分析,结果发现,经过 3 代的驯化养殖,目前 G_2 代苗种能够直接摄食人工饲料,长势良好,G_2 代苗种的生长性能略优于 G_1 代苗种,二者生长优势明显优于 G_0 代苗种。

参 考 文 献

白庆利, 于洪贤, 张玉勇, 等. 2009. 养殖密度对哲罗鱼稚鱼生长和存活的影响. 东北林业大学学报, 37(2): 63-70.

郭文学, 尹家胜, 佟广香, 等. 2014. 养殖方式、光照强度对哲罗鱼稚鱼生长与存活的影响. 海洋与湖沼, 45(2): 265-273.

郭文学, 尹家胜, 张永泉, 等. 2013. 哲罗鱼稚鱼最佳投喂策. 应用生态学报, 24(11): 3265-3272.

华元渝, 胡传林. 1981. 鱼种重量与长度相关公式的生物学意义及其应用. 鱼类学论文集: 125-131.

贾钟贺, 张永泉, 尹家胜. 2012. 不同驯化方式对哲罗鱼仔、稚鱼生长和存活的影响. 水产学杂志, 25（4）: 42-45.

匡友谊, 尹家胜, 姜作发, 等. 2003. 哲罗鱼耗氧量与体重、水温的关系. 水产学杂志, 16（1）: 26-30.

佟广香, 孙海成, 张丽娜, 等. 2019. 三个世代哲罗鱼早期生长性能比较. 水产学杂志, 32（1）: 12-16.

王金燕, 张颖, 尹家胜. 2011. 温度对哲罗鲑幼鱼生长的影响研究. 华北农学报, 26（增刊）: 274-277.

王尚, 单阳, 李想. 2015. 外部因素对哲罗鲑驯化及生长的初步研究. 科技创新导报, 28: 213-214.

张永泉, 贾钟贺, 张慧, 等. 2010a. 哲罗鱼稚、幼鱼耗氧量和窒息点的初步研究. 东北农业大学学报, 41（11）: 87-91.

张永泉, 刘奕, 徐伟, 等. 2010b. 饥饿对哲罗鱼仔鱼形态、行为和消化器官结构的影响. 大连海洋大学学报, 25（4）: 330-336.

张永泉, 尹家胜, 杜佳, 等. 2009. 哲罗鱼仔鱼饥饿实验及不可逆生长点的确定. 水生生物学报, 33（5）: 945-950.

张永泉, 尹家胜, 杜佳, 等. 2013. 延迟初次投喂对太门哲罗鱼仔鱼生长和存活的影响. 应用生态学报, 24（4）: 1125-1130.

Andersen K H, Jacobsen N S, Farnsworth K D. 2015. the theoretical foundations for size spectrum models of fish community. Can J Fish Aquat Sci, 73（4）: 1-14.

Wootton R J. 1993. The evolution of life histories: Theory and analysis. Rev Fish Biol Fisher, 3（4）: 384-385.

第七章　营养与饲料

第一节　营养需求

　　鱼类的生存需要蛋白质、脂肪、糖类、维生素和矿物质等各种营养素作为物质基础，营养素的缺乏或比例失调均能影响其正常生长发育。在渔业生产中，尽可能地满足其营养要求，才能保证鱼的正常生长和健康发育。不同鱼类的消化能力有差异，对饲料的要求差异也较大。哲罗鲑作为我国土著鲑科鱼类的代表种，其营养需求标准尚未建立。前期的研究发现，哲罗鲑的营养组成和能量代谢特点与大西洋鲑较为接近，对蛋白质等营养的需求高于虹鳟，因此，相对而言，更为优质的高效饲料才能满足其生长和发育的需要。本章总结了目前哲罗鲑在蛋白质、脂肪、维生素、矿物质等营养素需求方面的研究成果，以期为该鱼饲料的配制提供理论依据。

一、蛋白质和氨基酸

　　同其他鲑鳟鱼类相比，哲罗鲑饲料的蛋白质质量和含量处于更高水平，一般占饲料的 42.0%～50.0%（表 7-1）。该研究主要采用 4×3 两因素完全随机设计，研究了哲罗鲑稚鱼蛋白质和脂肪的需求量。初始体重为 7～8 g 的哲罗鲑饲养于玻璃钢水箱中（直径 90 cm，水深 45 cm），实验共设 4 个蛋白质水平（50%、46%、42%、38%），每个蛋白质水平设 3 个脂肪水平（10%、15% 和 20%），共 12 种饲料，每种饲料投喂组设 3 个重复，每个重复 100 尾鱼。实验期间水温 11.5～17.5℃，溶解氧 7.8～10 mg/L，每天饲喂 3 次，实验共进行 8 周。结果表明，脂肪含量对哲罗鲑生长性能的影响较大，当脂肪水平为 10% 时，50% 蛋白质水平显著提高鱼体增重，饲料利用率也得到改善。当脂肪水平为 15% 时，与 38% 蛋白质水平相比，42%、46% 和 50% 蛋白质水平显著改善了增重与饲料利用率。当脂肪水平为 20%时，与 38% 蛋白质水平相比，50% 蛋白质水平明显提高了鱼体的增重和饲料利用率。随着脂肪含量的提高，蛋白质效率上升，与 10% 和 15% 脂肪水平相比，20% 脂肪水平显著改善蛋白质效率。在 10% 脂肪水平时，哲罗鲑稚鱼蛋白质需求量为 50%；在 15% 和 20% 脂肪水平条件下，蛋白质需求量为 42%（徐奇友等，2007）。由于哲罗鲑饲料主要采用高脂饲料，因此，在满足鱼体生长和健康的情况下，饲料蛋白质水平要尽量降低，以节约成本，减少氮向水环境中的排放。

表 7-1 鲑鳟鱼类对蛋白质的需求

鱼类	规格	最适蛋白质含量（%）	文献
大西洋鲑 （Salmo salar）	仔鱼	45.0～50.0	Storebakken, 2002
	稚鱼	42.0～48.0	
	成鱼	35.0～40.0	
虹鳟 （Oncorhynchus mykiss）	仔鱼	45.0～50.0	Hardy, 2002
	稚鱼	42.0～48.0	
	成鱼	35.0～40.0	
金鳟 （Oncorhynchus aguabonita）	仔鱼	48.0～55.0	王玉堂和熊贞, 2002
	稚鱼	46.0～50.0	
	成鱼	43.0～45.0	
	亲鱼	46.0～50.0	
哲罗鲑 （Hucho taimen）	稚鱼	42.0～50.0	徐奇友等, 2007
细鳞鲑 （Brachymystax lenok）	幼鱼	48.0～55.0	张辉, 2008
	亲鱼（夏季）	35.0～40.0	
	亲鱼（冬季）	35.0～40.0	
马苏大麻哈鱼 （Oncorhynchus masou）	仔鱼	48.0～53.0	Lee and Kim, 2001
	稚鱼	46.0～49.2	

注：虹鳟与金鳟是同一种，金鳟是根据体色选育的品种

目前，大多数鲑鳟鱼的必需氨基酸需求量数据仍缺乏，一般参照鱼体氨基酸组成或其他鱼类的氨基酸需求量来确定。以不同蛋白源及水平、不同饲料、不同鱼体大小和不同处理标准来评估氨基酸需求量，其结果均有所不同。如果考虑其他的一些可变因素则不能建立绝对的氨基酸需求量。因此，目前的数据仅是推荐量。采用析因法以酪蛋白、明胶为蛋白源的蛋白饲料和无蛋白饲料饲养哲罗鲑（6.8～7.3 g），研究氨基酸的增重需要和维持需要，得出哲罗鲑必需氨基酸需求量[g/(100 g 体重·d)]分别为：苏氨酸 0.04，缬氨酸 0.041，蛋氨酸 0.027，异亮氨酸 0.034，亮氨酸 0.067，苯丙氨酸 0.035，赖氨酸 0.068，组氨酸 0.11，精氨酸 0.05，色氨酸 0.007（杨俊玲等，2010）。由于哲罗鲑在氨基酸组成上与大西洋鲑接近，研究者用因子模型的方法对其氨基酸需求量进行估测，得出推荐值，如表 7-2 所示。

表 7-2　利用因子模型的方法分析鲑鱼的必需氨基酸需求量

[消化能 20 MJ/kg，占饲料百分比（%）]

氨基酸	鲑鱼				哲罗鲑（推荐值）
	0.2～20 g	20～500 g	500～1500 g	>1500 g	
精氨酸	1.79	1.82	1.70	1.46	1.81
组氨酸	0.80	0.80	0.75	0.64	0.82
异亮氨酸	1.32	1.32	1.22	1.04	1.28
亮氨酸	2.31	2.31	2.14	1.82	1.78
赖氨酸	2.55	2.54	2.35	2.00	2.56
蛋氨酸+半胱氨酸	1.28	1.30	1.21	1.03	1.30
苯丙氨酸+酪氨酸	2.71	2.68	2.46	2.09	2.62
苏氨酸	1.55	1.60	1.51	1.30	1.66
色氨酸	0.35	0.37	0.35	0.30	0.38
缬氨酸	1.75	1.79	1.67	1.44	1.88

注：引自 Bureau and Hua，2006

谷氨酰胺可以提高哲罗鲑稚鱼的生长性能，表明谷氨酰胺可能是哲罗鲑稚鱼阶段的必需氨基酸。以刚上浮哲罗鲑仔鱼（体重 0.11～0.12 g）为研究对象，在实验饲料中添加 5 个水平的谷氨酰胺二肽（Ala-Gln），各处理饲料中 Ala-Gln 添加量分别为 0%（对照组）、0.125%、0.25%、0.50%、0.75% 和 1.0%，每处理 3 个重复，每重复 1000 尾仔鱼。实验期间水温 7～10℃，溶解氧保持高于 7.8 mg/L，实验共进行 8 周。根据特定生长率指标，谷氨酰胺适宜的添加水平为 0.75%。添加谷氨酰胺可提高哲罗鲑消化酶活性，促进肠道发育，说明其可以被鱼体很好地利用，添加谷氨酰胺可以提高抗氧化能力，表明其可以提高鱼体免疫力（徐奇友等，2009）。另外，牛磺酸能够提高鱼类的生长速度、食物转化率及促进摄食。通过添加 0.5%、1.0% 和 1.5% 的牛磺酸验证其是否对哲罗鲑有益，结果表明，添加不同水平的牛磺酸对 4 周和 8 周末哲罗鲑稚鱼的体长、体重、特定生长率、增重率与肥满度均未产生显著的影响。与其他处理相比，添加 0.5%、1.0% 和 1.5% 的牛磺酸 8 周末哲罗鲑的成活率分别提高 10.17%、9.17% 和 12.17%，饲料中添加牛磺酸虽未提高哲罗鲑稚鱼的生长性能，但可提高鱼体免疫力（高雁等，2010）。哲罗鲑饲料在满足必需氨基酸需要的前提下，考虑采用一些功能性氨基酸，对其生长和健康水平有益。

二、脂肪和脂肪酸

哲罗鲑对脂肪的利用能力较强。目前，我国哲罗鲑饲料的脂肪水平为 20%，低于丹麦、挪威等北欧国家鲑鳟鱼高能饲料（脂肪含量一般为 35%～40%），且饲料系数在 1.0 以上，因此，哲罗鲑饲料脂肪水平还有较大的提升空间。开发高能饲料，可以提高饲料转化率，减少营养物质向环境中排放。

　　哲罗鲑自身不能合成 n-3 和 n-6 系列不饱和脂肪酸，需要从饲料中补充，其中最有效的脂肪酸是 EPA 和 DHA。对于哲罗鲑来说，饲料中添加 4%～5%鱼油可防止鱼体脂肪酸缺乏症的发生。目前，有关哲罗鲑脂肪酸需求量的资料有限，可参考其他几种鲑鳟鱼对脂肪酸的需求（表 7-3）。

表 7-3　鲑鳟鱼对必需脂肪酸的需求

鱼类	脂肪酸种类	适宜添加量（%）	文献
大西洋鲑 （ *Salmo salar* ）	18:3n-3	1.0	Ruyter et al.，2000a
	n-3 长链不饱和脂肪酸	0.5～1.0	Ruyter et al.，2000b
虹鳟 （ *Oncorhynchus mykiss* ）	18:3n-3	0.7～1.0	Castell et al.，1972a, 1972b
	n-3 长链不饱和脂肪酸	0.4～0.5	Takeuchi and Watanabe，1976
马苏大麻哈鱼 （ *Oncorhynchus masou* ）	18:3n-3 或 n-3 长链不饱和脂肪酸	1.0	Thongrod et al.，1990
大麻哈鱼 （ *Oncorhynchus keta* ）	18:2n-6 和 18:3n-3	各 1.0	Takeuchi et al.，1979
银鲑 （ *Oncorhynchus kisutch* ）	18:2n-6 和 18:3n-3	各 1.0	Yu and Sinnhuber，1979

三、糖类

　　哲罗鲑为肉食性鱼类，自然觅食以蛋白质食物为主，消化道短，对饲料中糖类吸收和代谢的能力有限。若长时间用高糖类饲料饲喂哲罗鲑，会引起生长减慢、肝增大、体膨胀，直到死亡。哲罗鲑饲料中添加的淀粉主要起黏结和膨胀作用。已有研究表明，哲罗鲑对糖类的适宜需求量应低于 20%，粗纤维在饲料中不能高于 5%，仔、稚鱼期粗纤维含量应控制在 3%以下（徐奇友等，2016）。

四、维生素

　　目前哲罗鲑的多数维生素缺乏症虽未证实，但在养殖生产中发现，饲料中缺乏维生素 E 和维生素 C 时会出现烂尾等现象（图 7-1）。前期对于哲罗鲑对肌醇需求量的研究发现，肌醇可以提高哲罗鲑饲料利用率，加快鱼类生长，促进肝和其他组织中的脂肪代谢。以鱼粉、明胶和酪蛋白为蛋白源配制肌醇含量为 99.8 mg/kg（不添加肌醇）、199.8 mg/kg、299.8 mg/kg、499.8 mg/kg、699.8 mg/kg、899.8 mg/kg和 5099.8 mg/kg 的 7 种饲料，分别投喂 7 个处理组，每组 3 个重复，每重复 30 尾鱼，进行为期 56 d 的饲养实验。结果表明，投喂肌醇含量为 499.8 mg/kg 饲料组

的增重率最大，且与添加量低于（含）299.8 mg/kg 的 3 个饲料组差异显著（$P <$
0.05）。饲料系数在 499.8 mg/kg 饲料组最低，在 5099.8 mg/kg 饲料组最高，两组
间差异显著（$P < 0.05$）。肌醇含量为 499.8～899.8 mg/kg 饲料组的特定生长率显
著高于 99.8～299.8 mg/kg 及 5099.8 mg/kg 饲料组（$P < 0.05$）。肌肉中水分、粗脂
肪和粗蛋白质各组间差异不显著（$P > 0.05$）。肝淀粉酶、幽门盲囊脂肪酶活性各
组间差异不显著（$P > 0.05$）。肠道蛋白酶活性在肌醇含量 199.8～499.8 mg/kg 饲
料组较高，显著高于其他组（$P < 0.05$），脂肪酶活性在肌醇含量 299.8～899.8
mg/kg 饲料组高于 99.8 mg/kg 饲料组（$P < 0.05$）。折线回归模型分析得出，肌醇
的最适含量为 535.8 mg/kg 饲料（张美彦等，2014）。结果显示，哲罗鲑与其他陆
生动物不同的是，机体自身合成的肌醇不能满足其生长发育的需要。我国有关鲑
鳟鱼维生素的研究资料较少，主要参考国外标准进行添加，但养殖条件等差异会
造成较大的误差。根据已有的相关研究结果，哲罗鲑维生素推荐量如表 7-4 所示。
由于维生素性质不稳定，实际应用中需要考虑加工和贮藏等因素，相应地，哲罗
鲑饲料中维生素含量应适当提高。

图 7-1 哲罗鲑维生素缺乏时出现的烂尾现象

表 7-4 鲑鳟鱼对维生素的需求

维生素	大西洋鲑 （Salmo salar）	虹鳟 （Oncorhynchus mykiss）	北极红点鲑 （Salvelinus alpinus）	太平洋鲑 （Oncorhynchus sp.）	哲罗鲑 （Hucho taimen）
维生素 A（IU）	2500	2500	5000	需要	3000
维生素 D（IU）	2400	1600	2600	不需要	2000
维生素 E（mg/kg）	50～100	50	250	50	60

续表

维生素	大西洋鲑 (*Salmo salar*)	虹鳟 (*Oncorhynchus mykiss*)	北极红点鲑 (*Salvelinus alpinus*)	太平洋鲑 (*Oncorhynchus* sp.)	哲罗鲑 (*Hucho taimen*)
维生素 K（mg/kg）	1	需要	26.3	需要	8
维生素 B_1（mg/kg）	10	1	15.8	10	10
维生素 B_2（mg/kg）	5	4	30	7	5
维生素 B_6（mg/kg）	8	3	R	6	8
维生素 B_5（mg/kg）	20	20	150	20	20
烟酸（mg/kg）	10	10	200	150	10
生物素（mg/kg）	0.15	0.15	1.4	1	1
维生素 B_{12}（mg/kg）	0.02	需要	0.02	0.02	0.02
叶酸（mg/kg）	2	1	13	2	2
胆碱（mg/kg）	800	800	2000	800	800
肌醇（mg/kg）	300	300	450	300	300
维生素 C（mg/kg）	50	20	300	未检测	100
资料来源	FAO，2012	NRC，2011	Olsen et al.，2000	NRC，2011	推荐值

五、矿物质

矿物质是不可忽视的营养素，虽然不能供给机体能量，但在正常生命活动中具有重要意义。它不仅是构成组织的原料，还是维持正常生理功能所必需的物质。矿物质对鱼体的主要作用包括：参与骨骼系统组成（如钙、磷、镁、钠和钾）；参与有机物复合物组成（如蛋白质和脂类）；作为酶的活性因子（如锌和铜），维持酸碱平衡和渗透压平衡（如钠、钾和氯）。

饲料和水中缺少矿物质同样会引起哲罗鲑表现出一系列的缺乏症，如生长减缓、成活率低及白内障、甲状腺肿大等（表7-5）。磷是淡水中植物生长的第一限制性因素，也是鱼类必需的矿物质元素。哲罗鲑虽然可从水环境中吸收其机体所需的矿物质，但不能满足鱼体生长的需要。以酪蛋白、明胶、鱼粉为蛋白源，以糊精为能量来源，以磷酸二氢钠为磷源，以纤维素、维生素和无磷无机盐等为饲料原料。以磷酸二氢钠调配饲料，有效磷水平分别为0.18%、0.36%、0.54%、0.72%、

0.89%、1.07%。通过 8 周的饲养，以增重率、鱼体磷含量和脊椎骨磷含量等为指标，测定磷的需求量。以增重率为评价指标，哲罗鲑对饲料中磷的需求量为 0.39%。以鱼体磷含量为评价指标，哲罗鲑对饲料中磷的需求量为 0.62%。以脊椎磷含量为评价指标，哲罗鲑对饲料中磷的需求量为 0.54%。磷显著影响机体中矿物质元素的变化。对鱼体肌肉和脊椎骨的分析表明，随着饲料中磷水平的增加，脊椎骨和肌肉中 Fe、Zn、Cu、Mn、Se、Mg 的含量表现出不同程度的降低，而对脊椎骨和肌肉中 Na、Co、I 的影响不显著（$P>0.05$）。饲料中过量地添加磷，不仅增加了P 的排放，还降低了鱼体微量元素的含量（Wang et al.，2017）。在哲罗鲑的饲料配方中，应对矿物质元素的过量添加及其与其他营养物质的互作效应予以重视。哲罗鲑对矿物质的推荐需求量见表 7-6。

表 7-5　鲑鳟鱼矿物质的缺乏症

矿物质	主要症状
磷	生长不良，脊椎、鳃盖和下颌骨畸形，黑色素沉积，停止摄食和生长
镁	精神萎靡，骨矿化异常
铁	贫血
锰	生长缓慢，骨骼畸形，饲料转化率低
铜	生长不良
锌	白内障
硒	生长减缓，饲料转化率低
碘	甲状腺肿大

资料来源：FAO，2012

表 7-6　哲罗鲑对矿物质的需求量

矿物质	大西洋鲑（*Salmo salar*）	太平洋鲑（*Oncorhynchus* sp.）	哲罗鲑（*Hucho taimen*）
磷（%）	0.6~0.7	0.6	0.6
镁（%）	0.05	未检测	0.05
钠（%）	0.06	未检测	0.06
钾（%）	0.7	0.8	0.7
铁（mg/kg）	60	未检测	60
锰（mg/kg）	15	需要	15
铜（mg/kg）	3	未检测	3
锌（mg/kg）	50	未检测	40
硒（mg/kg）	0.3	需要	0.2
碘（mg/kg）	1	1	1
资料来源	FAO，2012	NRC，2011	推荐值

第二节　饲料配制

哲罗鲑和其他鲑鳟鱼一样，其饲料原料的使用非常广泛，主要根据能量含量和营养组成进行选择。蛋白源主要有鱼粉、肉粉、肉骨粉、血粉、水解羽毛粉、虾粉、蟹粉、豆粕、玉米蛋白粉、菜粕等，这些原料的使用主要取决于成本和消化率。目前，饲料原料重要的转变是采用陆生动物蛋白和植物蛋白来替代鱼粉，以及采用陆生动物脂肪、植物油替代鱼油，这主要由于全球水产养殖业的发展对鱼粉和鱼油的依赖加大（Tacon and Metian，2008）。

一、蛋白质原料

哲罗鲑对蛋白源要求较高，营养价值要高。鲑鳟鱼饲料多采用白鱼粉，对褐色鱼粉的吸收率仅为70%左右。肉骨粉中矿物质较为丰富，但氨基酸不平衡，效果远不如鱼粉。羽毛粉虽然蛋白质含量高，但不易消化吸收的角蛋白所占比例大，营养价值也不如鱼粉。单细胞蛋白（如酵母）的使用效果较好，开发前景也较为广阔。哲罗鲑饲料中鱼粉等动物蛋白的添加量一般占30%~60%。

植物性蛋白源选用抗营养因子少、消化和吸收好的原料，并将原料中所含毒素控制在最低范围。大豆蛋白氨基酸平衡，是仅次于鱼粉的蛋白源，其在鲑鳟鱼饲料中广泛使用，然而，哲罗鲑对大豆蛋白的利用程度有限。以体重（6.90±0.04）g的哲罗鲑为对象，实验分9个处理，每处理3个重复，每重复100尾鱼。处理1饲料中含有40%鱼粉+5%血粉+5%小麦面筋粉+10%玉米蛋白粉，处理2~8饲料分别用大豆分离蛋白替代25%、37.5%、50%、62.5%、75%、87.5%和100%鱼粉，通过添加磷酸二氢钙使不同处理磷含量相同，配制成等氮等能饲料。研究发现，饲料中添加40%鱼粉时，哲罗鲑成活率和生长性能均较好，但随着大豆分离蛋白代替鱼粉的比例增加，死亡率迅速增加，生长速度减慢，全部替代时成活率只有30%。随着大豆分离蛋白代替鱼粉比例的增加，鱼体水分含量显著增加，粗蛋白质含量、氨基酸沉积率，以及消化系统的蛋白酶、脂肪酶和淀粉酶的活性显著降低，肠道绒毛和纹状缘高度亦呈显著下降趋势。高比例替代鱼粉水平（>75%）时，肠道组织结构完整性被破坏，纹状缘融合、部分脱落，肝空泡化现象严重，形态轮廓逐渐模糊，肝细胞核偏移，且溶解或缺失（王常安等，2018）。因此，为进一步提高哲罗鲑对植物蛋白的利用率，需要结合氨基酸平衡、诱食剂等技术进行复合。

二、谷物原料

选用的谷物性饲料原料中所含糖类最好是α-淀粉，并且粗纤维含量要低。鲑鳟鱼饲料中主要的谷物性原料为小麦粉、玉米粉、大麦粉及麦麸等，其淀粉多于

60%。需要注意的是，哲罗鲑对生淀粉的利用率比较低，要采用经过熟化的淀粉（徐奇友等，2016）。

三、油脂类原料

油脂是能量和维生素及必需脂肪酸的重要来源，具有提高饲料转化率、节约蛋白质、促进脂溶性维生素吸收等作用。鲑鳟鱼饲料所用的油脂主要是鱼油和豆油。由于氧化油脂损害肝、破坏生物膜完整性、降低免疫机能等，因此要保证油脂的新鲜度。对于哲罗鲑来说，豆油也是良好的脂肪源。前期通过研究不同比例豆油取代粗制鱼油对哲罗鲑生长和体成分的影响，结果表明，各处理组成活率和平均日增重差异不显著，但随着豆油比例的增加，特定生长率和肥满度都得到提高。鱼体水分、粗蛋白质和粗脂肪含量均差异不显著（$P > 0.05$）。豆油作为脂肪源，可以完全代替鱼油并用于哲罗鲑饲料生产（王炳谦等，2006）。

四、添加剂

诱食剂能引起水产动物的食欲，增加采食量，促进生长等，但其本身是非营养性物质，如果没有其他条件（如饲料原料、营养水平、基础饲料氨基酸平衡等）的支撑与配合，是不可能取得良好饲养效果的。近年来，由于大量的植物蛋白或其他新蛋白源逐步取代日益短缺的动物蛋白，因此关于摄食促进物质或抑制物质的知识显得越来越重要。植物性原料中的绿原酸和酚类化合物是鱼类的强烈摄食抑制剂。在加工鱼饲料中，可以通过提高摄食促进物质的水平来克服摄食抑制剂的影响，这样可以减少动物蛋白的添加，有利于高效饲料开发。饲料中添加二甲基-β-丙酸噻亭（DMPT）可以显著提高哲罗鲑的摄食水平和生长性能，增加肌肉粗蛋白质储存，促进蛋白质代谢。哲罗鲑饲料中 DMPT 最适添加量为 0.24% 时，肌肉粗蛋白质含量至最大值，肝蛋白、前肠蛋白、后肠蛋白含量升高，但肌肉氨基酸组成及含量无显著差异（王常安等，2014）。饲料中添加氧化三甲胺（TMAO）也得到类似的结果，显著提高哲罗鲑摄食水平和生长性能，减少肌肉粗脂肪的储存，促进脂肪代谢（王常安等，2012）。合理地使用诱食剂 DMPT 和 TMAO，可使哲罗鲑饲料中鱼粉的添加量降至 30% 以下。

五、饲料配方

哲罗鲑是凶猛肉食性鱼类，其生物学习性特殊，对饲料质量要求较高，饲料蛋白质水平 40% 以上，饲料能量水平高于 18 MJ/kg。哲罗鲑饲料要重点考虑其适口性，以保障其摄入充足的营养物质。哲罗鲑的摄食积极性较虹鳟等其他鲑鳟鱼类相对较差，体现在抢食不激烈、沉底料不摄取等。因此，需要选择品质较高的饲料原料，复合一定比例的诱食剂等技术手段。饲料原料则以消化利用率高的为主，由于饲料中油脂的添加比例较高，因此需要特别注意油脂的氧化酸败问题，同时其饲料中维生素含量需要适当增加，以提高鱼体的免疫力。

哲罗鲑对蛋白源质量的要求较高，多采用鱼粉、豆粕型饲料配方。鱼粉等动物蛋白的添加量一般占 25%～60%，豆粕等植物蛋白占 10%～40%，油脂的添加量占 10%～30%，其他添加剂如维生素、矿物质、抗氧化剂等占 3%～5%。

哲罗鲑开口难度相对较大。经过几个养殖周期的研究，用人工配合饲料使其成功开口。人工开口饲料的使用降低了其对生物饵料的依赖，减少了外源病原菌等污染带来致病菌等。实验饲料 4 周的成活率达到 80%～83%，与生物饵料组差异不显著，其中最佳组特定生长率 1.77%/d，成活率 82.9%，接近生物饵料组（徐奇友等，2010）。因此开发出的人工配合饲料可以完全使哲罗鲑仔鱼摄食人工饲料，不用依赖生物饵料，见表 7-7。

表 7-7 哲罗鲑开口饲料配方（%）

成分	配比
糊精	12.2
全脂奶粉	10.0
血粉	10.0
鱼粉	50.0
大豆分离蛋白	6.0
大豆磷脂	2.5
鱼油	6.0
维生素	0.3
微量元素	0.2
胆碱	0.2
甜菜碱	0.1
羧甲基纤维素钠	0.5
酶制剂	2.0
合计	100.0

注：引自徐奇友等，2008

哲罗鲑各生长阶段的专用饲料已研发成功。采用哲罗鲑苗种饲料，其成活率（98.0%）和生长均较好（增重率 93.92%），与进口饲料（成活率 98.3% 和增重率 102.58%）和国产饲料（成活率 96.8% 和增重率 88.85%）相比差异显著，具有较好的应用价值（王常安等，2013）。哲罗鲑的营养水平设置和饲料配方可以参照表 7-8～表 7-11。

表 7-8　哲罗鲑配合饲料的主要营养指标（%）

项目	鱼苗	鱼种	育成鱼	亲鱼
粗蛋白质	≥50	≥45	≥42	≥45
粗脂肪	≥16	≥20	≥20	≥12
灰分	<15	<15	<15	<15
粗纤维	<5	<5	<5	<5

表 7-9　哲罗鲑鱼苗基础饲料配方及营养水平（%）

成分	配比
鱼粉	41.0
血粉	5.0
啤酒酵母	5.0
次粉	10.0
豆粕	15.0
小麦面筋	5.0
大豆磷脂	1.0
鱼油	5.0
豆油	10.0
磷酸二氢钙	1.0
沸石粉	1.0
预混剂	1.0
合计	100.0
粗蛋白质	45.00
粗脂肪	18.48

注：饲料中预混剂的质量分数为 1.0%，包括：氧化镁 0.3%；胆碱 0.17%；乙氧喹啉 0.02%；DMPT 0.01%；复合维生素 0.3%；复合微量元素 0.2%。维生素（mg/kg）和微量元素（mg/kg）包括：维生素 C 250；维生素 E 300；维生素 K_3 12；维生素 A 6000 IU/kg；维生素 D_3 2500 IU/kg；维生素 B_1 15；维生素 B_2 30；维生素 B_6 15；维生素 B_{12} 0.03；烟酸 175；叶酸 8；肌醇 300；生物素 1；泛酸钙 50；铁 60；锌 75；铜 3；锰 20；碘 1；钴 0.05；硒 0.1

表 7-10　哲罗鲑鱼种基础饲料配方及营养水平（%）

成分	配比
鱼粉	30.0
豆粕	25.0
血粉	2.0
小麦面筋	5.0
玉米蛋白粉	8.0

续表

成分	配比
次粉	15.0
大豆磷脂	1.0
鱼油	5.0
豆油	6.0
磷酸二氢钙	1.0
沸石粉	1.0
预混剂	1.0
合计	100.0
粗蛋白质	42.00
粗脂肪	15.00

注：饲料中预混剂的质量分数为 1.0%，包括：氧化镁 0.3%；胆碱 0.18%；乙氧喹啉 0.02%；复合维生素 0.3%；复合微量元素 0.2%。维生素（mg/kg）和微量元素（mg/kg）包括：维生素 C 200；维生素 E 200；维生素 K_3 10；维生素 A 5000 IU/kg；维生素 D_3 2000 IU/kg；维生素 B_1 15；维生素 B_2 30；维生素 B_6 15；维生素 B_{12} 0.03；烟酸 175；叶酸 8；肌醇 300；生物素 1；泛酸钙 50；铁 60；锌 75；铜 3；锰 20；碘 1；钴 0.05；硒 0.1

表 7-11 哲罗鲑育成鱼基础饲料配方及营养水平（%）

成分	配比
鱼粉	30.0
血粉	4.0
豆粕	25.0
玉米蛋白粉	8.0
次粉	15.0
大豆磷脂	1.0
鱼油	6.0
豆油	8.0
磷酸二氢钙	1.0
沸石粉	1.0
预混剂	1.0
合计	100.0
粗蛋白质	40.00
粗脂肪	17.39

注：饲料中预混剂的质量分数为 1.0%，包括：氧化镁 0.3%；胆碱 0.18%；乙氧喹啉 0.02%；复合维生素 0.3%；复合微量元素 0.2%。维生素（mg/kg）和微量元素（mg/kg）包括：维生素 C 100；维生素 E 100；维生素 K_3 8；维生素 A 4000 IU/kg；维生素 D_3 1500 IU/kg；维生素 B_1 15；维生素 B_2 30；维生素 B_6 1；维生素 B_{12} 0.03；烟酸 175；叶酸 8；肌醇 300；生物素 1；泛酸钙 50；铁 60；锌 75；铜 3；锰 20；碘 1；钴 0.05；硒 0.1

第三节　投　饲　策　略

鱼类的投喂直接影响饲料转化率、生长速度、经济效益及废物的排放。国外已经建立了鲑鳟鱼投喂表，但我国在这方面开展的工作不多。目前，基于鱼类生物能量学模型，结合体重、水温和适宜摄食水平建立了哲罗鲑投喂表。哲罗鲑养殖过程中可参照投喂表，同时结合摄食节律、摄食频率等进行投喂管理。

一、投喂时间

鱼类摄食具有特定的生理节律性。投喂时间应建立在鱼类摄食节律的基础上，选择摄食的高峰时间段，而避开摄食低谷时间段。对于仔、稚鱼培育来说，掌握鱼类的摄食节律，确定最适的投喂时间，可以减少水质污染，提高苗种成活率。通过将昼夜时段分组研究，结果表明，哲罗鲑的摄食存在节律性，其摄食高峰时段出现在 6:00～10:00 和 17:00～19:00，且均显著高于其他时段（王常安，2015）。生长对比实验显示，根据日摄食节律设定投喂时间可提高生长和饲料效率，因此，哲罗鲑的实际养殖过程中要遵循哲罗鲑固有的生物学节律进行投喂，可提高饲料转化率，减少营养物质的排放。

二、投喂频率

哲罗鲑胃肠道储存食物的时间较长，商品鱼养殖条件下，日投喂 2 次基本满足需要，但仔、稚鱼类投喂需要较高的投喂频率，尤其在早期驯化阶段投喂频率达 8～10 次。随着投喂频率的增加，哲罗鲑脂肪沉积量有所增加，必需氨基酸沉积率、血清皮质醇含量显著升高，血清溶菌酶、一氧化氮合酶和超氧化物歧化酶活性降低（王常安，2015）。对于哲罗鲑来说，过多的投喂频率增加了劳动成本，会对鱼体造成应激反应，而过低的投喂频率不利于鱼体生长发育。

三、投喂量

影响鲑鳟鱼投喂的因素有很多，如种类、水温、体重、养殖方式等。对于某个品种来说，鱼体适宜的投喂量主要由体重和水温决定，根据这两个因素和已知的饲料效率，可进行合理的投喂。小规格鱼具有较高的代谢水平，饲料营养水平和投喂率较高。对于仔、稚鱼来说，投喂量的多少尤为重要，过多的饲料投喂影响鳃的呼吸，进而容易引起细菌感染。鱼的体温和代谢率随着水体温度的变化而改变，因此，水温较高时，需要加大饲料投喂。低温时，鱼体的摄食、消化功能受到抑制，鱼体仅需要维持正常代谢的饲料量。过多的投喂只能增加饲料的损耗。

水温较高时，鱼体的消化系统不能充分利用营养物质。在适宜的水温范围内，可根据已建立的投喂表（表7-12）进行投喂，以获得较好的生长效果和经济效益。

表7-12 哲罗鲑投喂表（%体重）

体重	水温								
	10.0℃	11.0℃	12.0℃	13.0℃	14.0℃	15.0℃	16.0℃	17.0℃	18.0℃
0.1 g	2.39	2.69	2.98	3.27	3.55	3.81	4.04	4.24	4.40
2 g	1.28	1.44	1.60	1.77	1.92	2.07	2.20	2.31	2.40
5 g	1.06	1.19	1.33	1.46	1.59	1.71	1.82	1.92	2.00
10 g	0.91	1.03	1.15	1.27	1.38	1.49	1.58	1.67	1.74
20 g	0.79	0.89	1.00	1.10	1.20	1.29	1.38	1.45	1.51
30 g	0.73	0.82	0.92	1.01	1.10	1.19	1.27	1.33	1.39
40 g	0.68	0.77	0.86	0.95	1.04	1.12	1.19	1.26	1.31
50 g	0.65	0.74	0.82	0.91	0.99	1.07	1.14	1.20	1.25
70 g	0.61	0.69	0.77	0.85	0.93	1.00	1.07	1.12	1.17
100 g	0.57	0.64	0.71	0.79	0.86	0.93	0.99	1.05	1.09
150 g	0.52	0.59	0.66	0.72	0.79	0.85	0.91	0.96	1.01
200 g	0.49	0.55	0.62	0.68	0.75	0.81	0.86	0.91	0.95
300 g	0.45	0.51	0.57	0.63	0.69	0.74	0.79	0.84	0.87
400 g	0.42	0.48	0.54	0.59	0.65	0.70	0.75	0.79	0.83
800 g	0.37	0.41	0.46	0.51	0.56	0.61	0.65	0.69	0.72
1000 g	0.35	0.40	0.44	0.49	0.54	0.58	0.62	0.66	0.69

注：表中的数据乘以饲料系数得出日饲料需求量。如果饲料转化率为1.0，那么1尾100.0g的鱼在15℃时饲料需求量为它体重的0.93%×1.0＝0.93%，即该尾鱼日需9.3g饲料

目前，基于水温、体重和投喂水平的哲罗鲑生物能量学摄食模型（包括能值子模型、最大摄食率子模型、排粪能子模型、排泄能子模型、代谢能子模型）已经建立（王常安，2015）。经过生长实验验证，该模型的预测能力较好，相应地，生成了哲罗鲑的投喂表（表7-12）。养殖过程中，需要根据具体环境进行调整。大多数情况下，投喂表中对鱼体的投喂量要少于鱼体摄食量，过多的投喂只能增加饲料系数，造成饲料的浪费。此外，要根据放养的数量和规格进行投喂。哲罗鲑水温大于12℃时，投喂量每月至少要调整2次；水温较低时，每1~2月调整1次。一旦饲料沉底，哲罗鲑仅少量会摄食，投喂后还要及时清理残饵。

参 考 文 献

高雁, 徐奇友, 许红, 等.2010. 牛磺酸对哲罗鱼仔鱼生长性能的影响研究. 饲料工业,31（22）：

22-24.

王炳谦, 徐奇友, 徐连伟, 等. 2006. 豆油代替鱼油对哲罗鲑稚鱼生长和体成分的影响. 中国水产科学, 13（6）: 1023-1027.

王常安, 徐奇友, 李晋南, 等. 2013. 一种哲罗鱼专用苗种饲料: CN103168973A.

王常安, 徐奇友, 李晋南, 等. 2014. 二甲基-β-丙酸噻亭对哲罗鱼生长性能和蛋白质代谢的影响. 中国水产科学, 21（3）: 541-548.

王常安, 徐奇友, 刘红柏, 等. 2018. 大豆分离蛋白替代鱼粉对哲罗鱼氨基酸沉积率的影响. 水产学杂志, 31（2）: 25-30.

王常安, 徐奇友, 许红, 等. 2012. 饲料中添加氧化三甲胺对哲罗鱼生长性能、肌肉成分、消化道脂肪酶活性和血清生化指标的影响. 动物营养学报, 24（11）: 2279-2286.

王常安. 2015. 人工养殖条件下哲罗鱼（*Hucho taimen*）投喂模式的研究. 东北林业大学博士学位论文.

王玉堂, 熊贞. 2002. 淡水鲑鳟鱼养殖新技术. 北京: 中国农业出版社: 197-235.

徐奇友, 王炳谦, 徐连伟, 等. 2007. 哲罗鲑稚鱼的蛋白质和脂肪需求量. 中国水产科学, 14（3）: 498-503.

徐奇友, 王常安, 王连生, 等. 2016. 冷水鱼营养需求和饲料配制技术. 北京: 化学工业出版社: 83-94.

徐奇友, 王常安, 许红, 等. 2008. 大豆分离蛋白替代鱼粉对哲罗鱼稚鱼生长、体成分和血液生化指标的影响. 水生生物学报, 32（6）: 941-946.

徐奇友, 王常安, 许红, 等. 2009. 丙氨酰-谷氨酰胺对哲罗鱼仔鱼生长和抗氧化能力的影响. 动物营养学报, 21（6）: 1012-1017.

徐奇友, 王常安, 许红, 等. 2010. 饲料中添加谷氨酰胺二肽对哲罗鱼仔鱼肠道抗氧化活性及消化吸收能力的影响. 中国水产科学, 17（2）: 162-167.

杨俊玲, 王常安, 许红, 等. 2010. 哲罗鲑稚鱼氨基酸的需要量. 水产学报, 34（4）: 565-571.

张辉. 2008. 细鳞鱼稚鱼消化酶组织化学、营养需求与高脂饲料对生理机能影响的研究. 东北农业大学博士学位论文.

张美彦, 王常安, 徐奇友. 2014. 肌醇对哲罗鲑生长性能、体成分及消化酶活性的影响. 中国水产科学, 21（3）: 560-566.

Bureau D P, Hua K. 2006. Predicting feed efficiency of rainbow trout: transitioning from bioenergetics models to approaches based on protein accretion. XII International Symposium on Fish Nutrition and Feeding, Biarritz, France.

Castell J D, Sinnhuber R O, Lee D J, et al. 1972a. Essential fatty acids in the diet of rainbow trout (*Salmo gairdneri*): physiological symptoms of EFA deficiency. The Journal of Nutrition, 102（1）: 87-92.

Castell J D, Sinnhuber R O, Wales J H, et al. 1972b. Essential fatty acids in the diet of rainbow trout (*Salmo gairdneri*): growth, feed conversion and some gross deficiency symptoms. Journal of Nutrition, 102（1）: 77-85.

Food and Agriculture Organization of the United Nations (FAO). 2012. Fish Feed Formulation and Production. http://www.fao.org/fileadmin/user_upload/affris/docs.

Hardy R W. 2002. Rainbow trout, *Oncorhynchus mykis*. *In*: Webster C D, Lim C E. Nutrient

Requirements and Feeding of Finfish for Aquaculture. Wallingford, Oxon: CABI Publishing: 184-202.

Lee S M, Kim K D. 2001. Effects of dietary protein and energy levels on the growth, protein utilization and body composition of juvenile masu salmon (*Oncorhynchus masou* Brevoort). Aquaculture Research, 32（s1）: 39-45.

National Research Council(NRC). 2011. Nutrient Requirements of Fish. Washington D. C.: National Academy Press: 109.

Olsen S F, Secher N J, Tabor A, et al. 2000. Randomised clinical trials of fish oil supplementation in high risk pregnancies. BJOG: An International Journal of Obstetrics and Gynaecology, 107（3）: 382-395.

Ruyter B, Rosjo C, Einen O, et al. 2000a. Essential fatty acids in Atlantic salmon: effects of increasing dietary doses of *n*-6 and *n*-3 fatty acids on growth, survival and fatty acid composition of liver, blood and carcass. Aquaculture Nutrition, 6（2）: 119-128.

Ruyter B, Rosjo C, Einen O, et al. 2000b. Essential fatty acids in Atlantic salmon: time course of changes in fatty acid composition of liver, blood and carcass induced by a diet deficient in *n*-3 and *n*-6 fatty acids. Aquaculture Nutrition, 6（2）: 109-118.

Storebakken T. 2002. Atlantic salmon. *In*: Webster C D, Lim C E. Nutrient Requirements and Feeding of Finfish for Aquaculture. Wallingford, Oxon : CABI Publishing: 79-100.

Tacon A, Metian M. 2008. Global overview on the use of fish meal and fish oil in industrially compounded aquafeeds: trends and future prospects. Aquaculture, 285: 146-158.

Takeuchi T, Watanabe T, Nose T. 1979. Requirement for essential fatty acids of Chum salmon (*Onchorhynchus keta*) in freshwater environment. Bulletin of the Japanese Society of Scientific Fisheries, 45: 1319-1323.

Takeuchi T, Watanabe T. 1976. Nutritive value of omega3 highly unsaturated fatty acids in pollock liver oil for rainbow trout. Bulletin of the Japanese Society of Scientific Fisheries, 42: 907-919.

Thongrod S, Takeuchi T, Satoh S, et al. 1990. Requirement of Yamane (*Oncorhynchus masou*) for essential fatty acids. Nippon Suisan Gakkaishi, 56: 1255-1262.

Wang C, Wang L, Li J, et al. 2017. Effects of dietary phosphorus on growth, body composition, and blood chemistry of juvenile taimen *Hucho taimen*. Aquaculture International, 25（6）: 1-14.

Yu T C, Sinnhuber R O. 1979. Effect of dietary *n*-3 and *n*-6 fatty acids on growth and feed conversion efficiency of Coho salmon (*Oncorhynchus kisutch*). Aquaculture, 16（1）: 31-38.

第八章　病害防治

哲罗鲑是我国土著名优冷水性鱼类之一，该鱼具有生长速度快、体型大、肉质鲜美、营养丰富等特点。在养殖生产中，常见的疾病种类主要有细菌性、寄生虫性、真菌性及一些生产性疾病，与其他鲑科鱼类相比，哲罗鲑具有相对较强的抗病力，目前尚未检出病毒病。本章对哲罗鲑先天免疫系统的分子进行了初步研究，并结合流行病学调查数据，筛选出适用于哲罗鲑繁育和养殖过程中的消毒及抗菌药物，以期为哲罗鲑的病害防治提供科学数据支撑。

第一节　先天免疫分子

一、溶菌酶基因及其编码蛋白

溶菌酶是一种能水解黏多糖的碱性酶，它能催化细菌细胞壁中黏多糖 N-乙酰胞壁酸和 N-乙酰氨基葡萄糖之间的β-1,4 糖苷键的水解，导致细菌细胞壁破裂、内容物逸出而使细菌死亡。目前，一般将溶菌酶分为六类：①鸡型溶菌酶，又称 c 型（c-type）溶菌酶，包括来自胃的溶菌酶和结合钙离子的溶菌酶；②鹅型溶菌酶，又称 g 型（g-type）溶菌酶；③植物溶菌酶；④细菌溶菌酶；⑤T4 噬菌体溶菌酶；⑥无脊椎动物溶菌酶。此外，溶菌酶还可诱导调节机体其他免疫因子的合成与分泌、协同其他免疫因子进行防御免疫。Li 等（2016）通过反转录聚合酶链反应（RT-PCR）和 cDNA 末端快速扩增法（RACE）技术从哲罗鲑中克隆到一种 c 型溶菌酶基因，命名为 *HtLysC*，并对其结构、同源性、进化、编码蛋白特性及重组蛋白抑菌活性进行分析。该基因在哲罗鲑非特异性免疫防御方面具有重要功能，可用于溶菌酶的重组表达和基因转移，为哲罗鲑的病害防治、基因辅助选育及进一步开发医药产品奠定了基础。

（一）基因克隆

根据虹鳟、大西洋鲑和美洲红点鲑三种冷水鱼的 c 型溶菌酶基因（GenBank 登录号分别为：AF322106、BT057448 和 AY258293）同源比对结果，设计合成一对引物用于哲罗鲑溶菌酶基因克隆。引物序列：Lys-F: 5′-ACTGGATCCATGAGAGCTGTTGTT-3′；Lys-R: 5′-ATTGAATTCTTAGACCCCGCAGCCA-3′。PCR 反应条件为：95℃预变性 3 min；94℃变性 30 s，58℃退火 30 s，72℃延伸 1 min，30 个

循环；72℃延伸 10 min；4℃保存。经过琼脂糖凝胶电泳检测后将 PCR 产物回收，并将其连接到载体 pMD18-T（TAKARA）上，转化大肠杆菌感受态细胞（DH5α），PCR 鉴定后送至生工生物工程（上海）有限公司（以下简称上海生工）测序。根据获得的互补 DNA（cDNA）序列，设计 5′RACE 和 3′RACE PCR 引物。按照 Clontech RACE 试剂盒说明书，分别扩增 cDNA 5′端和 3′端。引物信息如下：UPM: 5′-CTAATACGACTCACTATAGGGC-3′; 5′RACE-GSP1: 5′-CCACACGCTTGGCACAACGGAT-3′; 3′RACE-GSP1: 5′- GGAATGGATGGCTACGCTGGAAA-3′。

将获得的哲罗鲑溶菌酶的全长 cDNA 用 ORF Finder（http://www.ncbi.nlm.nih.gov/gorf/gorf.html）确定正确的可读框，并翻译成氨基酸序列；用 BLAST 程序（http://www.ncbi.nlm.nih.gov/BLAST）与 GenBank、EMBL、DDBJ 及 PDB 数据库中的序列进行比较；用 CDD 软件（http://www.ncbi.nlm.nih.gov/Structure/cdd/wrpsb.cgi）来分析哲罗鲑溶菌酶结构域；用 PSORT Ⅱ 软件（http://psort.hgc.jp/form2.html）来预测溶菌酶亚细胞定位情况；用 SignalP 4.1（http://www.cbs.dtu.dk/services/SignalP）来分析哲罗鲑溶菌酶的信号肽及切割位点；用 ProtParam（http://web.expasy.org/protparam）来预测序列的分子式、分子量和理论等电点；将获得的哲罗鲑溶菌酶氨基酸序列和其他动物 c 型溶菌酶序列进行 Clustal W 比对，然后用 MEGA 4.0 构建不同生物基于 c 型溶菌酶序列的系统发育树。

利用 RT-PCR 和 RACE 技术从哲罗鲑中扩增到 c 型溶菌酶基因（*HtLysC*）的全长 cDNA 序列（792 bp），其中完整可读框 435 bp，5′非编码区 129 bp，3′非编码区 228 bp，在 3′端的非编码区中有真核基因 poly（A）加尾信号序列 AATAA 的出现（图 8-1）。其编码蛋白含有 144 个氨基酸，经 SignalP 软件分析，推测氨基酸序列 N 端具有 15 个氨基酸的信号肽，从而可以判定其为细胞外表达的效应分子（图 8-2）。亚细胞定位预测也表明，该蛋白质有 66.7%的可能性定位于细胞外。

```
1    GTGTTAGTGTGATATCAGTTTCTCTTTCATTCTGAACCTTTATAAGGAAGCTGAAGTTGACTTGTTCACACTTTCAGAGACATAGGCCTT
91   CTTTTCATCCAAACCATTAGACCTGTCTGTCTGTCCAGAATGAGAGCTGTTGTTGTTCTCCTGCTTGTGGCTGTGGCCAGTGCTAAGGTG
                                            M  R  A  V  V  V  L  L  L  V  A  V  A  S  A  K  V

181  TATGACAGATGTGAGCTGGCCAGAGCGCTGAAGGCATCCGGAATGGATGGCTACGCTGGAAACAGCCTGCCCAACTGGGTGTGCTTGTCT
      Y  D  R  C  E  L  A  R  A  L  K  A  S  G  M  D  G  Y  A  G  N  S  L  P  N  W  V  C  L  S

271  AAATGGGAGTCGAGCTACAATACCCAGGCCACCAACCGCAACACCGACGGCTCCACCGACTATGGCATCTTCCAGATCAACAGCCGCTAC
      K  W  E  S  S  Y  N  T  Q  A  T  N  R  N  T  D  G  S  T  D  Y  G  I  F  Q  I  N  S  R  Y

361  TGGTGTGACGACGGACGTACCCCGGGGGCTAAGAACGTCTGTGGTATCCGCTGCAGCCAGCTGCTAACTGATGACCTCACAGTGGCGATC
      W  C  D  D  G  R  T  P  G  A  K  N  V  C  G  I  R  C  S  Q  L  L  T  D  D  L  T  V  A  I

451  CGTTGTGCCAAGCGTGTGGTGTTGGACCCAAACGGAATCGGGGCATGGGTGGCTTGGCGCCGTTACTGTCAGAATCGGGACCTGAGCTCC
      R  C  A  K  R  V  V  L  D  P  N  G  I  G  A  W  V  A  W  R  R  Y  C  Q  N  R  D  L  S  S

541  TACGTGGCTGGCTGCGGGGTCTAAGACCATACTGGAGCAACTGAACACTTCTCAACCCATTCTGAAGCAGACTTAACTAATAGGATGGAT
      Y  V  A  G  C  G  V  *

631  CCATTCTGTACTATTCATCAGCATCTGCAGCTTTAACTAGTAAACCTTCACATATTGATACATTTTAGATTTAATAAGCAATAAGGGCCT
721  AGGGGGTGTGGTATATGGCCAATATAGCACGGCTAAGGGCTGTTCTTACGCATGACACAACGCTGAGTGGCT
```

图 8-1 哲罗鲑 c 型溶菌酶基因序列及其氨基酸序列分析

终止子 TAA 用*表示；真核基因 poly（A）加尾信号序列 AATAA 加粗表示；1 个溶菌酶（LYZ1）结构域画线表示

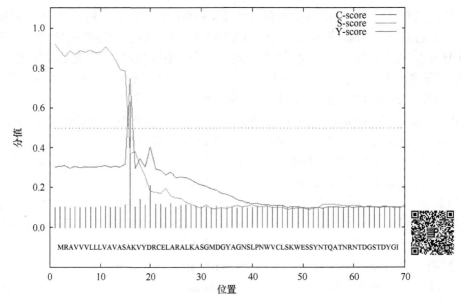

图 8-2　哲罗鲑 c 型溶菌酶信号肽预测（彩图请扫二维码）

C-score. 剪切位点分值；S-score. 信号肽分值；Y-score. 结合剪切位点分值

Clustal W 比对分析表明，哲罗鲑溶菌酶的氨基酸序列与大西洋鲑、虹鳟的溶菌酶具有高度同源性，其序列一致性分别为 93% 和 96.5%；与美洲红点鲑溶菌酶氨基酸序列一致性为 71.5%；与斑马鱼溶菌酶氨基酸序列一致性仅为 37.4%（图 8-3）。

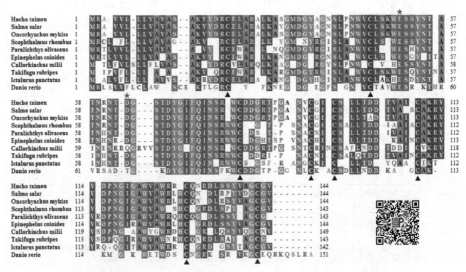

图 8-3　哲罗鲑溶菌酶氨基酸序列比对结果（彩图请扫二维码）

★表示 c 型溶菌酶特有活性中心 Glu（E）和 Asp（D）；▲表示 8 个保守的 Cys 残基

　　根据哲罗鲑 c 型溶菌酶基因和其他动物 c 型溶菌酶基因的推测氨基酸序列建立系统发育树，结果表明，HtLysC 与虹鳟和大西洋鲑单独聚成一支（图 8-4）。

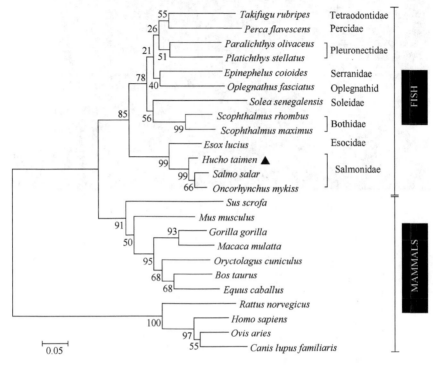

图 8-4　基于邻接法（NJ 法）构建的不同生物 c 型溶菌酶系统进化树

FISH. 鱼类；MAMMALS. 哺乳动物

　　HtLysC 成熟肽包括 129 个氨基酸，其中含有 c 型溶菌酶特有的两个活性中心（Glu50 和 Asp67）及 8 个保守结构 Cys 残基。成熟肽分子式为 $C_{617}H_{961}N_{185}O_{191}S_9$，分子量为 14.3 kDa，理论等电点为 8.66。经 SMART 分析，该基因具有 1 个溶菌酶（LYZ1）结构域（16~140 AA）。蛋白质结构分析表明，HtLysC 包含 6 个 α 螺旋、14 个 β 转角和 4 个二硫键。利用 Swiss-PdbViewer 软件构建的 HtLysC 三维结构显示其具有两个催化活性位点（图 8-5）。

　　（二）基因表达模式

　　利用 RT-qPCR 技术检测了 HtLysC 基因在哲罗鲑各组织中的表达模式及鲁氏耶尔森菌（Yersinia ruckeri）感染后在肝中的表达模式。结果显示，在肾、肝、脾、心脏、眼、血液、肠道、鳃、肌肉和皮肤各组织中，HtLysC 在肝中的表达水平最高，是肌肉和皮肤中的 22.4 倍（图 8-6A）；同时，在肠道、肾、血液及脾中也有较高的表达水平。鲁氏耶尔森菌感染 24 h 后，HtLysC 在肝中的表达水平达到峰值，是对照组的 7.2 倍，在 48 h 后开始降低（图 8-6B）。

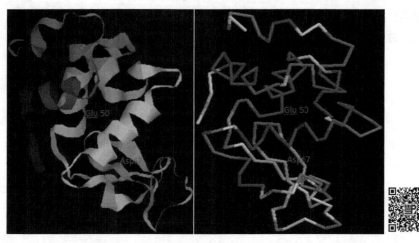

图 8-5　HtLysC 三维结构预测（彩图请扫二维码）

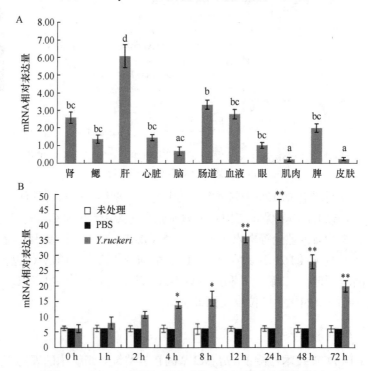

图 8-6　*HtLysC* 基因组织表达模式和诱导表达模式分析

A 图中不同字母代表差异显著（*P*>0.05）；B 图中*代表差异显著（*P*<0.05），**代表差异极显著（*P*<0.01）

（三）蛋白质表达及活性分析

利用 *HtLysC* 基因的特异性引物 Lyc-F 和 Lyc-R 进行 PCR 扩增，得到预期大小为 450 bp 的条带（图 8-7）。将目的片段连接 pMD18-T 载体并送测，经序列比对验证后成功构建 pMD18T-LysC 载体。分别用 *Kpn* I 和 *Xho* I 酶切 pMD18T-LysC、pET-32a（+）载体并回收目的片段，利用 T4 DNA 连接酶将 *LysC* 片段与 pET-32a（+）载体于 16℃连接过夜，构建 pET-32a（+）-LysC 重组质粒。用 pET-32a（+）-LysC 重组质粒转化 *Escherichia coli* DH5α，经 PCR 及双酶切筛选阳性克隆（图 8-8），结果表明成功获得含有 pET-32a（+）-LysC 的 DH5α菌株。

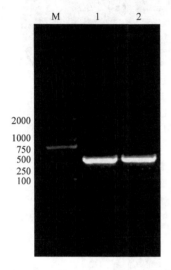

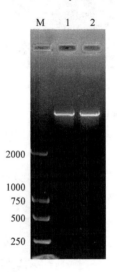

图 8-7 PCR 扩增 HtLysC 成熟肽序列
图中数据单位为 bp；M. DNA 分子量 marker DL2000

图 8-8 双酶切鉴定 pET-32a（+）-LysC 重组质粒
图中数据单位为 bp；M. DNA 分子量 marker DL2000

　　用 pET-32a（+）-LysC 重组质粒转化 *E. coli* Rossetta（DE3），先进行小规模试诱导表达，经过 SDS-PAGE 检测，结果显示，诱导后的样品在 32 kDa 左右处比诱导前对照明显多出一条带。根据生物信息学软件，计算成熟肽分子量与载体上融合表达蛋白的分子量相加约为 32.34 kDa，因此诱导表达蛋白与预期大小相符。此外，加入异丙基硫代-β-D-半乳糖苷（IPTG）诱导 4 h 后蛋白质表达量较大，且主要以包涵体形式存在（图 8-9）。

　　经过 12.5% SDS-PAGE，对大肠杆菌表达的上清和沉淀进行分析，上清液中未检测到目的蛋白，发现目的蛋白存在于沉淀中，说明目的蛋白的表达形成了包涵体，成为不溶性沉淀。经过包涵体变性、纯化和复性处理后，得到了可溶的重组蛋白 HtLysC（图 8-10）。

　　采用琼脂孔穴扩散抑菌圈法检测重组蛋白 HtLysC 的抑菌活性。结果表明，该重组蛋白对嗜水气单胞菌有抑菌活性，但其活性小于阳性对照（HEWL），作为阴性对照的 PBS 则没有抑菌活性（图 8-11）。

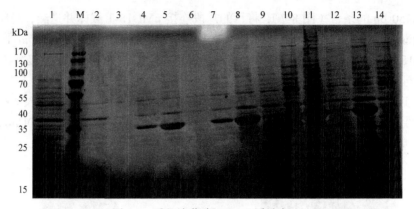

图 8-9　　重组溶菌酶 HtLysC 诱导表达

M 为蛋白质分子量 marker；泳道 1、4、7、10 分别为诱导前、诱导 1 h、2 h 和 3 h 全菌蛋白质样品；泳道 2、5、8、11、13 分别为诱导前、诱导 1 h、2 h、3 h 和 4h 沉淀中蛋白质样品；泳道 3、6、9、12、14 分别为诱导前、诱导 1 h、2 h、3 h 和 4 h 上清中蛋白质样品

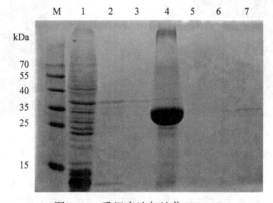

图 8-10　　重组表达与纯化 HtLysC

M 为蛋白质分子量 marker；泳道 1 为诱导前全菌；泳道 2、3、4 为诱导后全菌、上清和沉淀；泳道 5、6、7 为纯化的重组蛋白 HtLysC

二、抗菌肽基因及其编码蛋白

抗菌肽（antimicrobial peptide，AMP）原指昆虫体内经诱导而产生的一类具有抗菌活性的碱性多肽物质，分子量在 2000～7000 Da，由 20～60 个氨基酸残基组成。这类活性多肽多数具有强碱性、热稳定性及广谱抗菌等特点。世界上第一个被发现的抗菌肽是 1980 年由瑞典科学家 G. Boman 等经注射阴沟肠杆菌及大肠杆菌诱导惜古比天蚕蛹产生的具有抗菌活性的多肽，定名为 cecropin。后来，从其他昆虫及两栖动物、哺乳动物中也分离到结构相似的抗菌多肽，目前已有 70 多种抗菌多肽的结构被测定。Wang 等（2016）通过 RT-PCR 和 RACE 技术从哲罗鲑中克隆到一种抗菌肽基因，命名为 *HtHep*，并对其结构、同源性、进化、编

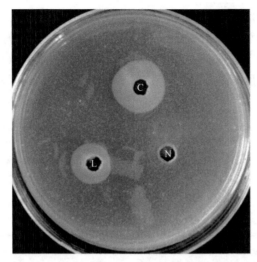

图 8-11 重组蛋白 HtLysC 对嗜水气单胞菌的抑菌活性检测
C. 阳性对照（HEWL）；L. 重组蛋白 HtLysC；N. 阴性对照（PBS）

码蛋白特性及重组蛋白抑菌活性进行了分析。该基因在非特异性免疫防御方面的重要功能，可为哲罗鲑的病害防治、基因辅助选育及进一步开发医药产品奠定基础。

（一）基因克隆

基因克隆所用方法同 *HtLysC* 基因克隆方法相同，所用引物序列信息见表 8-1。

表 8-1　用于基因克隆及蛋白质表达所需引物序列信息

引物名称	引物序列（5′→3′）	用途
Hep-F	ATGAAGGCCTTCAGTGTTGCA	保守区克隆
Hep-R	TCAGAATTTGCAGCAGAAGCCACAG	保守区克隆
UPM	CTAATACGACTCACTATAGGGC	RACE PCR
GSP-1R	GGACTCGCTGCCAGGCTGTTGATG	5′RACE PCR
GSP-2R	TGCAGCACCAACGGCACAGGGAGA	3′RACE PCR
Hep-E1F	CTTGAAAGCACCGCTGTTCCTTTCT	基因组序列分析
Hep-E1R	GACTGTCAATGCTTCCAACCTCCTC	基因组序列分析
Hep-E2F	GGAACATTATCAGCCTGGCAGCGAG	基因组序列分析
Hep-E2R	GTGGCTCTGACGCTTGAACCTGAAA	基因组序列分析
qβactin-F	GGGAGTGATGGTTGGGAT	RT-PCR
qβactin-R	GCTCGTTGTAGAAGGTGT	RT-PCR
qHep-F	AAGCACCGCTGTTCCTTTCTC	RT-PCR
qHep-R	GACTCGCTGCCAGGCTGATAA	RT-PCR
Hep-E	GAATTCATGCAGAGCCACC	表达载体构建
Hep-S	GTCGACTCAATGATGATGATGATGATGGAATTTGCAG	表达载体构建

　　利用 RT-PCR 和 RACE 技术从哲罗鲑中扩增到 *HtHep* 基因的全长 cDNA 序列（456 bp），其中完整可读框 267 bp，5′非编码区 170 bp，3′非编码区 19 bp（图 8-12）。其编码蛋白含有 88 个氨基酸，经 SignalP 软件分析，推测氨基酸序列 N 端具有 24 个氨基酸的信号肽（图 8-13），经比对分析，可知氨基酸序列还含有 39 个氨基酸的功能区。

```
AGAACAATAAATCAACTTTGGACTCGTCTAGTGCATTGCAAATTGTGCGTTGGAGAGCATCGCTTTTTGGGGAAATTG
AAGAGTTCTGATCTTATAAACTGTCACTTCAATTCCAACGGATTTCAACAGGACTTTGAAATAGGCTATAAGCTTCCTA
ACAAAATCGAGA
1    ATG AAG GCC TTC AGT GTT GCA GTT GCA GGG GTG GTC GTC CTC GCA TGT ATG TTC ATC CTT    60
1     M   K   A   F   S   V   A   V   A   G   V   V   V   L   A   C   M   F   I   L    20

61   GAA AGC ACC GCT GTT CCT TTC TCC GAG GTG CGA AAG GAG GAG GTT GGA AGC ATT GAC AGT   120
21    E   S   T   A   V   P   F   S   E   V   R   K   E   E   V   G   S   I   D   S    40

121  CCA GTT GGG GAA CAT TAT CAG CCT GGC AGC GAG TCC ATG CGT CCG GCG GAG CAT TTC AGG   180
41    P   V   G   E   H   Y   Q   P   G   S   E   S   M   R   P   A   E   H   F   R    60

181  TTC AAG CGT CAG AGC CAC CTC TCC CTG TGC CGT TGG TGC TGC AAC TGC TGT CAC AAC AAG   240
61    F   K   R   Q   S   H   L   S   L   C   R   W   C   C   N   C   C   H   N   K    80

241  GGC TGT GGC TTC TGC TGC AAA TTC TGA   267
81    G   C   G   F   C   C   K   F   *

GGACCTGCCTCCCTAAAAA
```

图 8-12　哲罗鲑抗菌肽 *HtHep* 基因序列及其氨基酸序列分析

起始密码子 ATG 和终止密码子 TGA 用斜体标明，终止子 TGA 用*号表示

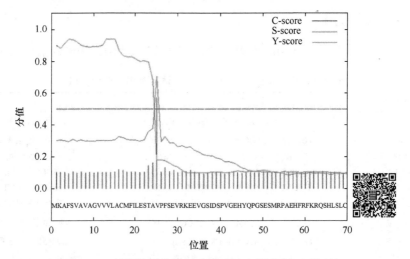

图 8-13　哲罗鲑抗菌肽信号肽预测（彩图请扫二维码）

C-score.剪切位点分值；S-score.信号肽分值；Y-score.结合剪切位点分值

　　HtHep 成熟肽是由 25 个氨基酸组成的活性小肽，含有 8 个保守结构（Cys 残基）。成熟肽分子式为 $C_{118}H_{178}N_{38}O_{31}S_8$，分子量为 2.88 kDa，理论等电点为 8.53。8 个保守结构（Cys 残基）形成 4 个二硫键，建模分析显示 HtHep 成熟肽包含一个反状平行的β折叠和一个环状区域（图 8-14）。

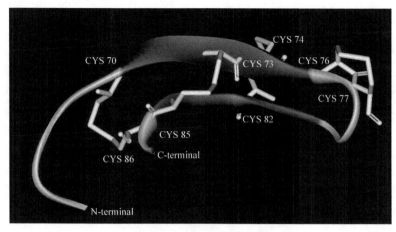

图 8-14　HtHep 带状模型预测

C-terminal. C 端；N-terminal. N 端

经 Clustal W 比对，分析表明哲罗鲑 HtHep 的氨基酸序列与大西洋鲑、虹鳟相关氨基酸序列的相似性非常高，都聚为 HAMP1 支（图 8-15）。

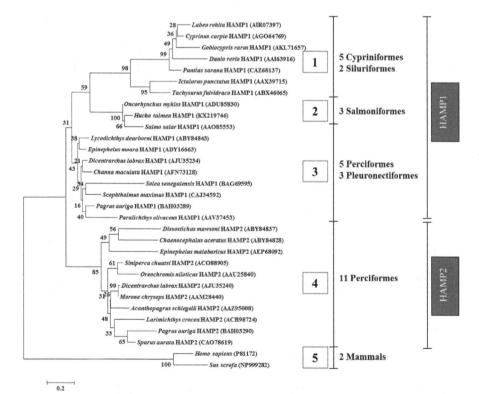

图 8-15　基于氨基酸序列构建的不同生物抗菌肽系统进化树

（二）基因表达模式

利用 RT-qPCR 技术检测了 *HtHep* 基因在哲罗鲑各组织及不同胚胎发育期卵中的表达模式，进而检测了鲁氏耶尔森菌感染后在肝中的表达模式。结果显示，在发育初期，胚胎中 *HtHep* 基因的表达水平很低，从眼点形成阶段开始其表达量逐渐升高，在出膜期表达水平达到最高（图 8-16A）。各组织中，肝中的表达水平最高，是肌肉中的 33.36 倍；脑、肠道和脾中 *HtHep* 基因的表达水平也较高（图 8-16B）。鲁氏耶尔森菌感染 24 h 后，*HtHep* 在肝中的表达水平达到峰值，是对照组的 11.4 倍，在 48 h 后开始降低（图 8-16C）。

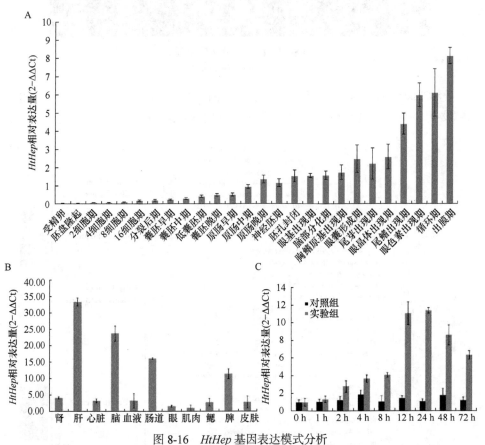

图 8-16　*HtHep* 基因表达模式分析

A. 不同发育期胚胎中 *HtHep* 基因表达水平；B. *HtHep* 基因组织表达模式；C. *HtHep* 基因诱导表达模式

（三）蛋白质表达及活性分析

利用原核表达技术纯化获得重组蛋白 HtHepmt。采用琼脂孔穴扩散抑菌圈法检测重组蛋白 HtHepmt 的抑菌活性，结果表明，该蛋白质对溶壁微球菌、大肠杆菌和金黄色葡萄球菌均有一定的抑菌活性，其抑菌圈面积分别为 28.26 mm²、10.55 mm² 和 9.18 mm²。

哲罗鲑对细菌性疾病表现出较强的抗病力，但目前对其先天免疫机制尚不清晰。鉴于抗菌肽和溶菌酶在先天免疫系统中的重要作用，本研究通过哲罗鲑 Hep/LysC 基因的克隆、结构和进化分析、表达及重组蛋白抑菌活性分析，结果表明，抗菌肽和溶菌酶重组产物对溶壁微球菌、金黄色葡萄球菌、杀鲑气单胞菌和鲁氏耶尔森菌等具有较好的抑菌活性，有望成为绿色、无毒、无害的抗生素替代药物并应用到鲑科鱼类的病害防控中，同时本研究也为哲罗鲑抗病育种奠定了基础。

第二节 药 物 筛 选

一、消毒药物筛选

为了研究甲醛对哲罗鲑发眼卵的消毒作用，李绍戊等（2013）选取哲罗鲑发眼卵为实验对象，检测了甲醛消毒对卵中主要组织相容性复合体（MHC）及白细胞介素-1β（IL-1β）含量的影响，同时以禁用药物孔雀石绿作对照，探讨甲醛对受精卵可能的作用方式及机制，为受精卵消毒药剂的合理使用提供科学数据。

（一）甲醛对哲罗鲑发眼卵 MHC 及 IL-1β 含量的影响

将 MHC 标准品分别稀释为 360 ng/L、240 ng/L、120 ng/L、60 ng/L、30 ng/L；IL-1β标准品分别稀释为 120 ng/L、60 ng/L、30 ng/L、15 ng/L、7.5 ng/L，并于酶标仪 450 nm 波长下取得其测量 OD 值，绘制其标准曲线如图 8-17 和图 8-18 所示。

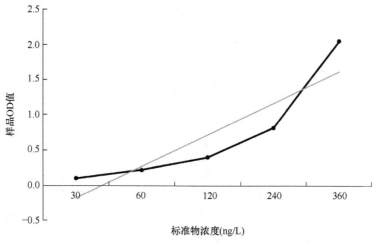

图 8-17　MHC 标准曲线

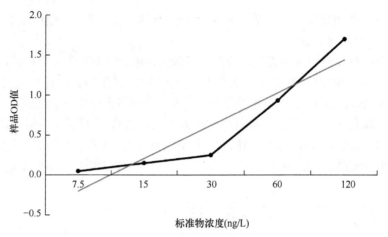

图 8-18　IL-1β标准曲线

由 MHC 及 IL-1β标准曲线获得其线性方程，分别为：$y = 0.0056x - 0.1896$（$R^2 = 0.9271$）和 $y = 0.0151x - 0.0854$（$R^2 = 0.987$）。

　　将 2 个实验组哲罗鲑发眼卵中 MHC 和 IL-1β含量测得的数据绘制成图 8-19、图 8-20。将采集样品按照同一天同一字母，消毒前用小写字母，消毒后用大写字母的顺序进行编号，即第一天消毒前、后采集的样品分别标记为 a 和 A；第二天分别标记为 b 和 B；第三天分别标记为 c 和 C。

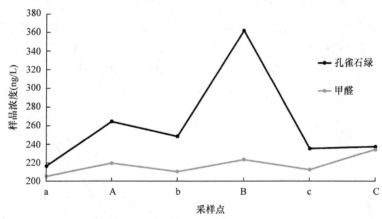

图 8-19　发眼卵中 MHC 含量变化

　　由图 8-19 可见，甲醛及孔雀石绿消毒均可导致哲罗鲑发眼卵中 MHC 含量升高，图上表现为大写字母采样点 MHC 含量测量值均大于相应的小写字母采样点（A>a，B>b，C>c）；甲醛影响相对平和，而孔雀石绿则对哲罗鲑发眼卵中 MHC 含量造成了剧烈影响。经过 23 h 流水孵化后，2 个实验组的发眼卵中 MHC 含量均有所下降（b<A，c<B），而在第二天的消毒后 MHC 含量又再次上升，且甲醛

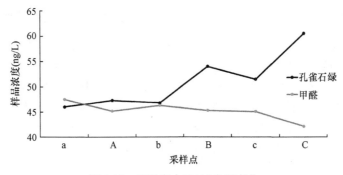

图 8-20　发眼卵中 IL-1β 含量变化

消毒诱导发眼卵中 MHC 含量稳步上升（c>b>a，C>B>A），而孔雀石绿对发眼卵中 MHC 含量的影响较剧烈且规律性不强，但有较高峰值出现。

由图 8-20 可见，甲醛消毒可导致卵中 IL-1β 含量略有降低（a<A，b<B，c<C），但未形成显著影响；在流水孵化 23 h 后，卵中 IL-1β 含量有所回升（b>A，c>B）。因此，甲醛消毒对哲罗鲑发眼卵中 IL-1β 含量影响不大；而孔雀石绿消毒能诱导哲罗鲑发眼卵中 IL-1β 含量升高（A>a，B>b，C>c），经过 23 h 流水孵化后，卵中 IL-1β 含量略有下降，但是总体仍呈升高趋势（C>a），且随着消毒天数的增多，IL-1β 含量变化有加剧的趋势。

本研究选取质优价廉、已被禁用的孔雀石绿及目前养殖中应用较普遍的甲醛对哲罗鲑发眼卵进行消毒，研究两种物质对卵中免疫相关重要物质 MHC 及 IL-1β 含量的影响。结果表明，甲醛和孔雀石绿均对卵内 MHC、IL-1β 含量产生了影响，孔雀石绿对鱼卵产生了无序且剧烈的不良影响，而甲醛影响相对温和。但在使用过程中仍应注意监测甲醛对卵内其他免疫相关物质及功能的影响，并筛选适合的中草药消毒剂替代药物，减少化学物质用量。

（二）4 种药物对哲罗鲑的急性毒性试验

在选择消毒药物时，首先要考虑其安全性。在哲罗鲑养殖过程中常用的消毒剂包括甲醛、硫酸铜、氯化钠等，为了比较几种药物的毒性，张永泉和尹家胜（2007）开展了 4 种药物对哲罗鲑的急性毒性试验，所用药物的规格与成分如表 8-2 所示。

表 8-2　试验药物的规格与成分

药品名称	纯度	成分和含量	生产厂家
甲醛	分析纯	甲醛溶液（CH_2O）≥37.0%～40.0%	哈尔滨市新春化工产品有限公司
拜净	化学纯	100 mL 中含：碘 3 g+十二烷基氧化胺 30 g+双十八烷基季铵盐 8 g+乙二醇 8 g+磷酸 4 g	拜耳（四川）动物保健有限公司
硫酸铜	分析纯	$CuSO_4 \cdot 5H_2O$≥99.0%	天津市东丽区天大化学试剂厂
氯化钠	化学纯	含碘量 20～50 mg/kg，亚硒酸钠 7～11 mg/kg	龙盐（牡丹江）盐业有限公司

通过预备试验，得出哲罗鲑无死亡的最大浓度及全部致死的最小浓度，并根据等对比间距法确定各试验组浓度（具体方法：$r = \sqrt[n]{b/a}$；式中 r 为相邻两个剂量比值；b 为最高剂量；a 为最低剂量；n 为剂量组数）（给出此试验中 r、b、a 的数据），见表 8-3。每个处理设两个平行。每次试验用 10 尾样本鱼进行药浴。试验开始的 24 h，持续观察记录哲罗鲑的活动情况，然后分别于 24 h、48 h、72 h、96 h 时记录哲罗鲑的活动和存活情况。判断鱼死亡的方法是当鱼中毒停止呼吸后，用小镊子夹鱼的尾柄部，5 min 内不出现反应可判定为死亡。

表 8-3　4 种药物的试验浓度（mg/L）

试验药物	编号				
	I	II	III	IV	V
甲醛	60.75	82.01	110.72	149.47	201.78
拜净	1.60	2.40	3.60	5.40	8.10
硫酸铜	0.59	0.89	1.33	2.00	3.00
氯化钠	8 396.84	9 992.23	11 890.76	14 150.00	16 838.50

试验结果取平均值，用改良的 Karber 法求出各种药物作用于哲罗鲑 24 h、48 h、72 h、96 h 的半致死浓度（LC_{50}）值及安全生存的最高浓度（safe concentration，SC）值。半致死浓度：$\log LC_{50} = X_m - d(\Sigma p - 0.5)$；安全浓度：$SC = 48\ h\ LC_{50} \times 0.3/(24h\ LC_{50}/48\ h\ LC_{50})^2$，其中，$X_m$ 为最大剂量对数；d 相邻剂量比值的对数；p 为各剂量组死亡率。

哲罗鲑鱼种在不同试验时间的死亡率、半致死浓度（LC_{50}）和安全浓度（SC）见表 8-4。各种药物的 96 h 最小致死浓度由低到高依次为：硫酸铜、拜净、甲醛、氯化钠。以 48 h 安全浓度为标准，哲罗鲑对几种药物的敏感性为：硫酸铜>拜净>甲醛>氯化钠。

表 8-4　4 种药物对哲罗鲑的试验结果

试验药物	药物浓度（mg/L）	死亡率（%）				半致死浓度（mg/L）				48 h 安全浓度（mg/L）
		24 h	48 h	72 h	96 h	24 h	48 h	72 h	96 h	
甲醛	60.75	0	0	0	10					
	82.01	0	20	30	40					
	110.72	20	50	70	90	131.22	102.33	94.41	83.75	19.30
	149.47	70	100	100	100					
	201.78	100	100	100	100					

续表

试验药物	药物浓度（mg/L）	死亡率（%）				半致死浓度（mg/L）				48 h 安全浓度（mg/L）
		24 h	48 h	72 h	96 h	24 h	48 h	72 h	96 h	
拜净	1.60	0	0	0	0	3.77	2.82	2.51	2.29	0.47
	2.40	10	40	50	50					
	3.60	40	60	80	100					
	5.40	80	100	100	100					
	8.10	100	100	100	100					
硫酸铜	0.59	0	0	10	10	1.49	1.16	0.99	0.90	0.21
	0.89	10	10	20	30					
	1.33	50	70	90	100					
	2.00	60	100	100	100					
	3.00	100	100	100	100					
氯化钠	8 396.84	0	0	0	10	13 365.96	10 914.40	10 139.11	9 418.9	2 182.88
	9 992.23	0	20	40	70					
	11 890.76	10	70	90	100					
	14 150.00	70	100	100	100					
	16 838.50	100	100	100	100					

试验中观察到，甲醛在最小试验浓度 60.75 mg/L 时，75 h 时发现死亡。在最大浓度 201.78 mg/L 时，14 h 时发现有不安症状，18 h 全部死亡，死亡前鱼种在选育缸中沿壁边急剧游动，随后鱼头部朝上接触水面，尾部缓慢摆动，鱼体保持静止一段时间后死亡。死亡后鱼体色变浅、呈灰白色，体表分泌少量黏液，脊椎弯曲。

拜净在最小试验浓度 1.60 mg/L 时，94 h 时没发现死亡，在浓度为 8.10 mg/L 时，6 h 后开始死亡，死亡速度很快，死亡后身体僵直，黏液明显增多。

硫酸铜在最小试验浓度 0.59 mg/L 时，68 h 发现死亡 1 尾，在浓度为 3.00mg/L 时，10 h 开始死亡，死亡前鱼焦躁不安、狂游，随后鱼侧身浮于水面，相对静止，对刺激反应敏捷，静止一段时间后死亡。死亡鱼鳍条和棘均张开，僵硬伸直，体表分泌大量黏液，并有白色絮状黏附物。

氯化钠在最小试验浓度 8396.84 mg/L 时，92 h 时发现死亡 1 尾，在最大试验浓度 16838.50 mg/L 时，10 h 开始死亡，试验中观察到高盐组鱼体游泳困难、浮于水面，呈半休克状态，静止片刻后再次上下挣扎游动，鱼体体色逐渐变浅、身体僵直、抽搐，鱼体侧翻，慢慢死亡。死亡鱼体灰白、体表分泌大量黏液，并有明显白色黏附物。

本研究以哲罗鲑为试验对象，研究甲醛、拜净、硫酸铜和氯化钠对其的急性毒性结果，求出半致死浓度和安全浓度。研究结果表明，哲罗鲑对于 4 种药物的敏感性为：硫酸铜>拜净>甲醛>氯化钠，安全浓度为硫酸铜 0.21 mg/L、拜净 0.47 mg/L、甲醛 19.30 mg/L、氯化钠 2182.88 mg/L，甲醛、氯化钠是哲罗鲑较好的日常病害防治药物。

二、抗菌药物筛选

（一）恩诺沙星在哲罗鲑体内的药代动力学比较研究

在鱼类病害防治过程中，抗菌药物的使用不可避免，但如何科学、规范、合理地使用抗菌药物则是保证食品安全、健康养殖的关键。研究药物在鱼体内的动力学参数，有助于了解其吸收、分布和消除规律，制定合理的使用剂量、使用方式及休药期等。为此，司力娜等（2011）采用高效液相色谱法（HPLC）研究了常用抗菌药物恩诺沙星在哲罗鲑体内的药代动力学。通过肌内注射方式将恩诺沙星以 15.0 mg/kg 的剂量注射至哲罗鲑体内，采取给药后不同时间的血浆、肝、肾测定其中的恩诺沙星的质量浓度，用 3P97 软件进行数据处理和分析。结果表明：肌内注射恩诺沙星后，其血浆、肝和肾中药物时量曲线关系均符合一级吸收的二室开放动力学模型，恩诺沙星在哲罗鲑体内的主要动力学参数如下：分布半衰期（$T_{1/2\alpha}$）分别为 1.5453 h、3.5387 h、5.7619 h；消除半衰期（$T_{1/2\beta}$）分别为 78.6968 h、39.6266 h、41.3326 h；药时曲线下面积（AUC）分别为 191.5507 μg/(mL·h)、60.1040 μg/(g·h)、233.9931 μg/(g·h)。

恩诺沙星的标准曲线回归方程为 $y=1280.2x - 0.0335$（y 为药物浓度；x 为平均峰面积），相关系数 $R^2=0.9999$，在 0.01～2 μg/mL 线性关系良好。本方法的最低检测限为 0.005 μg/mL，能较好地满足金鳟和哲罗鲑组织中恩诺沙星残留检测的要求。

恩诺沙星在哲罗鲑各组织中的相对回收率见表 8-5。恩诺沙星在 4 个浓度下平均相对回收率均在 80% 以上，表明此样品处理方法重现性较好，可满足本试验的要求。

表 8-5　恩诺沙星在哲罗鲑各组织中的相对回收率

药物添加浓度 （μg/mL）	哲罗鲑（*Hucho taimen*）		
	血浆（%）	肝（%）	肾（%）
0.05	86.18	94.32	92.37
0.10	84.36	87.16	96.46
1.00	87.37	88.72	81.23
2.00	89.64	85.25	84.28

恩诺沙星在哲罗鲑体内的分布情况见图 8-21。药物浓度在肾组织中最高，实测样品中，药物浓度均在给药后迅速上升，在血浆、肝、肾中药物浓度分别在 1.5 h、1.0 h、0.75 h 达峰值，在 0.15～8 h 肝中的药物浓度明显高于血浆，但在 12～72 h

血浆中的药物浓度下降缓慢，明显高于肝中的药物浓度。

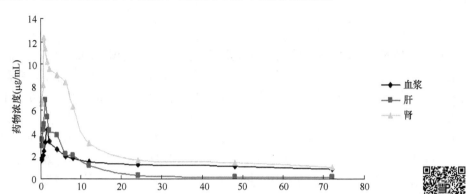

图 8-21　恩诺沙星在哲罗鲑血浆及各组织中的药物浓度（彩图请扫二维码）

应用 3P97 软件对所测得的药物水平-时间关系进行一室、二室和三室模型的数据拟合，结果表明，以肌内注射给药后，恩诺沙星在哲罗鲑血浆、肝和肾中的代谢过程用一级吸收二室模型来描述较为合适。由表 8-6 可知，在哲罗鲑体内血浆、肝、肾中的分布半衰期（$T_{1/2\alpha}$）分别为 1.5453 h、3.5387 h、5.7619 h，说明肌内注射给药后，哲罗鲑的吸收分布比较快。

表 8-6　哲罗鲑肌内注射恩诺沙星后药代动力学参数

参数	哲罗鲑（*Hucho taimen*）		
	血浆	肝	肾
A（μg/mL 或 μg/g）	8.2095	6.8149	10.1600
α（1/h）	0.4485	0.1959	0.1203
B（μg/mL 或 μg/g）	1.6154	0.4937	2.5783
β（1/h）	0.0089	0.0175	0.0168
$T_{1/2\alpha}$（h）	1.5453	3.5387	5.7619
$T_{1/2\beta}$（h）	78.6968	39.6266	41.3326
AUC [μg/(mL·h)或 μg/(g·h)]	191.5507	60.1040	233.9931
CL [L/(kg·h)]	0.0783	0.2496	0.0641
T_{peak}（h）	1.8150	1.1350	1.1750
C_{max}（μg/mL 或 μg/g）	3.5306	5.5163	10.9856

注：A. 分布相的零时截距；α. 一级分布速率常数；B. 消除相的零时截距；β. 一级消除速率常数；$T_{1/2\alpha}$. 分布半衰期；$T_{1/2\beta}$. 消除半衰期；AUC. 曲线下面积；CL. 清除率；T_{peak}. 达峰时间；C_{max}. 峰浓度

本研究检测了以肌内注射给药情况下恩诺沙星在哲罗鲑体内的吸收、分布、消除等药代动力学参数，以期为恩诺沙星安全高效地应用于冷水性鱼类养殖及为渔药残留监控和食品安全提供科学依据。

（二）中药方剂对哲罗鲑受精卵水霉病的防治效果

　　水霉病是淡水养殖过程中最常见的真菌性疾病之一，对该病的防治多采用化学杀菌剂，长期使用易使病原菌产生耐药性，降低防病效果，且污染环境。中药及天然植物制剂来源广、效果好，具有药用、保健和营养等多重作用，且毒副作用低、无有害残留、不易产生耐药性，有极大的应用价值和开发空间。为筛选适用于哲罗鲑受精卵孵化期间能有效防治水霉病感染的中药制剂，李绍戊和刘红柏（2015）选取 3 种自组中药复方和 2 种单方，采用水煎及醇提法提取其有效成分并进行受精卵消毒试验，通过统计孵化期间的活卵和死卵数量，比较不同提取方法和不同消毒浓度下中药制剂对哲罗鲑受精卵水霉病的防治效果。结果表明，5 种中药方剂中，复方 B 正常消毒剂量组能显著提高受精卵的发眼率，降低水霉菌感染造成的死亡，是一种适用于哲罗鲑受精卵孵化期间防治水霉病感染的优秀中药制剂，但应严格保证中药消毒剂的浓度及作用时间，浓度较低时起不到应有的防控作用。

　　本实验选用的三个自组中药复方及两个单方，分别编号为 A、B、C、D、E（复方 A：苦参、五倍子、黄柏等；复方 B：丁香、黄连、土槿皮等；复方 C 由虎杖、龙胆草等配伍组成；单方 D：土槿皮；单方 E：丁香），所用中药原料药均购自哈尔滨世一堂药店，烘干后备用。复方中药采用水煎和醇提两种方法对其有效成分进行提取。

　　将药液加入孵化桶中，流水混匀 3～5 min 关水，浸泡 30 min，浸泡结束打开循环水。共设 A～E 中药消毒组 10 个，包括 5 个正常剂量组和 5 个稀释剂量组及 1 个对照组，每组 2 个平行，每个平行 1000 粒卵。其中 5 个正常剂量组（每服药为 2 m^3 水体用量）和 5 个稀释剂量组（每服药为 4 m^3 水体用量）。从受精卵至发眼卵孵化期间，每天消毒一次。每日消毒前进行活卵、死卵（霉菌感染死亡及非感染死亡）计数，实验结束后，对每组存活发眼卵进行计数。发眼率、死卵率、感染率和非感染死亡率分别为发眼卵数、死卵数、水霉感染引起的死卵数及其他原因造成的死卵数与实验用受精卵总数的比值。

　　每日定时对实验鱼卵进行消毒处理，每服药为 2 m^3 水体用量，并详细记录鱼卵状态及数量，将所得数据整理为图 8-22。

　　对照组哲罗鲑受精卵孵化过程中死亡率较高，成功孵化为发眼卵的概率较低，仅有 32.92%，而水霉菌感染引起的死亡率极高，达到 50.37%，占总死卵数的 75.09%。除 D 组外，其他 4 个中药正常剂量组实验鱼卵的发眼率均高于对照组，死卵率特别是水霉菌感染卵比率均低于对照组。实验鱼卵发眼结果为：B>A>D>C>对照组>E，而水霉菌感染导致的死卵结果为：E>对照组>C>D>A>B。

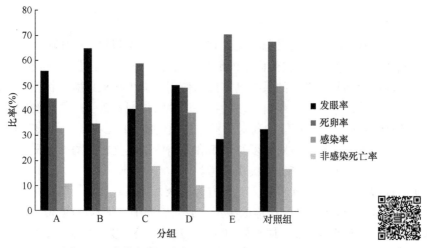

图 8-22　中药方剂正常剂量组消毒结果（彩图请扫二维码）

B 组实验鱼卵的发眼率(64.59%)显著高于对照组,而水霉菌感染死卵率的 28.67%
显著低于对照组。实验组和对照组由其他原因引起的死卵比率表现为：E>C>对照
组>A>D>B。

　　每日定时对实验鱼卵进行消毒处理，每服药为 4 m³ 水体用量，并详细记录鱼
卵状态及数量，将所得数据整理为图 8-23。

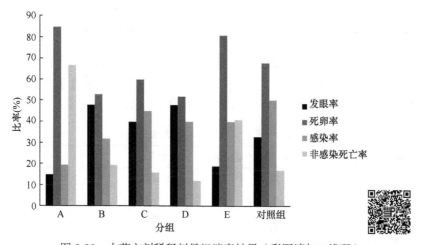

图 8-23　中药方剂稀释剂量组消毒结果（彩图请扫二维码）

　　中药方剂稀释组实验鱼卵的发眼及死亡情况与正常剂量给药组有较大差异，
A 组表现尤为明显。实验鱼卵发眼结果为：D>B>C>对照组>E>A，且 D、B 组发
眼率分别为 47.36%和 47.09%，差别极小。而水霉菌感染导致的死卵结果为：对
照组>C>D>E>B>A，其他原因导致的死卵结果为：A>E>对照组>C>D>B。

三、抗氧化中草药筛选

目前已发现中药的有效成分不仅具有直接清除超氧阴离子的作用，使其成为稳定的基团，还可通过调节机体内部的氧化-抗氧化系统，增强机体的抗氧化能力，并对机体内产生超氧阴离子的系统具有抑制作用，减少在氧化应激状态下活性氧的产生，可以从多个环节阻断自由基的损伤，使机体减轻遭受过氧化的损伤，达到防病治病的目的。为了研究中药对哲罗鲑抗氧化能力的影响，刘红柏等（2012）比较了 5 种单方及 4 种复方对哲罗鲑组织和血清中抗氧化相关酶的水平，以期为哲罗鲑的抗氧化研究及水产养殖提供参考。

实验选用 5 种单方及 4 种复方。单方为贯众，当归，甘草，黄芪，茯苓；复方配方见表 8-7。按各方剂配比称取中药，放入砂锅中，加水浸泡 30 min，第一次熬 45 min，将药汁倒出，再加水熬 20 min，过滤，将两次药汁合并，存放于 4℃冰箱中储存备用。

表 8-7 中草药方剂组成

复方方剂	中草药组成
方一	黄芪，白术，防风
方二	葛根，甘草等
方三	黄芪，党参，板蓝根，甘草等
方五	当归，黄芪

随机选取哲罗鲑于室内圆形-玻璃钢水族箱（直径 1.2 m）内预饲两周，水温保持在 11～13℃，每组两个平行，各 60 尾鱼，保持各水族箱养殖条件均一，每天按鱼体重的 2.0%投喂基础饲料，饲料组成及营养成分见表 8-8。

表 8-8 基础饲料组成及营养成分含量

饲料配方	添加量（kg/100kg）	饲料配方	添加量（kg/100kg）
鱼粉	30.00	大豆分离蛋白	10.00
豆粕	30.00	鱼油	5.00
次粉	10.00	磷脂	2.00
玉米蛋白粉	10.00	预混剂	3.00
合计	总能	粗蛋白（%）	粗脂肪（%）
	18.53	28.28	8.93

注：预混剂中包括：胆碱 0.2%；防霉剂 0.02%；氧化镁 0.2%；磷酸二氢钙 1.0%；复合维生素 0.3%（Vc 1000 mg/kg、VE 60 mg/kg、VK 5 mg/kg、VA15 000 IU/kg、VD_3 3000 IU/kg、VB_1 15 mg/kg、VB_2 30mg/kg、$VB_6$15 mg/kg、VB_{12} 0.5 mg/kg、烟酸 175 mg/kg、叶酸 5 mg/kg、肌醇 1000 mg/kg、生物素 2.5 mg/kg、泛酸钙 50 mg/kg）；复合微量元素 0.2%（铁 25 mg/kg、铜 3 mg/kg、锰 15 mg/kg、碘 0.6 mg/kg）

预饲结束后，实验鱼给药剂量见表 8-9，实验组投喂添加中草药煎剂的饲料，对照组投喂对照饲料。连续饲喂 28 天，停食 1 天后，每组随机选取 15 尾实验鱼。自尾动（静）脉采肝素抗凝血，4℃下 3500 r/min 离心 20 min，取血清，并解剖取组织样品。血清及组织样立即放于-70℃下保存。一氧化氮（nitric oxide，NO）试剂盒、一氧化氮合酶（nitric oxide synthase，NOS）试剂盒、超氧化物歧化酶（superoxide dismutase，SOD）测试盒、丙二醛（malondialdehyde，MDA）测定试剂盒均购自南京建成生物工程研究所。

表 8-9　中草药方剂给药剂量（g/50kg）

方剂	给药剂量（药重/鱼体重）		方剂	给药剂量（药重/鱼体重）	
	低剂量组	高剂量组		低剂量组	高剂量组
方一	22.5	45	当归	7.5	15
方二	27.5	55	甘草	6	12
方三	87.5	175	黄芪	7.5	15
方五	18	36	茯苓	7.5	15
贯众	4.5	9			

投喂中草药后，哲罗鲑血清中 NO 水平除方一高剂量组、方二高剂量组、方五低剂量组、贯众低剂量组有所下降外，其他各组与对照组相比差异并不显著，部分甚至有所上升；而 NOS 水平除当归组外大多数实验组均有显著升高的趋势。肝的情况则与血清中相反，NO 水平除当归组外其他各组均有上升，且方三、方五、甘草、茯苓组上升明显，而 NOS 的活性除黄芪高剂量组外，其他各组均有下降。在方一、方二、方三、方五、贯众、黄芪组中，中草药的添加剂量对 NO 含量和 NOS 活性显示出一定的影响（表 8-10）。

表 8-10　投喂中草药后哲罗鲑血清及肝中 NO、NOS 的变化

组别	血清 NO（μmol/L）	肝 NO（μmol/g prot）	血清 NOS（U/mL）	肝 NOS（U/mg prot）
对照组	22.39±1.57a	0.85±0.30a	9.15±0.77a	0.54±0.03a
方一低剂量组 1	24.16±4.52a	1.16±0.25a	10.82±2.62a	0.27±0.10b
方一高剂量组 6	17.82±2.10b	1.13±0.30a	12.47±1.15b	0.21±0.08b
方二低剂量组 2	20.00±2.82a	1.54±0.48a	12.26±0.80b	0.27±0.10b
方二高剂量组 7	18.04±3.07b	1.20±0.40a	12.44±2.42b	0.20±0.06b
方三低剂量组 3	23.30±3.94a	1.43±0.66a	17.95±2.53b	0.26±0.09b

续表

组别	血清 NO （μmol/L）	肝 NO（μmol/g prot）	血清 NOS （U/mL）	肝 NOS（U/mg prot）
方三高剂量组 8	21.55±2.42a	3.95±0.68b	12.59±1.69b	0.19±0.05b
方五低剂量组 5	18.65±3.57b	5.01±1.03b	14.74±2.49b	0.26±0.08b
方五高剂量组 10	20.96±1.72a	5.61±1.36b	15.30±3.69b	0.23±0.07b
贯众低剂量组 11	17.75±4.16b	1.10±0.51a	11.50±0.58ab	0.38±0.12b
贯众高剂量组 21	22.25±8.53a	1.24±0.29a	11.08±3.58ab	0.46±0.11a
当归低剂量组 12	22.77±2.45a	0.69±0.37a	9.96±2.29a	0.42±0.09b
当归高剂量组 22	24.26±3.40a	0.56±0.09a	9.82±3.13a	0.40±0.01b
甘草低剂量组 14	24.73±1.75a	1.93±0.48b	10.99±2.15ab	0.24±0.09b
甘草高剂量组 24	24.55±3.64a	4.00±1.00b	11.91±4.25b	0.33±0.03b
黄芪低剂量组 15	25.41±1.34a	0.83±0.22b	18.19±1.14b	0.38±0.10b
黄芪高剂量组 25	25.41±3.45a	1.14±0.32a	15.21±2.22b	0.53±0.22a
茯苓低剂量组 16	22.41±0.77a	5.06±2.31b	13.32±3.67b	0.35±0.09b
茯苓高剂量组 26	24.26±3.23a	4.67±0.59b	10.58±2.10ab	0.21±0.09b

注：同一列数值标相邻字母表示差异显著（$P<0.05$）；相间字母表示差异极显著（$P<0.01$），下同

　　测得哲罗鲑血清、肝及红细胞中的 SOD 活性值，详见表 8-11。血清中 SOD 没有明显变化，当归、甘草组略微上升；而肝中，甘草、茯苓组 SOD 活性升高显著，其他组与对照组相比提升效果不显著。而红细胞中，各组 SOD 活性均有升高，且方二、贯众和黄芪组可以使 SOD 活性有明显的升高。

表 8-11　投喂中草药后哲罗鲑血清、肝及红细胞中 SOD 活性的变化

组别	血清 SOD （NU/mL）	肝 SOD （NU/mg prot）	红细胞 SOD （NU/g Hb）
对照组	68.71±3.06a	91.43±16.57a	12 530.27±3 321.82a
方一低剂量组 1	67.59±9.85a	84.49±18.57a	15 393.13±4 292.73ab
方一高剂量组 6	79.11±17.00ab	81.32±6.42a	15 417.07±2 608.75ab
方二低剂量组 2	62.47±10.99a	87.22±17.39a	22 915.74±11 251.99b
方二高剂量组 7	74.70±13.76ab	75.84±3.95a	19 774.54±6 172.93ab
方三低剂量组 3	60.39±8.69a	95.03±12.78ab	17 477.51±2 321.15ab
方三高剂量组 8	65.09±16.28a	78.35±5.23a	13 764.23±3 936.46a
方五低剂量组 5	75.22±12.47ab	83.83±17.40a	15 780.45±3 275.15ab

续表

组别	血清 SOD （NU/mL）	肝 SOD （NU/mg prot）	红细胞 SOD （NU/g Hb）
方五高剂量组 10	58.57±10.54ac	87.16±9.45a	19 181.75±6 084.79ab
贯众低剂量组 11	66.88±4.93a	82.53±26.74a	16 095.23±2 510.16ab
贯众高剂量组 21	66.41±5.58a	85.23±7.96a	23 525.99±9 635.18b
当归低剂量组 12	79.24±6.63ab	97.21±32.82ab	—
当归高剂量组 22	74.85±6.36ab	85.15±11.00a	—
甘草低剂量组 14	81.26±11.85b	105.46±10.46ab	17 533.70±9 580.43ab
甘草高剂量组 24	75.78±9.57ab	100.46±4.16ab	12 799.35±3 166.49a
黄芪低剂量组 15	66.87±3.89a	77.51±8.59a	15 017.22±4 069.47ab
黄芪高剂量组 25	56.34±14.47bc	88.97±3.38a	21 920.23±8 181.93b
茯苓低剂量组 16	67.80±11.29a	109.04±25.97b	10 825.03±10 197.14a
茯苓高剂量组 26	67.29±18.96a	87.57±13.08a	11 389.50±4 501.94a

测得哲罗鲑血清及肝中 MDA 含量，详见表 8-12。除方二组使血清 MDA 含量显著升高、茯苓组无显著变化外，其余中草药均可明显降低血清中 MDA 的含量，其中方一只在高剂量而方五、贯众、当归和黄芪只在低剂量时效果显著。肝中的 MDA 清除率，除方五组外，其余中草药均效果显著。肝中高剂量组的 MDA 清除效果要好一点，而血清中则没有这个规律。

表 8-12 投喂中草药后哲罗鲑血清、肝 MDA 含量的变化

组别	血清（nmol/mL）	肝（nmol/mg prot）
对照组	91.47±4.68a	12.93±0.94a
方一低剂量组 1	87.73±9.45a	3.95±0.72b
方一高剂量组 6	74.08±18.05b	4.02±0.37b
方二低剂量组 2	123.39±4.72b	5.39±1.07b
方二高剂量组 7	112.48±20.71b	5.17±0.73b
方三低剂量组 3	69.78±7.26b	7.05±0.75b
方三高剂量组 8	65.19±10.18b	6.23±0.87b
方五低剂量组 5	69.05±7.64b	11.39±2.90a
方五高剂量组 10	81.17±5.27a	11.41±1.25a
贯众低剂量组 11	75.63±7.92b	10.24±2.47b
贯众高剂量组 21	78.00±6.85a	9.09±0.89b

组别	血清（nmol/mL）	肝（nmol/mg prot）
当归低剂量组 12	76.12±12.12b	9.96±2.56b
当归高剂量组 22	80.73±13.42a	9.58±0.84b
甘草低剂量组 14	74.12±10.51b	8.07±1.71b
甘草高剂量组 24	63.47±14.46b	7.86±1.16b
黄芪低剂量组 15	75.24±11.17b	10.16±1.99b
黄芪高剂量组 25	79.79±23.12a	9.26±1.04b
茯苓低剂量组 16	98.84±26.66a	8.50±1.81b
茯苓高剂量组 26	95.87±21.29a	6.53±1.27b

　　实验结果显示，中草药对哲罗鲑抗氧化能力的影响因药物种类、检测组织和指标而有所不同，但所选中草药均有一定程度的增强机体抗氧化能力的作用。

　　目前，对于哲罗鲑病害的流行发生规律及其感染传播机制仍有待深入探索，本章针对哲罗鲑先天免疫系统开展了探索性研究，同时进行了抗菌药物、抗氧化药物的筛选，以期为哲罗鲑的病害防控提供理论依据。然而，引发疾病暴发的原因复杂，其与宿主、环境和病原都有关联，仅靠单一技术或措施无法有效解决问题。因此，保持良好水质环境是前提，增强哲罗鲑免疫力是根本，使用渔药是配合，监测和检测重要疫病是关键，进而建立完善的哲罗鲑病害防控技术综合体系，从根本上防控哲罗鲑病害的暴发。

参 考 文 献

李绍戊, 刘红柏. 2015. 中药方剂对哲罗鲑受精卵水霉病防治效果的比较研究. 江西农业大学学报, 37（2）: 328-332.

李绍戊, 王荻, 卢彤岩. 2013. 甲醛及孔雀石绿对哲罗鲑发眼卵 MHC 及 IL-1β 含量的影响. 中国农学通报, 29（32）: 82-86.

刘红柏, 宿斌, 王荻. 2012. 中草药方剂对哲罗鱼抗氧化能力的影响. 东北农业大学学报, 43(9): 127-134.

司力娜, 陈琛, 李绍戊, 等. 2011. 恩诺沙星在金鳟和哲罗鲑鱼体内的药代动力学比较. 江苏农业科学, 39（6）: 390-392.

张永泉, 尹家胜. 2007. 四种药物对哲罗鱼的急性毒性试验. 水产学杂志, 20（2）: 58-62.

Li S W, Wang D, Liu H B, et al. 2016. Expression and antimicrobial activity of c-type lysozyme in taimen (*Hucho taimen*, Pallas). Developmental & Comparative Immunology, 63: 156-162.

Wang D, Li S W, Zhao J Z, et al. 2016. Genomic organization, expression and antimicrobial activity of a hepcidin from taimen (*Hucho taimen*, Pallas). Fish & Shellfish Immunology, 56: 303-309.

第九章　遗传资源开发

遗传资源是指含有任何遗传功能的材料及相关的信息资源，如包括 DNA、基因、细胞、组织、器官和个体等在内的具有实际或潜在价值的遗传材料及相关的信息。遗传资源是进行群体遗传学、保护遗传学、遗传育种和养殖群体的遗传管理等方面研究的重要基础，本章的遗传资源是指哲罗鲑的遗传信息资源。哲罗鲑是国际性的濒危物种（Hogan and Jensen，2013），为了掌握其遗传多样性现状，促进哲罗鲑的保护和资源合理利用，国内外学者开展了哲罗鲑遗传标记和基因资源的开发。随着测序技术的发展，遗传标记和基因资源的开发也发生了巨大的改变，为了呈现哲罗鲑遗传资源开发的研究趋势和现状，本章综述了哲罗鲑遗传标记和基因资源开发的相关技术及研究成果。第一节和第二节分别绍了采用传统的磁珠富集法和第二代高通量测序技术建立微卫星标记的开发流程，并利用这两种方法进行了哲罗鲑的微卫星标记开发，将开发的微卫星标记用于哲罗鲑的保护遗传学及养殖群体的遗传管理中。

第一节　基于磁珠富集法的微卫星标记开发

微卫星（microsatellite）又称简单重复序列（simple sequence repeat，SSR），是基因组中重复单元为 1～6 个碱基的一段重复序列，出现在几乎所有的原核生物和真核生物中。微卫星分布在基因组中的编码区和非编码区，表现出高度的长度多态性（O'Connell and Wright，1997；Zane et al.，2002）。微卫星标记因其高度多态性、共显性等特性，已被广泛应用于群体遗传学、基因组作图、性状连锁分析及分子育种等遗传学研究领域，是一种十分强大的遗传标记。

微卫星标记开发的难点主要有两方面：一是获得微卫星的序列，二是多态性鉴定。在以 Illumina 边合成边测序方法和 454 焦磷酸测序方法为代表的第二代测序技术出现之前，水产生物微卫星序列的获取普遍采用磁珠富集法，采用凝胶电泳进行多态性鉴定，这种方法费时、费力（Zane et al.，2002）。而在第二代测序技术出现之后，微卫星序列的获得已十分容易，限制微卫星标记开发和应用的主要矛盾变成了如何进行规模化标记的多态性鉴定与大样本量的基因型鉴定。

一、基于磁珠富集法的哲罗鲑基因组微卫星标记开发

磁珠富集法是微卫星标记开发的经典方法（Zane et al., 2002），其原理是采用链霉亲和素磁珠和重复序列生物素探针富集含有重复序列的 DNA 片段，将其重组到质粒中，构建基因组 DNA 的微卫星富集文库，对富集文库进行阳性克隆检测，用 Sanger 法对阳性克隆进行测序，筛选微卫星序列，在此基础上设计 PCR 扩增引物，并鉴定引物的多态性。佟广香等（2006）、Tong 等（2006）采用经典的磁珠富集法构建了哲罗鲑的基因组 DNA 微卫星富集文库，并鉴定了哲罗鲑的多态性微卫星标记。但经典的磁珠富集法采用同位素探针进行微卫星富集文库阳性克隆检测，需要特殊的实验环境，且存在同位素辐射危险，不便于规模化开发微卫星标记，因此匡友谊等（2010）对采用磁珠富集法的微卫星标记开发流程进行了改良，并开发了微卫星序列分析软件和引物批量设计软件，建立了哲罗鲑快速、高效的微卫星标记开发流程。

与经典的磁珠富集法相比，改良的流程主要体现在两个方面：第一个方面是在基因组 DNA 的片段化上，扩展了限制性内切酶的种类，从采用 Sau3AI 扩展到采用 Sau3AI、Tsp509I、Tru9I、TaqI、BfaI、CviQI 等 6 种限制性内切酶。对这 6 种限制性内切酶构建的微卫星富集文库的测序结果进行分析，以评估这 6 种酶的微卫星序列获得率，发现 Sau3AI、Tsp509I 和 TaqI 这 3 种酶微卫星序列获得率最高，但部分序列由于侧翼序列较短，不能用于设计引物；BfaI 和 CviQI 这两种酶获得可用于设计引物的微卫星序列（侧翼序列>30 bp 和侧翼序列>80 bp）的比例最高（表 9-1），因此从微卫星序列获得率及可设计引物比例两个方面考虑，优先选择这两种酶进行富集文库的构建。

表 9-1　哲罗鲑微卫星文库测序统计结果

探针	酶	序列数量	含重复序列数量	微卫星数量					微卫星比例			
				侧翼小于30 bp	侧翼小于80 bp	侧翼大于80 bp	侧翼大于30 bp总计	微卫星总数	侧翼小于30 bp	侧翼小于80 bp	侧翼大于80 bp	侧翼大于30 bp总计
CA	Tru9I	174	128	74	30	58	88	162	0.46	0.19	0.36	0.54
	Sau3AI	146	138	49	52	36	88	137	0.36	0.38	0.26	0.64
	Tsp509I	154	146	79	41	36	77	156	0.51	0.26	0.23	0.49
	BfaI	130	115	39	32	65	97	136	0.29	0.24	0.48	0.71
	TaqI	158	152	77	34	64	98	175	0.44	0.19	0.37	0.56
	CviQI	114	99	28	37	65	102	130	0.22	0.28	0.5	0.78
CAG	Sau3AI	30	20	13	4	5	9	22	0.59	0.18	0.23	0.41
总计		906	798	359	230	329	559	918	0.39	0.25	0.36	0.61

　　第二个改良的方面是，以 M13+（M13正向引物）或 M13-（M13反向引物）通用引物和含有重复序列的探针为引物进行菌落 PCR 扩增，检测含有微卫星重复序列的阳性克隆。在微卫星富集文库构建过程中，以 pMD18-T 作为载体，将微卫星 DNA 片段插入载体中，构建微卫星 DNA 富集文库。pMD18-T 载体含有 M13+和 M13-通用引物序列，因此可以以 M13+或 M13-和重复序列探针作为引物，扩增插入片段，以此检测插入片段中是否含有合适的重复序列。PCR 扩增产物用 1%的琼脂糖凝胶进行电泳检测，挑选在 200～750 bp 具有明显电泳条带的阳性克隆进行测序（图 9-1）。其中（CA）$_{16}$ 生物素标记探针构建的富集文库菌落 PCR 检测所用的 PCR 引物为 M13+和（CA）$_{10}$，或 M13-和（CA）$_{10}$；（CAG）$_{15}$ 生物素标记探针构建的富集文库菌落 PCR 检测所用的 PCR 引物为 M13+和（CAG）$_6$，或 M13-和（CAG）$_6$。

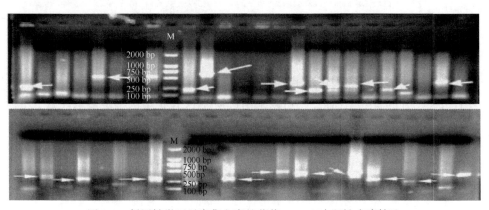

图 9-1　哲罗鲑微卫星富集文库的菌落 PCR 二次阳性克隆筛选

上图为 *Sau*3AI 酶切片段的（CA）$_{16}$ 文库，下图为 *Tru*9I 酶切片段的（CA）$_{16}$ 文库，采用 M13+和（CA）$_{10}$ 作为引物；白色箭头为阳性克隆

　　改良的阳性克隆检测方法避免了同位素的辐射危险，且具有快速和高效的优势。对比发现，改良后的方法阳性克隆检测率和同位素探针法相似。在佟广香等构建的哲罗鲑基因组 DNA 微卫星富集文库中，共获得 1909 个重组质粒，同位素探针检测到 686 个阳性克隆，阳性克隆率为 35.94%，对其中 140 个阳性克隆进行测序分析，获得微卫星序列 149 个、小卫星序列 4 个（Tong et al.，2006；佟广香等，2006）。在匡友谊等（2010）的改良方法中，阳性克隆检出率为 35.5%，对 906 个阳性克隆进行了序列测定，其中 798 个阳性克隆含有重复序列，重复序列得率为 88.08%，共获得 918 个微卫星序列（表 9-1）。对侧翼序列大于 30 bp 的微卫星序列进行引物设计，共设计 471 对微卫星引物，引物可设计率为 84.3%。在上述设计的引物中挑选 60 对引物进行合成，经筛选，45 对引物能扩增出清晰的条带，其中 22 对引物呈现多态性，多态性比率为 36.7%，部分标记的检测结果见图 9-2。

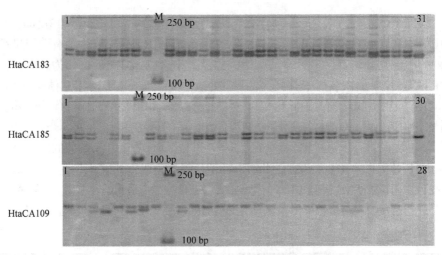

图 9-2　哲罗鲑微卫星标记的多态性检测

二、基于跨物种 PCR 法的哲罗鲑多态性微卫星标记开发

微卫星富集文库的构建及多态性微卫星标记的鉴定是一项费时、费力的工作，若有近缘物种的微卫星标记，则可以采用跨物种 PCR 扩增法鉴定多态性微卫星标记。匡友谊等（2010）、王俊等（2013）、刘博等（2011）从虹鳟（*Oncorhynchus mykiss*）、大西洋鲑（*Salmo salar*）、细鳞鲑（*Brachymystax lenok*）等的连锁图谱和微卫星标记中挑选了 205 对微卫星引物，进行筛选，共获得 51 对能用在哲罗鲑上的多态性微卫星标记。

三、基于磁珠富集法的哲罗鲑 cDNA 微卫星标记开发

相对于基因组中的微卫星标记，cDNA 中的微卫星标记位于编码区中，具有明确的生物学功能，因此在性状相关性分析中，更容易找到与性状关联的基因；相对于基因组微卫星标记的开发，cDNA 微卫星标记开发较为容易，cDNA 是基因转录的产物，相对于整个基因组，基因序列所占比例很少，仅为 1%～10%，因此在 cDNA 序列中搜寻微卫星序列较为容易，且随着以 454、Illumina 为代表的第二代高通量测序技术的出现，对于非模式生物物种来说，转录组高通量测序的成本远低于基因组测序，基于上述原因开发 cDNA 中的微卫星标记或可成为首选的方法。本节主要描述基于磁珠富集法的哲罗鲑 cDNA 微卫星标记开发，基于高通量测序的微卫星标记开发在下一节中描述。

Wang 等（2011a）将磁珠富集法应用到 cDNA 微卫星标记开发中，与基因组微卫星标记开发类似，二者的主要区别在于 cDNA 微卫星标记开发需要先提取 mRNA，并通过逆转录合成双链的 cDNA，之后与基因组微卫星标记开发流程相

同。Wang 等（2011a）采用限制性内切酶 *CviQI* 和（CA）$_{16}$ 探针构建了 cDNA 微
卫星富集文库，获得 417 个阳性克隆，对其中 200 个克隆进行测序，其中 143 个
克隆含有重复序列，微卫星获得率为 71.5%。在这些微卫星序列中，合成了 22 对
引物进行多态性鉴定，其中 12 对具有多态性，等位基因在 2～9（表 9-2）。

表 9-2　基于磁珠富集法的哲罗鲑 cDNA 微卫星标记开发

位点	PCR 产物大小（bp）	观测等位基因	观测杂合度	期望杂合度	多态信息含量
HtaECA67	280～306	3	0.7167	0.5368	0.4344
HtaECA6	194～235	7	1.0000	0.7836	0.7508
HtaECA82	244～260	2	0.4833	0.5041	0.3749
HtaECA16B	174～256	9	0.9355	0.8542	0.8312
HtaECA15	187～216	3	0.4603	0.5013	0.4294
HtaECA121	220～284	8	0.9048	0.8128	0.7809
HtaECA106	187～215	4	0.9524	0.6847	0.6207
HtaECA29	306～341	4	0.9683	0.7328	0.6777
HtaECA131	171～199	4	0.9848	0.6827	0.6290
HtaECA47	180～184	2	0.2258	0.2019	0.1802
HtaECA91	135～162	4	0.9697	0.5759	0.4823
HtaECA90	136～162	4	1.0000	0.6458	0.5691
平均值		4.5	0.8001	0.6264	0.5634

注：摘自 Wang 等（2011a）

第二节　基于高通量测序的微卫星标记开发

随着高通量测序技术的发展，微卫星序列的获得越来越容易，但微卫星标记
的多态性鉴定及大规模样本的基因型鉴定仍然较为困难，为充分利用高通量测序
技术的优势，Tong 等（2018）开发了基于高通量测序的多态性微卫星标记开发及
大规模样本基因型鉴定技术，在此基础上构建了基于高通量的微卫星标记开发流
程。与第一节中描述的基于磁珠富集法进行微卫星标记开发相比，基于高通量测
序的多态性微卫星标记开发流程的主要特点是：一是对转录组或基因组进行高通
量测序，组装成转录组序列或基因组序列，从转录组或基因组序列中获得微卫星
序列；二是通过四引物 PCR 扩增法将索引碱基加入每个 PCR 扩增产物中，对 PCR
扩增产物进行混池高通量测序，通过序列分析鉴定每个样本在每个位点中的基因
型，从而实现标记多态性鉴定和大规模样本的基因型鉴定。

基于高通量测序的微卫星标记开发流程包括转录组或基因组组装、微卫星搜寻和引物设计、PCR 扩增及高通量测序、位点和样本识别、基因型鉴定等 5 部分。在第一部分中转录组采用 Trinity 软件进行组装，基因组可以采用 SOAPdenovo、Velvet 等软件进行组装。在获得转录组序列或基因组序列后，采用重复序列搜寻软件（如 TRF、Sputnik）寻找微卫星，这两部分可采用通用软件进行，不再描述。本节主要介绍 PCR 扩增及高通量测序、位点和样本识别及基因型鉴定，这 3 部分是基于高通量测序的微卫星标记开发流程的核心。

一、PCR 扩增及高通量测序

基于高通量测序的微卫星标记开发流程通过将样本在各位点的 PCR 扩增产物混合之后进行测序，从而利用高通量测序技术高效率和低成本的优势，其核心之一是通过引物序列对 PCR 产物高通量测序所获得的读长（reads）进行位点识别，通过索引碱基进行样本识别，因此 PCR 扩增除了要达到将含有重复序列的片段从基因组 DNA 中扩增出来这一目的，还需要将索引碱基加入 PCR 产物中。PCR 扩增采用四引物法进行（图 9-3），第一对引物是目标引物，用于扩增基因组 DNA 中的重复序列片段，目标引物 5 端连接 M13 通用引物，M13 正向引物序列为 TGTAAAACGACGGCCAGT，反向引物序列为 CAGGAAACAGCTATGACC。第二对引物为索引引物，由索引碱基和 M13 通用引物组成，用于将索引碱基加入 PCR 产物中。

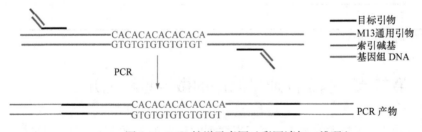

图 9-3　PCR 扩增示意图（彩图请扫二维码）

PCR 扩增采用二步法进行，第一步采用基因组 DNA 为模板，用目标引物进行扩增，目的是从基因组中扩增出含有重复序列的片段。第二步采用第一步 PCR 的扩增产物为模板，用索引引物进行扩增，目的是将索引碱基附加到含有重复序列的 PCR 扩增片段上。

PCR 结束后，将 PCR 产物等量混合（图 9-4），构建测序文库。为确保每个 PCR 产物的数据量一致，需要对 PCR 扩增的基因组 DNA 模板和 PCR 扩增产物进行均一化：在 PCR 扩增前，将基因组 DNA 模板统一稀释成 25 ng/μL；PCR 扩增后随机检测每个 96 孔板的 10 个 PCR 产物的浓度，计算平均值，根据平均值等量混合所有位点的 PCR 产物。

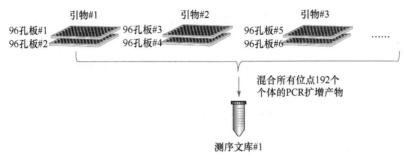

图 9-4　PCR 产物混池测序示意图

示意图中采用 20 种索引碱基，最多可以混合 192 个个体的 PCR 产物

　　PCR 产物采用 Illumina 平台进行测序，测序模式可以选择 150 bp 双端测序（pair-end）、250 bp 双端测序或 300 bp 双端测序，不同的测序模式对引物设计和选择的限制不同。在本节描述的流程中，要求重复序列位于 pair-end reads 的一条内，且 3 端侧翼序列不能少于 20 bp，如图 9-5 所示，若采用 150 bp pair-end 测序模式（150PE），则要求重复序列（图 9-5 中黑色部分）要位于离其中一端引物 20～100 bp，重复序列长度不能超过 80 bp；若采用 250 bp pair-end 测序模式（250PE），则要求重复序列要位于离其中一端引物 20～200 bp，重复序列长度不能超过 180 bp；若采用 300 bp pair-end 测序模式（300PE），则重复序列要位于离其中一端引物 20～250 bp，重复序列长度不能超过 230 bp。由此可知，采用 250 bp 和 300 bp pair-end 测序模式，引物设计时具有更多的选择，容易获得最优的引物。

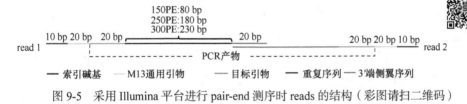

图 9-5　采用 Illumina 平台进行 pair-end 测序时 reads 的结构（彩图请扫二维码）

　　PCR 产物混池测序获得的读长采用图 9-6 所示的流程进行处理，读长分析流程包括接头处理、位点和样本识别、读长合并及微卫星基因型鉴定 4 个模块，其中位点和样本识别（DeMultiIndex）、微卫星基因型鉴定（SSRGeno）2 个核心模块是高通量微卫星标记开发流程的核心。读长中包含的接头序列（adapter）采用 CutAdapt 程序去除（Martin，2011），之后采用 DeMultiIndex 程序将读长分配到位点和样本中，然后采用 PEAR 程序（Zhang et al.，2014a）将双端测序读长（pair-end reads）合并为一条读长，最后采用 SSRGeno 程序鉴定每个样本在每个位点中的基因型，用于下游的群体遗传学分析或性状关联性分析等。

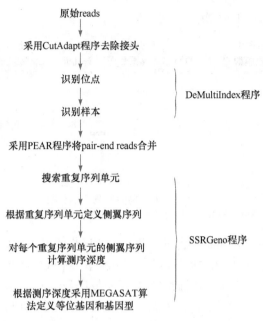

图 9-6　PCR 产物混池测序数据分析流程

二、位点和样本识别

在位点和样本识别（DeMultiIndex）程序中，通过目标引物序列（图 9-3 中黑色所示）进行位点识别，通过索引序列（图 9-3 中红色所示）进行样本识别。在高通量测序获得的 pair-end 序列中，每条序列的 5′端包括索引碱基、通用引物和目标引物信息（图 9-5），通过对每条读长引物序列进行比对，识别读长包含的引物信息，将读长分配给位点。在此步骤中采用 Needle-Wunsch 算法对读长和引物序列进行比对，若序列相似性大于阈值（默认为 0.85），且缺口（gap）小于阈值（默认为 2），则 reads 的位点识别成功，否则失败。

在位点识别之后，通过对每条读长与索引碱基进行比对，识别读长中包含的索引碱基信息，将读长分配给样本。此步骤也采用 Needle-Wunsch 算法对读长和索引碱基序列进行比对，若序列相似性大于阈值（默认为 0.95），且 gap 小于阈值（默认为 1），则读长的样本识别成功，否则失败。在位点和样本识别成功后去除 M13 通用引物和索引碱基，保留 PCR 产物片段用于下一步分析。

三、基因型鉴定

将读长分配到位点和样本之后，采用 PEAR 程序（Zhang et al., 2014a）将 pair-end 的两条读长合并成一条读长用于基因型鉴定。基因型鉴定模块包括 3 步

（图 9-6）：①通过 Sputnik 重复序列搜索算法（Rota et al.，2005）搜索重复序列并确定边界；②抽取重复序列两端的侧翼序列，根据侧翼序列及重复序列的核心单元计算测序深度；③根据测序深度定义等位基因，以核心单元的长度作为等位基因。

在基因型鉴定模块中，采用 Sputnik 软件的算法（Rota et al.，2005）搜索微卫星的重复单元及长度，此算法考虑微卫星重复单元的错配（mismatch）、插入和缺失（indel）。核心单元的深度计算分为两部分，第一部分根据重复序列的侧翼序列，将核心单元划分为不同的簇，若侧翼序列相同或相似性大于阈值（默认为0.85），gap 小于阈值（默认为 2），且重复单元一致（如均为 AC 重复），则为同一个簇；第二部分对每一个微卫星簇计算核心单元的测序深度。在获得核心单元的测序深度后，采用 MEGASAT 软件（Zhan et al.，2016）的决策规则定义等位基因及样本的基因型。

基因型鉴定模块输出两种类型的文件，一是每个样本等位基因的深度数据（图 9-7），根据等位基因深度数据、侧翼序列和重复单元，可以手工校正样本的基因型；二是样本基因型文件（图 9-8），可以直接用于群体遗传学或性状关联分析等下游的数据分析，同时可以根据基因型文件和深度数据，画出样本等位基因测序深度的直方图（图 9-9），更直观地显示样本等位基因及基因型鉴定结果，也为基因型的手工校正提供参考。

stack_id	motif	Repeats	total_counts	i501_i701	i501_i702	i501_i703	i501_i705	i502_i701	i502_i702	i502_i703
0	GTGGTCTGCCTCTGTAGG(GT)CAAAAACCTGTTTGTTCAG	23	5067	64	478	185	42	73	221	92
0	GTGGTCTGCCTCTGTAGG(GT)CAAAAACCTGTTTGTTCAG	25	4597	146	336	29	30	148	139	224
0	GTGGTCTGCCTCTGTAGG(GT)CAAAAACCTGTTTGTTCAG	29	3718	130	297	148	48	98	35	166
0	GTGGTCTGCCTCTGTAGG(GT)CAAAAACCTGTTTGTTCAG	27	3068	403	133	71	32	51	348	86
0	GTGGTCTGCCTCTGTAGG(GT)CAAAAACCTGTTTGTTCAG	31	1779	190	24	99	98	203	9	35
0	GTGGTCTGCCTCTGTAGG(GT)CAAAAACCTGTTTGTTCAG	37	1565	11	37	56	71	6	3	11
0	GTGGTCTGCCTCTGTAGG(GT)CAAAAACCTGTTTGTTCAG	21	1345	14	134	41	7	17	61	16
0	GTGGTCTGCCTCTGTAGG(GT)CAAAAACCTGTTTGTTCAG	19	1321	12	35	19	286	324	18	13
0	GTGGTCTGCCTCTGTAGG(GT)CAAAAACCTGTTTGTTCAG	35	1143	6	19	27	36	10	10	112
0	GTGGTCTGCCTCTGTAGG(GT)CAAAAACCTGTTTGTTCAG	39	1087	2	68	7	39	2	10	6
0	GTGGTCTGCCTCTGTAGG(GT)CAAAAACCTGTTTGTTCAG	41	986	9	99	14	50	4	7	9
0	GTGGTCTGCCTCTGTAGG(GT)CAAAAACCTGTTTGTTCAG	33	543	13	5	17	12	16	3	52
0	GTGGTCTGCCTCTGTAGG(GT)CAAAAACCTGTTTGTTCAG	43	125	0	6	0	0	0	0	5
0	GTGGTCTGCCTCTGTAGG(GT)CAAAAACCTGTTTGTTCAG	47	114	0	0	1	0	2	2	27
0	GTGGTCTGCCTCTGTAGG(GT)CAAAAACCTGTTTGTTCAG	17	94	1	4	1	6	18	1	0
0	GTGGTCTGCCTCTGTAGG(GT)CAAAAACCTGTTTGTTCAG	49	93	0	0	0	0	0	4	14
4	GGCCCCTAGTCTGGTCT(GT)GCGGTGGGAGGAGACACTG	12	84	5	5	2	3	1	2	3
0	GTGGTCTGCCTCTGTAGG(GT)CAAAAACCTGTTTGTTCAG	55	72	0	0	0	0	0	1	1
0	GTGGTCTGCCTCTGTAGG(GT)CAAAAACCTGTTTGTTCAG	45	58	0	0	0	0	1	1	11
0	GTGGTCTGCCTCTGTAGG(GT)CAAAAACCTGTTTGTTCAG	57	51	0	1	0	0	0	0	0
0	GTGGTCTGCCTCTGTAGG(GT)CAAAAACCTGTTTGTTCAG	53	47	0	0	0	0	0	0	0

图 9-7 微卫星位点测序深度统计结果

第一列为位点编号，编号从 0 开始，同一个编号表示同一个微卫星位点，即微卫星的侧翼序列相同或相似（相似性大于阈值，默认为 0.85，gap 小于阈值，默认为 2），且重复单元相同；第二列为位点的核心序列，包括两侧的侧翼序列和重复单元（括号里的碱基表示重复单元）；第三列为重复序列的长度，每一个重复序列长度代表一个潜在的等位基因；第四列为重复序列在所有样本中的测序深度的总和；从第五列开始为重复序列在每个样本中的测序深度

stack	samples	allel1	allele2
0	i501_i701	27	27
0	i501_i702	27	27
0	i501_i703	27	27
0	i501_i705	27	31
0	i502_i701	27	31
0	i502_i702	27	31
0	i502_i703	27	31
0	i502_i705	27	27
0	i503_i701	27	27
0	i503_i702	27	31
0	i503_i703	31	31
0	i503_i705	27	27
0	i504_i701	27	31
0	i504_i702	27	31
0	i504_i703	27	31
0	i504_i705	27	31
0	i505_i701	27	27
0	i505_i702	27	27
0	i505_i703	27	27
0	i505_i705	27	27
0	i506_i701	27	27
0	i506_i702	27	27
0	i506_i703	27	31
0	i506_i705	27	31
0	i507_i701	27	31
0	i507_i702	27	27
0	i507_i703	27	27
0	i507_i705	27	31
0	i508_i701	27	31
0	i508_i702	27	27
0	i508_i703	27	27
0	i508_i705	27	27

图 9-8　样本的基因型鉴定结果

第一列为位点编号，第二列为个体编号，第三和第四列为个体的等位基因，等位基因为重复序列的长度

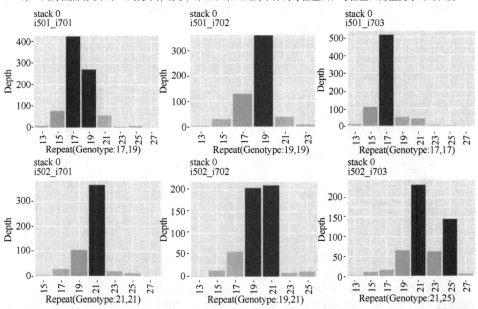

图 9-9　样本等位基因测序深度的直方图（彩图请扫二维码）

采用修改自 Zhan 等（2016）的 R 语言程序绘制；横轴为测序数据中检测到的重复序列长度，纵轴为
测序深度；图中深蓝色表示定义的等位基因，灰色表示测序深度低于阈值(图中测序深度阈值为 50)，
粉色表示测序深度低于 1.1 倍的阈值，亮蓝色表示测序深度高于 1.1 倍的阈值，但被确定为非特异性扩增产物

四、哲罗鲑转录组微卫星开发

Tong 等（2018）采用基于高通量测序的微卫星标记开发流程，在哲罗鲑转录组中鉴定了 24 对多态性微卫星标记，首先采用多组织 RNA 样本的混合测序，经 Trinity 软件（Grabherr et al., 2011；Haas et al., 2013）组装，获得了哲罗鲑转录组（见本章第四节）。采用 Sputnik 软件，获得重复次数 6 次以上的微卫星序列 17 841 个，在这些微卫星序列中，有 62 个重复单元（图 9-10），其中两碱基重复最多，占总数的 82.9%，而在两碱基重复中，AC 重复占总数的 52.7%。大部分微卫星重复次数小于 30，AC 重复单元具有最大重复次数，为 107 次（图 9-11）。采用 Primer3 软件，成功设计了 6745 对引物。通过与大西洋鲑基因组比对，其中 2361 对引物不跨内含子。从 2361 对引物中选择了 42 对引物进行合成（表 9-3）。用 32 个虎头哲罗鲑野生群体样本进行多态性鉴定，对 PCR 扩增产物采用 250 bp pair-end 混池测序，获得 4.2 兆 pair-end reads，去除接头后 3.4 兆 pair-end reads 成功鉴定出位点，1.7 兆 reads 成功分配到 32 个样本中，每个位点的测序深度在 258×～2974×（图 9-12a），每个样本的测序深度平均在 895×～1764×（图 9-12b）。在 42 对引物中，鉴定出 43 个微卫星核心单元，其中 5 对引物包括两个核心单元。在 43 个微卫星核心单元中，24 个微卫星标记具有多态性，等位基因在 2～8，平均为 3.42（表 9-4）。

表 9-3 哲罗鲑 42 对引物序列及注释

位点	正向引物	反向引物	序列号	功能注释
HtaC1002	AGTAGGAACTCTGGTCCGCT	TTTTCTTGGTGCAGCACTGG	HAGJ01002821	XP_014011413.1
HtaC1003	GGAGAAAGTGGTCTGCCTCT	GATGGACTGGTGTGACTGGG	HAGJ01007387	
HtaC1004	CCCTCCTACTCCTGTCCTCC	TCATAGCAACCATCCGGCAG	HAGJ01010795	XP_014072295.1
HtaC1005	ACTCTCTCCTCTCAGCCTCG	TGCTGTGACGTTTTAGTCCCA	HAGJ01013175	
HtaC1006	CCCCACGTAAGAACCAGCAT	CCAACAGCAACAAGTCCCAG	HAGJ01013175	
HtaC1008	CTGTGTGAGGCCAAGTGTCT	TCACAAGTAGAGGGGAGGGG	HAGJ01014302	
HtaC1009	AGATGTGAAGCGACAGGACG	CTGGTCATGCTGCTGGTGTA	HAGJ01014657	XP_013998577.1
HtaC1010	TGTGTGGGAGAATCATTGCG	GCCATGTTACTTGGTGTGCA	HAGJ01014803	
HtaC1011	GATCATGGCCGACTCCTAGC	ACAGTGTGCTGGATCTGAGC	HAGJ01015267	XP_014004756.1
HtaC1012	ACACTGATGCTGGACTGACC	CCATCTCAGCCACTCAGAGG	HAGJ01015382	
HtaC1013	AGGCGCTATGTCATGTCACC	CGCCATTTCAGAACTGTGTCG	HAGJ01016741	
HtaC1015	ATCTTGCCAGTTCCATGGCT	TCAAACTGGCCTCACATGGG	HAGJ01017397	
HtaC1016	ATTCTTTCCTCTCCGCTCGA	AGCGAGCCTCCAACAGAATC	HAGJ01019462	
HtaC1017	GACTACGTCGCTCTCCACTG	TGTGTGCAGTCCAACCTCTC	HAGJ01022766	
HtaC1019	AGGTACAGATGCC-TACAGGGA	TGTTGCTGCTGTTGACGTTG	HAGJ01025773	

位点	正向引物	反向引物	序列号	功能注释
HtaC1020	ACCCAGCATCGCATCAGAAT	CACACATCTGCTCCCTCTGG	HAGJ01026669	
HtaC1024	CGTCCAGTGGAGTCAGCTTT	TCGAGGACCCGCATTGAAAA	HAGJ01033063	
HtaC1025	CACCCACACCCATGACATCA	AGAGTTAGTGGGCGTTAGCG	HAGJ01035193	XP_014000220.1
HtaC1026	GACCGGAAGTCGACAG-GAAA	CTCTCTGGTCTAAGGCTCGC	HAGJ01048208	
HtaC1027	CCAGACCCTGGCTATGTGAA	CGCGGCTAAAGAATGACAGG	HAGJ01050464	
HtaC1028	GCTAGTGGCATATGCGTGGA	AGCGGTTGCCCATTCATACA	HAGJ01063656	
HtaC1029	ACTGCCATAAATACTGCGCA	AGGCAATCTGAGCTGTGACA	HAGJ01081186	
HtaC1030	AGGACGTGGAGAACAACGTT	TGCCAATCAGCAACTCCACA	HAGJ01083920	
HtaC1031	AGAGTCAGCACGGGAAATGG	GGCTATCTTGGCGGAGTTGT	HAGJ01090196	XP_014051884.1
HtaC1032	TGCTGATTCTGGGTCCTGTG	TGGTTTGGCCTGAAACGTTT	HAGJ01097814	
HtaC1033	AGACTGAACCACTGGAGACG	GCAGCAGACACGTCACTACT	HAGJ01101002	
HtaC1034	TGTAGCTGGAACACTCAGGC	AGAATCTTCTCCCCTG-GATACA	HAGJ01102768	
HtaC1035	TGCATCACATCACTCTGCAGT	GCAAAGAATCTGCCAGCTGC	HAGJ01107218	
HtaC1036	AAGACATGGCATCGTGGGAG	ATGCGCTTGCCTGCTTGA	HAGJ01107806	XP_013983930.1
HtaC1038	ATCCAGAGCACACAATCGCA	TGCTACATACGAGGGGAGGG	HAGJ01111321	
HtaC1041	ACTTGGGCATTGGTAAAA-GCT	AGGCATCATGAGAGTGCGTG	HAGJ01128737	
HtaC1042	TGCTTAGCATCAATCAA-GCATGA	TCTGGCTTTCTGTTATTTCCAT GT	HAGJ01129589	
HtaC1043	GCTTGCGAGAACTCTGTCCT	CTGCCAATGAAGAGCGTGTG	HAGJ01129704	
HtaC1044	ACGTAGCTAGACGACCACCA	GGCATGCGTTTCGGTGTATT	HAGJ01129741	XP_013986860.1
HtaC1045	CCAACAGCCTCCGATAGACC	CTGTCTTTTCCCTCCCGGTC	HAGJ01130713	
HtaC1046	TTGAAGATTGCCGTTGCTGC	TGAGTAGCAAGTTGGCCCTG	HAGJ01133634	
HtaC1047	GTTCTCACTCTCTGCCGCAT	GTGTAGCCTGCTAAGACGCA	HAGJ01138392	
HtaC1048	CTTCTCTTCTCTCGCGCACA	GCCCTTAGACCAGGCTTTGA	HAGJ01140428	NP_001133406.1
HtaC1049	TCCCTTCCAGCTATTTGCCG	CATGGGCCTGTCTTTGCAAC	HAGJ01143928	
HtaC1050	AGTAACCTGGAACCTTGCCG	TGGAATCCGGAATCCTGTGC	HAGJ01144708	
HtaC1051	GTGACAAAGGCCTCGAGTGA	GCCTATCACCATGGCAACCT	HAGJ01144732	XP_014037089.1
HtaC1053	TCCGGTTGTTCCCATTGACC	TCGGTTAAATTGTGCAAA-GCTGA	HAGJ01164514	XP_013997324.1

表 9-4 42 对引物多态性鉴定结果

位点	重复单元	等位基因	观测等位基因	期望等位基因	观测杂合度	期望杂合度	多态信息含量
HtaC1002	GT	20			单态		
	GT	33			单态		
HtaC1003	GT	19, 23, 25, 27, 29, 31, 35, 37	8	5.83	0.88	0.83	0.81
HtaC1004	CT	31			单态		
HtaC1005	AAAAC	14			单态		
	CT	14, 16, 19, 31	4	2.88	1	0.65	0.59
HtaC1006		测序失败，未获得足够序列					
HtaC1008	GT	44, 48	2	1.79	0.41	0.44	0.34
HtaC1009	CT	21			单态		
HtaC1010	CT	27, 31	2	1.56	0.47	0.36	0.29
HtaC1011	AC	18, 20	2	1.06	0.06	0.06	0.06
HtaC1012	AC	18			单态		
HtaC1013	ATT	13			单态		
HtaC1015	AG	17, 19, 21	3	2.6	0.69	0.62	0.54
HtaC1016	AAC	12, 15, 18, 21, 24, 27	6	3.07	0.5	0.67	0.61
HtaC1017	GT	19			单态		
HtaC1019	GT	13, 19, 21	3	1.62	0.25	0.38	0.32
HtaC1020	GT	13			单态		
	GT	21			单态		
HtaC1024	AG	13			单态		
HtaC1025	GAT	16, 19	2	2	0.59	0.5	0.37
HtaC1026	GT	18, 20	2	1.98	0.34	0.5	0.37
HtaC1027	AC	13			单态		
HtaC1028	AT	13, 14, 15	3	2.09	0.41	0.52	0.41
HtaC1029	AC	13, 17	2	1.6	0.44	0.38	0.3
HtaC1030		测序失败，未获得足够序列					
HtaC1031	AAC	16, 19	2	1.6	0.38	0.38	0.3
HtaC1032	GT	18, 20	2	1.52	0.25	0.34	0.28
HtaC1033		测序失败，未获得足够序列					
HtaC1034	ATT	15, 18, 21	3	2.02	0.52	0.51	0.44
HtaC1035	GATCT	16			单态		
	CT	12, 14	2	1.48	0.41	0.32	0.27

续表

位点	重复单元	等位基因	观测等位基因	期望等位基因	观测杂合度	期望杂合度	多态信息含量
HtaC1036		测序失败，未获得足够序列					
HtaC1038	AC	32			单态		
HtaC1041	AC	34			单态		
HtaC1042	AC	23, 25, 27, 29, 31	5	3.23	0.93	0.69	0.65
HtaC1043	AC	14			单态		
HtaC1044	GTT	16			单态		
HtaC1045	GT	16, 18, 20, 22, 28, 30, 32	7	3.17	0.55	0.68	0.64
HtaC1046	AC	18, 20, 22, 24, 26, 28	6	3.84	0.84	0.74	0.7
HtaC1047	GT	20, 22	2	1.1	0.09	0.09	0.09
HtaC1048	AC	26, 30, 32	3	1.37	0.25	0.27	0.25
HtaC1049	AAAT	32			单态		
	AT	15, 17, 19	3	2.73	0.53	0.63	0.56
HtaC1050	GT	19			单态		
HtaC1051	AC	15, 17, 19, 21, 23, 25	6	3.62	0.72	0.72	0.69
HtaC1053	AT	18			单态		
平均值			3.42	2.28	0.48	0.47	0.41

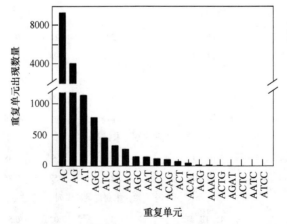

图 9-10 哲罗鲑转录组微卫星前 20 个重复单元分布图

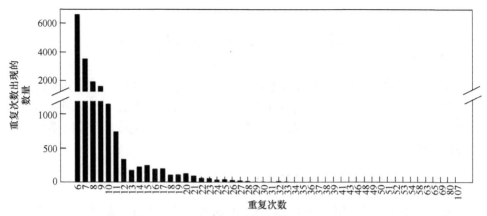

图 9-11　哲罗鲑转录组微卫星重复次数分布图

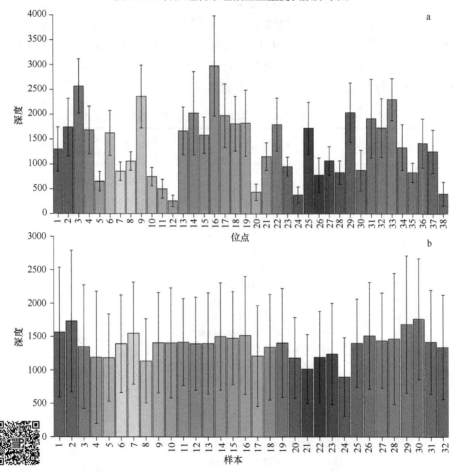

图 9-12　哲罗鲑微卫星标记 PCR 扩增产物测序深度分布直方图（彩图请扫二维码）

a 为 38 个位点测序深度，b 为 32 个个体测序深度

第三节　线粒体基因组

　　线粒体是细胞内主要的供能细胞器，被称为细胞的"动力工厂"，其基因组中的碱基突变或缺失可造成重大线粒体疾病（如人类的线粒体肌病），基因组的多态性也和物种的经济性状相关，因此线粒体基因组多态性标记可以用于家系鉴定和经济性状的相关性分析中。

一、黑龙江上游哲罗鲑线粒体基因组

　　笔者所在项目组采用 PCR 扩增、Sanger 法测定了黑龙江上游哲罗鲑的线粒体基因组。2008 年 10 月于黑龙江流域漠河县采集野生哲罗鲑肌肉样品，−20℃冷冻保存。采用线粒体提取试剂盒提取样品中的线粒体基因组 DNA，用于进行 PCR 扩增。根据虹鳟线粒体基因组 L29771.1 序列设计了 33 对 PCR 扩增引物（表 9-5），扩增产物在 500～1300 bp，相邻两对引物扩增的序列重叠 100～300 bp。PCR 扩增产物直接进行 Sanger 法测序，测序引物见表 9-5。

表 9-5　哲罗鲑线粒体基因组 PCR 扩增引物及最适退火温度

引物对	引物名称	引物序列	测序引物	最适退火温度（℃）	PCR 循环数
1	1F	AGAGCGCCGGTCTGTAATC	1F	56	38
	1R	GCTAGCGGGACTTTCTAGGGTC			
2	2F	TGAATTCCAGAGAACCCATGT	2F	54	38
	2R	TAAAACAAGGGGTGGTGAGG			
3	3F	CAAAGGCTTGGTCCTGACTT	3F	53	35
	3R	TAAAACAAGGGGTGGTGAGG			
4	4F	TGATATCCGCCAGGGAACTA	4F	53	35
	4R	CCCTTGCGGTACTTTTTCTG			
5	5F	GGGTCACCCTGAGCTGACTA	5F	53	35
	5R	GTGCAGGTGGCTGCTCTTAG			
6	6F	AAACCAGGAGAGTTAGTCAAAGGA	6F	53	35
	6R	CCCTCGTGATGCCATTCAT			
7	7F	AACACAAGCCTCGCCTGTT	7F	53	35
	7R	CGTTGAACAAACGAACCCTTA			
8	8F	CTCTCCCAGAGTCCCTATCG	8F	54	38
	8R	GCGAGAAATAGAAAGGGTGAA			
9	9F	TGCTTTCCTCACCCTACTTGA	9F	50	35
	9R	GTGGGATGCGCCTAAAAATA			
10	10F	CCCTTTGACCTCACAGAAGG	10F	53	35
	10R	CTGGCAAAGGTGAGGACTGT			

续表

引物对	引物名称	引物序列	测序引物	最适退火温度（℃）	PCR 循环数
11	11F	TTGGTGCTTCCACTACACCA	11F	53	35
	11R	GTGTGAGAGAGGGTGCGAAT			
12	12F	TTGGTGCTTCCACTACACCA	12R	50	38
	12R	TGTGGGATAAAGTCCTGCAA			
13	13F	CACCAGCTGTGACTGCGATA	13F	53	35
	13R	TCAGGGGCTCCGATTATTAG			
14	14F	CCCATGCCTTCGTTATGATT	14F	53	35
	14R	TGGGCTCAAACGATAAATCC			
15	15F	TGGCAGCAGGCATTACTATG	15F	50	38
	15R	CCTGCGAGGCCTAGGAAAT			
16	16F	TTACGTAGTTGCTCATTTCCACT	16F	50	35
	16R	GGATAACTGCTGGGAGGACA			
17	17F	AATGGCACATCCCTCACAAC	17F	53	35
	17R	CAGATCTCAGAACATTGTCCGTA			
18	18F	GACGTCCTTCACTCCTGAGC	18F	53	35
	18R	TGCTGGGTAAATCGGTTGAT			
19	19F	CCTCCCATGAATTCTTTTCC	19F	53	35
	19R	CATTAAACGTTTTCTTGTAAATAGAGG			
20	20F	CCTCCCATGAATTCTTTTCC	20R	54	38
	20R	GATTGTAAATGGGGCTTCGT			
21	21F	CCCTTTGAGGTACCCCTTCT	21F	50	35
	21R	TCTAAGCCTCCTTGGGTTCA			
22	22F	GCCCTTCTCCTTACGCTTCT	22F	53	35
	22R	TGGAAAAAGCATGAGTGTGG			
23	23F	GCCCTTCTCCTTACGCTTCT	23R	50	38
	23R	GAAGGTGTAGGGGTTGCGTA			
24	24F	ACATCTCCCTCCTGGTCTCC	24F	50	38
	24R	TCCTATTAGGTTGGGGAGAGG			
25	25F	GCAATTATTCTCATAATCGCACA	25F	53	35
	25R	TCCTTTAGAAGCACGAGTGAA			
26	26F	CTCTTATCCACCGAGAGAAATC	26F	53	38
	26R	CAGCCGATAAATAGTTGGAACA			
27	27F	AACCTTAGCTTTAAATTTGACCAC	27F	50	35
	27R	TGGATGTAGAGAATGCGACAA			

续表

引物对	引物名称	引物序列	测序引物	最适退火温度（℃）	PCR 循环数
28	28F	GCGATAGAGGGTCCTACGC	28F	50	38
	28R	AACCTCATGGGTAGCAGTGG			
29	29F	GCCATTTATAGCCTCCGAGT	29F	50	38
	29R	GATACAAGTGGGGTGGCATT			
30	30F	CCTCACCCTATTTTTCCTTTCA	30F	53	35
	30R	GGTTGGCCATTAGGTTCTTG			
31	31F	CACAAGATAAGTCATAATTCCTGCTC	31F	53	35
	31R	GGAGAAGCCCCCTCAAAT			
32	32F	ATTCTGAGGGGCCACTGTAA	32F	53	35
	32R	CCGATTCAGGTGAGGATGAG			
33	33F	CATGGTTGTCCCCATCCTAC	33F	53	35
	33R	AACCTTGGATTTGTGCTGATG			

PCR 扩增产物测序获得的序列用 Staden 软件进行测序峰的读取及质量控制，并用 Gap4 进行线粒体基因组序列拼接。采用 tRNAscan-SE 软件鉴定哲罗鲑线粒体全基因组序列中的 21 个 tRNA 基因，第 22 个 tRNA 基因 *tRNA-Ser*（AGY）采用 BLAST 软件与其他鲑科鱼类线粒体全基因组序列比对进行鉴定；采用 ORF-Finder、GetORF 和 Sequin 软件鉴定哲罗鲑线粒体全基因组序列中的 13 个蛋白编码基因；采用 BLAST 软件与其他鲑科鱼类线粒体全基因组序列比对鉴定 12S rRNA、16S rRNA 基因、线粒体基因组复制转录控制区（control region，CR）和线粒体基因组轻链复制起始区（origin of replication，OL）。

对 33 对 PCR 引物进行扩增并测序，用 Gap4 进行序列拼接，获得了哲罗鲑线粒体全基因组序列。哲罗鲑线粒体全基因组序列长 16 797 bp，其含有 22 个 tRNA 基因，1 个 12S rRNA 基因，1 个 16S rRNA 基因，13 个蛋白编码基因（表 9-6，图 9-13）。

表 9-6　哲罗鲑线粒体全基因组序列功能注释

基因/部件	序列位置	序列大小（bp）	编码链	起始密码子	终止密码子
tRNA-Phe 基因	1～68	68			
12S rRNA 基因	69～1 015	947			
tRNA-Val 基因	1 016～1 087	72			
16S rRNA 基因	1 088～2 768	1 681			
tRNA-Leu（TTA）基因	2 769～2 843	75			
ND1 基因	2 844～3 815	972		ATG	TAA
tRNA-Ile 基因	3 824～3 895	72			
tRNA-Gln 基因	3 893～3 963	71	L		

续表

基因/部件	序列位置	序列大小（bp）	编码链	起始密码子	终止密码子
tRNA-Met 基因	3 963～4 031	69			
ND2 基因	4 032～5 081	1 050		ATG	TAA
tRNA-Trp 基因	5 080～5 150	71			
tRNA-Ala 基因	5 153～5 222	70	L		
tRNA-Asn 基因	5 224～5 296	73	L		
轻链复制起始区 OL	5 297～5 331	35			
tRNA-Cys 基因	5 332～5 398	67	L		
tRNA-Tyr 基因	5 399～5 469	71	L		
COX1 基因	5 471～7 021	1 551		GTG	TAA
tRNA-Ser（TCA）基因	7 022～7 092	71	L		
tRNA-Asp 基因	7 097～7 170	74			
COX2 基因	7 185～7 883	699		ATG	AGA
tRNA-Lys 基因	7 876～7 949	74			
ATP8 基因	7 951～8 118	168		ATG	TAA
ATP6 基因	8 109～8 792	684		ATG	TAA
COX3 基因	8 792～9 577	786		ATG	TAA
tRNA-Gly 基因	9 577～9 646	70			
ND3 基因	9 647～9 997	351		ATG	TAG
tRNA-Arg 基因	9 996～10 065	70			
ND4L 基因	10 066～10 362	297		ATG	TAA
ND4 基因	10 356～11 741	1 386		ATG	AGA
tRNA-His 基因	11 737～11 805	69			
tRNA-Ser（AGY）基因	11 806～11 874	69			
tRNA-Leu（CTA）基因	11 876～11 948	73			
ND5 基因	11 949～13 787	1 839		ATG	TAA
ND6 基因	13 784～14 305	522	L	ATG	TAG
tRNA-Glu 基因	14 306～14 374	69	L		
Cytb 基因	14 378～15 574	1 197		ATG	TAA
tRNA-Thr 基因	15 519～15 590	72			
tRNA-Pro 基因	15 590～15 659	70	L		
控制区 CR	15 560～16 797	1 238			

序列分析发现，哲罗鲑线粒体的控制区中存在一个重复序列结构，重复单元为：TTAAAGTATACATTAATAAACTTTTAACACACTTTATGACATTTGGCACCGACAACACTGTCATCGGACCCCCTTTCATAA，共重复 4 次。其他鲑科鱼类进行比

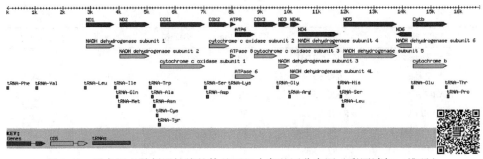

图 9-13　黑龙江上游哲罗鲑线粒体基因组中各基因分布图（彩图请扫二维码）

蓝色为蛋白质编码基因，青色为蛋白质编码序列，红色为转运 RNA

对分析，在哲罗鲑的控制区中共发现 4 个保守序列块（conservation sequence block，CSB）结构，分别为：①CSB-1，ACATA（序列位置为 70～74）、ACACA（序列位置为 132～136，627～631）；②CSB-2，CAAACCCCCCTACCCCCC （序列位置为 703～720）；③CSB-3，TGTCAAACCCCTAAACCA（序列位置为 745～762）；④CSB-D，TTCCTGGCATTTGGTTCC（序列位置为 396～413）。哲罗鲑控制区具有 3 个终止相关序列（termination-associated sequence，TAS）结构，分别为 5′-ACATTATATGTAT-3′、5′-ACATTAAGCAAAAC-3′、5′-ACATTAATAAAC-3′。Wang 等（2011c）测定了哲罗鲑的线粒体基因组，但 Balakirev 等（2013）在采用线粒体基因组对西伯利亚哲罗鲑进行群体遗传结构分析中发现，Wang 等（2011c）测定的哲罗鲑线粒体基因组在 ND3 和 ND6 这 2 个基因片段中，存在细鳞鲑（Brachymystax lenok）的基因渗入，Balakirev 等（2016，2017）进一步对西伯利亚哲罗鲑线粒体基因组进行了测定，分析发现，哲罗鲑并没有细鳞鲑的线粒体基因渗入。笔者对哲罗鲑与细鳞鲑线粒体基因组的分析也证明了这一点，在 ND3 和 ND6 这 2 个基因片段的序列比对中，Wang 等（2011c）测定的基因组与 Balakirev 等（2016，2017）和笔者项目组测定的存在显著性差异（图 9-14，图 9-15），推

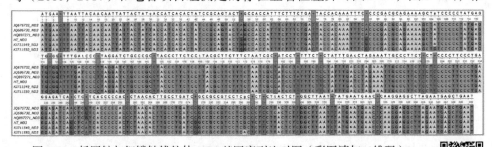

图 9-14　哲罗鲑与细鳞鲑线粒体 ND3 基因序列比对图（彩图请扫二维码）

图中 JQ686730、JQ675732 分别为 2 种细鳞鲑（Brachymystax lenok、Brachymystax lenok tsinlingensis）线粒体基因组，KJ711549 和 KJ711550 为 Balakirev 等（2016，2017）测定的西伯利亚哲罗鲑线粒体基因组，HT 为笔者所在项目组测定的黑龙江上游哲罗鲑线粒体基因组；阴影标示的碱基表示哲罗鲑与细鳞鲑有差异的部分

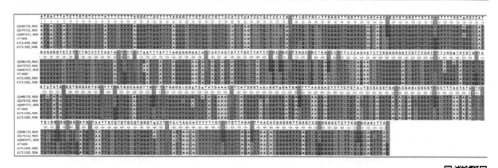

图 9-15　哲罗鲑与细鳞鲑线粒体 *ND6* 基因序列比对图（彩图请扫二维码）

图中 JQ686730、JQ675732 分别为 2 种细鳞鲑（*Brachymystax lenok*、*Brachymystax lenok tsinlingensis*）线粒体基因组，KJ711549 和 KJ711550 为 Balakirev 等（2016，2017）测定的西伯利亚哲罗鲑线粒体基因组，HT 为笔者所在项目组测定的黑龙江上游哲罗鲑线粒体基因组；阴影标示的碱基表示哲罗鲑与细鳞鲑有差异的部分

测 Wang 等（2011c）所用的样本可能受到细鳞鲑样本的污染，或可能为哲罗鲑与细鳞鲑人工杂交的样本（Balakirev et al.，2013）。

二、线粒体控制区重复序列多态性

鲑科鱼类中，细鳞鲑属和哲罗鲑属鱼类线粒体基因组的控制区均存在重复序列结构，细鳞鲑（*B. lenok* 和 *B. tumensis*）的线粒体控制区存在 81～82 bp 重复结构（Balakirev et al.，2014，2016；Yu and Kwak，2015），而哲罗鲑（Wang et al.，2011c；Balakirev et al.，2016）、多瑙河哲罗鲑（Zhang et al.，2014b）和川陕哲罗鲑（Wang et al.，2011b）的线粒体控制区存在 82 bp 重复结构，虽然都存在重复单元，但是细鳞鲑的重复单元与哲罗鲑略有差异（图 9-16）。远东哲罗鲑线粒体中不存在重复单元（Shedko et al.，2013），从这一点也可以得知远东哲罗鲑与哲罗鲑属种类存在差异，应该不属于哲罗鲑属。

图 9-16　哲罗鲑与细鳞鲑线粒体控制区重复单元（彩图请扫二维码）

多瑙河哲罗鲑和哲罗鲑的重复单元在群体中均存在多态性。在多瑙河哲罗鲑 6 个水系的 11 个群体中重复次数在 5～10，其中 8 次重复出现在所有 6 个水系的群体中，而奥地利和斯洛文尼亚的群体重复次数为 5～6 次，8～9 次重复仅出现在除奥地利和斯洛文尼亚之外的样本中（Weiss et al.，2011）（表 9-7）。

表 9-7 多瑙河哲罗鲑线粒体控制区重复序列在不同群体中的多态性

群体/区域	经纬度	控制区 82 bp 重复单元重复次数						
		5	6	7	8	9	10	总数
奥地利（Austria）								
德拉河（Drau River）	46°43′N, 13°05′E	—	2	1	3	—	—	6
盖尔河（Gail River）	46°36′N, 13°31′E	—	2	2	1	—	—	5
穆尔河（Mur River）	47°23′N, 15°18′E	1	—	1	1	—	1	4
斯洛文尼亚（Slovenia）								
克尔卡河（Krka River）	45°46′N, 15°00′E	—	—	—	5	—	—	5
萨拉河（Sava River）	46°05′N, 14°32′E	2	—	—	—	—	—	2
莎拉河（Sora River）	46°09′N, 14°21′E	—	—	2	—	—	—	2
波斯尼亚和黑塞哥维那（Bosnia-Herzogevenia）								
德里纳河（Drina River）	44°00′N, 19°15′E	—	—	—	6	1	—	7
弗尔巴斯河（Vrbas River）	44°20′N, 17°17′E	—	—	—	—	2	—	2
黑山（Montenegro）								
普拉夫湖（Lake Plav）	42°35′N, 19°55′E	—	—	—	—	2	—	2
斯洛伐克（Slovakia）								
瓦赫河（Vah River）	49°21′N, 18°50′E	—	—	—	3	1	—	4
乌克兰（Ukraine）								
蒂萨河（Tisa River）	48°05′N, 22°57′E	—	—	—	3	—	—	3
总数		3	4	6	24	4	1	42

注：摘自 Weiss 等（2011）

哲罗鲑线粒体控制区重复单元在中国境内的群体中也存在多态性。对 49 个哲罗鲑样本进行线粒体重复序列的测序分析发现，中国境内哲罗鲑群体的重复次数在 6 次以内，4 次重复的最多，除内蒙古自治区的哈拉哈河群体（ML）和伊敏河群体（HH）外，黑龙江省境内的哲罗鲑群体基本在 6 次以内（表 9-8）。

表 9-8 哲罗鲑线粒体控制区重复序列在不同群体中的多态性

群体/区域	重复次数				
	3	4	5	6	总数
哈拉哈河阿尔山光顶山段（ML）			2	2	4
呼伦贝尔伊敏河红花尔基段（HH）				2	2
黑龙江上游北洪江段（BH）		4	1	1	6
黑龙江上游北极江段（BJ）		3	1		4
黑龙江上游逊克江段（XK）	2	3			5
黑龙江上游根河江段（GH）	1	2	1		4

续表

群体/区域	重复次数				
	3	4	5	6	总数
黑龙江上游洛古江段（LG）		1	2		3
呼玛河塔河段（HM）		3	2		5
乌苏里江海青江段（HQ）		3			3
乌苏里江抓吉江段（ZJ）		2	1		3
乌苏里江虎头江段（HT）	3	5	2		10
总数	6	26	12	5	49

第四节 转录组分析

转录组是基因转录的产物，是所有 RNA 的合集。随着高通量测序技术的发展，对转录组进行鸟枪法测序，通过序列组装和分析，从而获得物种的基因信息，这一方法已广泛应用于基因表达分析、性状连锁分析、遗传图谱构建，以及非模式生物的标记开发等领域。哲罗鲑是全球性的珍稀濒危物种，但其遗传资源很少，到 2017 年 5 月为止，GenBank 上公布的核酸序列仅 450 条，而且大部分为线粒体序列和微卫星序列。为开发哲罗鲑的基因资源，促进哲罗鲑的保护遗传学研究，Tong 等（2018）进行了哲罗鲑的转录组测序，以此构建哲罗鲑的参考转录本，并开发了单核苷酸多态性（SNP）和微卫星标记。

一、哲罗鲑转录组装配

采用 Trizol 法提取了 10 尾哲罗鲑（其中 4$^+$龄 2 尾、2$^+$龄 6 尾、1$^+$龄 2 尾）的 12 个器官（包括鳃、皮肤、肌肉、脑、眼、肾、脾、胃、肠、肝、心脏、精巢或卵巢）的总 RNA，构建了两个 mRNA 测序（RNA-seq）文库，其中等量混合一尾 4$^+$龄哲罗鲑 12 个器官的总 RNA，构建一个测序文库进行深度测序以更全面地获得转录本，同时为获得更多的 SNP 标记，等量混合另外 9 尾鱼 12 个器官的总 RNA，构建了第二个测序文库。采用 Illumina TruSeq 试剂盒进行文库构建，用 DSN 对文库进行均一化处理，以便检测到更多的低拷贝基因。用 Illumina HiSeq2000 平台进行 100 bp pair-end 测序，共获得 236.8 兆 reads，用 Trimmomatic（Bolger et al.，2014）去除低质量 reads 和碱基后，共得到 153 兆 reads，14.15 Gb 数据。采用 Trinity 软件（Grabherr et al.，2011；Haas et al.，2013）对这些数据进行了组装，获得 242 069 条重叠群（contig），共约 156.6 M bp，平均长度 647 bp，N50 为 983 bp，其中 113 359 条重叠群长度大于 400 bp。采用 TGICL（Pertea et al.，

2003）去除冗余序列后，共获得 190 478 个 unigene，含有 129.2 Mbp，平均长 679 bp，N50 为 1060 bp（表 9-9，图 9-17）。

表 9-9   哲罗鲑转录组组装结果

读长（reads）		
	文库 1	文库 2
原始读长	157 823 830	79 012 698
干净高读长	103 521 538	54 834 108
总的干净的碱基	14.15 Gb	
转录组装配结果		
重叠群数量	242 069	
重叠群碱基（bp）	156 662 763	
重叠群平均长度（bp）	647	
重叠群 N50（bp）	983	
N50 以上的重叠群数量	43 069	
unigene 数量	190 478	
unigene 碱基（bp）	129 286 052	
unigene 平均长度（bp）	679	
unigene N50（bp）	1 060	
N50 以上的 unigene 数量	33 431	

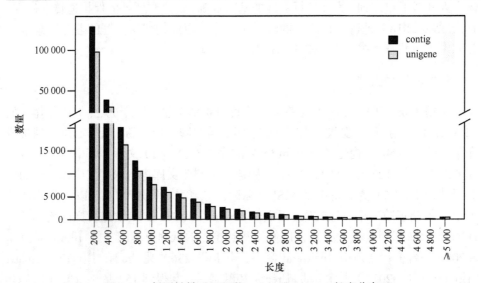

图 9-17   哲罗鲑转录组组装 contig 和 unigene 长度分布

在组装的转录组中，包含 14 666 条全长的转录本，26 559 条转录本覆盖了 80% 以上的蛋白质长度，30 284 条转录本覆盖了 50% 以上的蛋白质长度（表 9-10）。

对 BUSCO 程序（Simão et al.，2015）与 Actinopterygii 种系数据库的同源分析发现，组装的转录组中覆盖了 Actinopterygii 种系数据库中 55.8% 的同源基因，其中 1371 个同源基因为单拷贝，1189 个同源基因为多拷贝，另外 867 个同源基因仅被部分覆盖（即这 867 个同源基因在哲罗鲑的转录本中不完整，仅包含部分序列）。将哲罗鲑转录组与大西洋鲑基因组进行了比对，发现 155 125 条转录本能比对到大西洋鲑的基因组中，覆盖了 75.1% 的大西洋鲑转录本（73 436 条大西洋鲑转录本）。与虹鳟基因组的比对结果显示，131 887 条哲罗鲑转录本可以比对到虹鳟基因组中，覆盖了 57.3% 的虹鳟转录本（26 709 条虹鳟转录本）。

表 9-10 哲罗鲑转录组注释结果

数据库/物种	核酸水平	蛋白质水平	
	Blastn 程序	Blastp 程序	Blastx 程序
NR		106 289	92 785
Swiss-Prot		71 407（4 291）	71 183（3 614）
NT	78 195		
RefSeq	145 293	86 748（10 743）	88 846（8 862）
Salmo salar	149 425	85 618（10 679）	87 878（8 907）
Oncorhynchus mykiss	106 805	82 004（69）	84 794（6 651）
Danio rerio	15 050	68 592（6 118）	78 482（5 142）
Gasterosteus aculeatus	21 012	65 566（5 459）	74 333（4 694）
Oryzias latipes	15 493	63 598（4 924）	73 633（4 244）
Takifugu rubripes	16 968	64 579（4 834）	73 148（4 223）
Tetraodon nigroviridis	16 457	62 830（4 814）	71 355（4 161）
总计		157 172（14 666）	

注：采用 BLAST 工具对哲罗鲑转录组与核酸和蛋白质数据库进行同源搜索，核酸水平的相似性阈值为 E-value 10^{-10}，蛋白质水平的相似性阈值为 E-value 10^{-5}；括号内表示全长的哲罗鲑转录本数量

采用 TransDecoder（Haas et al.，2013）和 GeneMarkS-T（Tang and Lomsadze，2015）软件进行转录本的可读框（ORF）预测，109 482 条转录本成功预测出可读框。采用 BLAST 工具对哲罗鲑转录组进行同源注释，共 157 172 条（82.5%）转录本能搜索到显著性的同源序列（表 9-10），其中 96.3% 能被大西洋鲑参考转录组注释。与 Pfam 蛋白数据库进行同源搜索共发现 52 762 条转录本搜索到同源序列，另外采用 InterProScan 软件注释了 79 800 条转录本。

对转录组进行基因本体（gene ontology，GO）注释，72 728 条转录本获得注释，对应 15 107 个 GO 术语（term），包括 10 185 个生物学过程 GO 注释条目（GO term）、1429 个细胞组分 GO 注释条目和 3493 个分子功能 GO 注释条目（图 9-18）。

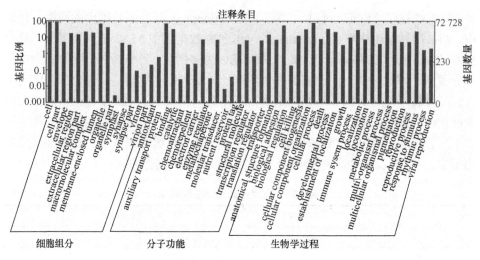

图 9-18　哲罗鲑转录组的 gene ontology 分析

采用 GhostKOALA（Kanehisa et al., 2016）进行 KEGG 通路分析，共对 51 698 条转录本进行了 KEGG 同源组（KEGG ortholog group）注释，其中 28 886 条转录本被注释到 385 个 KEGG 通路中，包括代谢通路（139 个通路中包含 62 224 条转录本）、遗传信息处理（22 个通路中包括 4966 条转录本）、环境信息处理（38 个通路中包含 10 743 条转录本）、细胞过程（25 个通路中包含 8716 条转录本）、有机系统（81 个通路中包含 11 577 条转录本），以及其他类型的 80 个通路（包含 11 543 条转录本）。

同时采用 eggNOG-mapper 程序（Huerta-Cepas et al., 2016, 2017）对哲罗鲑转录组进行了直系同源蛋白质簇（cluster of orthologous groups of protein, COG）功能分类注释，共对 72 605 个高质量的蛋白质进行了注释，这些蛋白质可以分为 32 个分子家族的 125 个 COG 功能分类（图 9-19），包括信号传导机制、转录、翻译后修饰、细胞骨架和分泌蛋白等。

二、转录组分析比较

（一）同源基因分析

为分析哲罗鲑的基因组特性，对哲罗鲑转录组与其他硬骨鱼类进行了比较分析。Lien 等（2016）首先将哲罗鲑与大西洋鲑参考转录组进行了同源基因分析，共获得 53 707 对同源基因对，利用 PAML 软件包（Yang, 2007）中的 codeML 程序进行碱基的同义替换（synonymous substitution）分析，结果表明，97.6% 的同源基因对的碱基同义替换率 Ks 小于 0.6，中位值为 0.09，Ks 分布峰值为 0.070

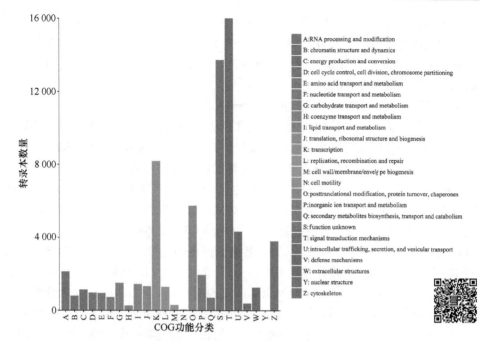

图 9-19　哲罗鲑转录组的 COG 功能分类（彩图请扫二维码）

（图 9-20a）。与虹鳟参考转录组（Berthelot et al.，2014）的同源基因进行分析，结果表明，哲罗鲑与虹鳟具有 53 738 个同源基因对，碱基的同义替换分析表明 91.3% 的同源基因对 Ks 值小于 0.6，中位值为 0.119，Ks 分布峰值位于 0.074（图 9-20a）。

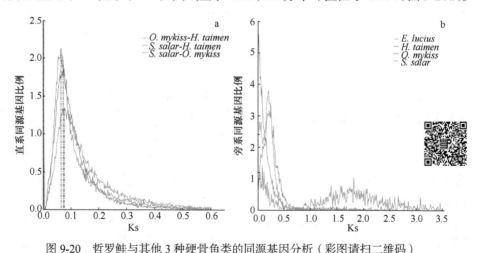

图 9-20　哲罗鲑与其他 3 种硬骨鱼类的同源基因分析（彩图请扫二维码）

a 为种间同源基因（orthologous gene）间的碱基同义替换率（synonymous substitution rate，Ks）分布曲线，b 为种内同源基因（paralogous gene）间的碱基同义替换率分布曲线。a 图中黑色竖线表达 Ks 曲线的峰值，分别为 0.062（虹鳟-大西洋鲑）、0.070（哲罗鲑-大西洋鲑）、0.074（哲罗鲑-虹鳟）

同时对虹鳟和大西洋鲑的同源基因进行分析，获得 34 622 对同源基因对，96.9%的同源基因对的碱基同义替换率（Ks）小于 0.6，中位值为 0.087，Ks 分布峰值为0.062（图 9-20a）。采用碱基同义替换率（$3.1×10^{-9}$）为分子钟，计算物种的分化时间，虹鳟和大西洋鲑的分化时间为 20～28 Mya，与以前的报道结果类似，而哲罗鲑与虹鳟和大西洋鲑的分化时间在 22～38 Mya。

鲑科鱼类为同源四倍化起源，其祖先经历了第四轮基因组复制事件，为进一步分析哲罗鲑基因组的进化，采用相互最佳匹配（reciprocal best hit，RBH）方法进行了哲罗鲑、虹鳟和大西洋鲑 3 个物种的同源基因分析。因狗鱼 Esox lucius（Rondeau et al.，2014）为鲑科鱼类最近的近缘物种，其基因组经历过第三轮基因组复制，因此采用狗鱼基因组作为参照，对比分析这 3 个物种的基因组复制事件。狗鱼、大西洋鲑、虹鳟和哲罗鲑这 4 个物种分别具有 2256、12 524、8987 和 8966对种内同源基因对（图 9-20b）。碱基替换分析表明，82.5%的狗鱼种内同源基因对 Ks 小于 3.5，Ks 主要分布在 0.75～3.5，峰值为 1.75，种内同源基因对的 Ks分布属于典型的第三轮基因组复制事件所呈现的特征（图 9-20b）。大西洋鲑、虹鳟和哲罗鲑种内同源基因对的 Ks 大部分小于 0.5，分别为 89.7%、88.7%和 86.9%，但 Ks 分布曲线并不一致，大西洋鲑的 Ks 在 0.21 附近有一个主峰，在 0.06 附近有一个小峰，而虹鳟和哲罗鲑仅有一个主峰，分别位于 0.25 和 0.02（图 9-20b）。

（二）同源基因簇分析

本研究采用 5 种鲑亚科鱼类[哲罗鲑（Hucho taimen）、大西洋鲑（Salmo salar）、虹鳟（Oncorhynchus mykiss）、褐鳟（Salmo trutta）、溪鳟（Salvelinus fontinalis）]，茴鱼亚科中的欧洲茴鱼（Thymallus thymallus）、白鲑亚科中的欧洲白鲑（Coregonus lavaretus）、美洲白鲑（Coregonus clupeaformis），以及狗鱼（Esox Lucius）、斑马鱼（Danio rerio）和青鳉（Oryzias latipes）等 11 个物种进行了系统的比较分析。在哲罗鲑中共发现 17 533 个同源基因簇，包括 72 605 个蛋白质。8 个物种共享 12 979 个同源基因簇，哲罗鲑中有 313 个同源基因簇为特异性的，包括 491 条转录本（图 9-21）。基因富集分析表明，这 313 个同源基因簇富集在局部黏附连接[focal adhension（KEGG，dre04510，P<0.05）]、GTP 结合[GTP binding（GO：0005525）]、蛋白脱脂作用 [protein delipidation（GO：0051697）]、转录调控区 DNA 结合[transcription regulatory region DNA binding（GO：0044212）]、小 GTP 酶介导的信号转导[small GTPase mediated signal transduction（GO：0007264）]、C 端蛋白脂化[C-terminal protein lipidation（GO：0006501）]和蛋白质靶向膜[protein targeting to membrane（GO：0006612）]。

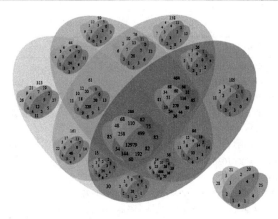

图 9-21 哲罗鲑与其他 7 种鱼类的同源基因簇分析维恩图（venn 图）（彩图请扫二维码）
venn 图采用 VennPainter 分析，重叠区域中的数字表示物种共有的同源基因簇数量

（三）正向选择分析

哲罗鲑是淡水生活物种，而虹鳟和大西洋鲑为海水中生活的物种，这两种不同的生态习性可能在物种进化过程中产生不同的进化压力。为分析哲罗鲑基因组进化中的特征，利用 PAML 软件的 codeML 程序对哲罗鲑的转录本进行了选择压力分析。与大西洋鲑的比较分析中，获得了 1128 条可能为正向选择的转录本（Ka/Ks>1），采用 F3×4 密码子频率模型，以及 M7 和 M8 位点进化模型（ sites model ）分析检验这些转录本正向选择的显著性，获得 250 条显著性的正向选择转录本（FDR<0.05），其中 128 条转录本可以搜索到斑马鱼的同源蛋白（表 9-11），对这 128 条转录本进行富集分析，发现 3 个显著富集的通路（FDR<0.05），分别为 cytokine- cytokine receptor interaction（KEGG，dre04060）、integral component of membrane（GO：0016021）和 membrane（GO：0016020）（表 9-12）。进一步采用分支-位点模型（branch-sites model）对这 128 条转录本进行分析，以大西洋鲑和虹鳟的同源基因作为背景，在 128 条转录本中，67 条转录本表现出显著的正向选择，这 67 条转录本富集在 4 个通路中（FDR<0.05），分别为细胞因子-细胞因子互作[cytokine-cytokine receptor interaction（KEGG，dre04060）]、免疫响应 [immune response（GO：0006955）]、趋化因子活性[chemokine activity（GO：0008009）]和细胞因子活性[cytokine activity（GO：0005125）]（表 9-12）。

表 9-11 哲罗鲑正向选择基因

哲罗鲑转录本	斑马鱼蛋白	E 值	基因名	功能描述
HAGJ01018482	ENSDARP00000120459	2.00E-27	si:dkey-8e10.2	
HAGJ01008684	ENSDARP00000127442	2.00E-26	si:dkey-30j22.1	
HAGJ01006305	ENSDARP00000061300	4.00E-66	si:dkeyp-28d2.4	
HAGJ01022784	ENSDARP00000108758	9.00E-59	BX004816.4	

续表

哲罗鲑转录本	斑马鱼蛋白	E 值	基因名	功能描述
HAGJ01009503	ENSDARP00000141368	2.00E-36	si:dkey-243k1.3	
HAGJ01024185	ENSDARP00000121210	8.00E-12	cd4-1	CD4-1 molecule
HAGJ01025832	ENSDARP00000129556	2.00E-46	ftr55	finTRIM family, member 55
HAGJ01002047	ENSDARP00000109048	0	cdh26.2	cadherin 26, tandem duplicate 2
HAGJ01002048	ENSDARP00000101147	4.00E-32	si:dkey-53k12.18	
HAGJ01002332	ENSDARP00000137771	9.00E-73	znf977	zinc finger protein 977
HAGJ01002567	ENSDARP00000061036	2.00E-66	TMEM27	
HAGJ01003033	ENSDARP00000106425	6.00E-34	BX470224.1	
HAGJ01004389	ENSDARP00000141552	1.00E-48	CABZ01059909.2	
HAGJ01004945	ENSDARP00000126502	5.00E-52	si:dkeyp-52c3.2	
HAGJ01004947	ENSDARP00000139664	7.00E-29	CABZ01052487.1	
HAGJ01005080	ENSDARP00000131249	4.00E-26	zgc:174863	
HAGJ01026391	ENSDARP00000084667	6.00E-46	trim109	tripartite motif containing 109
HAGJ01027505	ENSDARP00000141499	4.00E-08	si:ch211-165d12.4	
HAGJ01027590	ENSDARP00000070070	2.00E-70	wdr76	WD repeat domain 76
HAGJ01028157	ENSDARP00000100184	2.00E-31	il13rα1	interleukin 13 receptor, alpha 1
HAGJ01028524	ENSDARP00000100184	2.00E-32	il13rα1	interleukin 13 receptor, alpha 1
HAGJ01010573	ENSDARP00000118598	1.00E-52	si:ch1073-126c3.2	
HAGJ01028909	ENSDARP00000109456	4.00E-45	si:ch211-24o10.6	
HAGJ01029033	ENSDARP00000106402	6.00E-88	ubtf	upstream binding transcription factor, RNA polymerase I
HAGJ01006692	ENSDARP00000117916	0	C3	（1 of many）complement C3
HAGJ01030280	ENSDARP00000132210	2.00E-41	rca2.2	regulator of complement activation group 2 gene 2
HAGJ01006733	ENSDARP00000131249	7.00E-26	zgc:174863	
HAGJ01030396	ENSDARP00000121133	2.00E-72	si:dkey-30j10.5	
HAGJ01030432	ENSDARP00000116148	6.00E-41	rca2.1	regulator of complement activation group 2 gene 1
HAGJ01030981	ENSDARP00000123932	1.00E-33	rnasel3	ribonuclease like 3
HAGJ01031870	ENSDARP00000118718	2.00E-22	si:dkey-11o15.5	
HAGJ01011220	ENSDARP00000107967	2.00E-16	wu:fc34e06	
HAGJ01033273	ENSDARP00000132210	1.00E-41	rca2.2	regulator of complement activation group 2 gene 2
HAGJ01005315	ENSDARP00000106110	1.00E-45	si:ch211-1f22.5	
HAGJ01005330	ENSDARP00000111517	7.00E-26	zgc:172106	
HAGJ01034300	ENSDARP00000125829	2.00E-24	si:ch211-114l13.1	
HAGJ01005790	ENSDARP00000023877	1.00E-50	zgc:77086	
HAGJ01005792	ENSDARP00000023877	5.00E-50	zgc:77086	
HAGJ01013695	ENSDARP00000015252	6.00E-35	FO904861.1	
HAGJ01014030	ENSDARP00000093440	7.00E-68	aste1	asteroid homolog 1 （Drosophila）
HAGJ01014531	ENSDARP00000051969	5.00E-17	grn2	granulin 2
HAGJ01007798	ENSDARP00000126612	5.00E-35	si:dkey-24p1.7	

续表

哲罗鲑转录本	斑马鱼蛋白	E值	基因名	功能描述
HAGJ01005415	ENSDARP00000114151	4.00E-21	BX546499.1	
HAGJ01005420	ENSDARP00000114151	6.00E-16	BX546499.1	
HAGJ01008171	ENSDARP00000133393	4.00E-70	pigb	phosphatidylinositol glycan anchor biosynthesis, class B
HAGJ01016728	ENSDARP00000142533	3.00E-19	si:ch1073-220m6.1	
HAGJ01008273	ENSDARP00000139001	2.00E-43	si:ch211-66k16.2	
HAGJ01017236	ENSDARP00000130431	3.00E-49	BX321875.1	
HAGJ01017626	ENSDARP00000136634	1.00E-17	cfh	complement factor H
HAGJ01055278	ENSDARP00000131582	1.00E-63	si:ch73-90p23.1	
HAGJ01064451	ENSDARP00000102499	2.00E-41	hemk1	HemK methyltransferase family member 1
HAGJ01070572	ENSDARP00000100591	8.00E-40	BX545917.1	
HAGJ01072778	ENSDARP00000126915	6.00E-33	si:ch73-105m5.1	
HAGJ01076549	ENSDARP00000136634	5.00E-19	cfh	complement factor H
HAGJ01077747	ENSDARP00000110442	2.00E-30	si:ch73-334d15.2	
HAGJ01083679	ENSDARP00000135895	1.00E-87	zgc:194469	
HAGJ01086932	ENSDARP00000138701	6.00E-17	ccl20a.3	chemokine（C-C motif）ligand 20a, duplicate 3
HAGJ01088202	ENSDARP00000092248	8.00E-61	rbm38	RNA binding motif protein 38
HAGJ01090930	ENSDARP00000140183	3.00E-41	zgc:175177	
HAGJ01096914	ENSDARP00000030117	6.00E-66	ccdc25	coiled-coil domain containing 25
HAGJ01097067	ENSDARP00000138734	2.00E-28	BX928746.1	
HAGJ01098080	ENSDARP00000122872	3.00E-24	phf21ab	PHD finger protein 21Ab
HAGJ01100961	ENSDARP00000115820	2.00E-64	tlr19	toll-like receptor 19
HAGJ01103940	ENSDARP00000031764	7.00E-12	cd63	CD63 molecule
HAGJ01105135	ENSDARP00000072101	1.00E-19	si:ch211-103n10.5	
HAGJ01110299	ENSDARP00000069446	3.00E-62	cd22	cd22 molecule
HAGJ01110393	ENSDARP00000057094	2.00E-152	si:dkey-24p1.1	
HAGJ01110538	ENSDARP00000060904	1.00E-17	gypc	glycophorin C（Gerbich blood group）
HAGJ01110791	ENSDARP00000116148	7.00E-41	rca2.1	regulator of complement activation group 2 gene 1
HAGJ01113141	ENSDARP00000139994	3.00E-44	si:ch211-13c6.2	
HAGJ01113142	ENSDARP00000139994	3.00E-44	si:ch211-13c6.2	
HAGJ01113370	ENSDARP00000054593	4.00E-35	il10rb	interleukin 10 receptor, beta
HAGJ01114976	ENSDARP00000127699	7.00E-42	si:ch1073-66l23.1	
HAGJ01114977	ENSDARP00000127699	7.00E-38	si:ch1073-66l23.1	
HAGJ01114978	ENSDARP00000127699	3.00E-40	si:ch1073-66l23.1	
HAGJ01115388	ENSDARP00000136514	3.00E-09	si:ch211-134a4.8	
HAGJ01116071	ENSDARP00000088418	8.00E-26	crfb6	cytokine receptor family member b6
HAGJ01116072	ENSDARP00000088418	7.00E-26	crfb6	cytokine receptor family member b6
HAGJ01116222	ENSDARP00000131543	6.00E-51	fas	fas cell surface death receptor

续表

哲罗鲑转录本	斑马鱼蛋白	E值	基因名	功能描述
HAGJ01117558	ENSDARP00000120364	5.00E-30	si:dkey-237j11.3	
HAGJ01120136	ENSDARP00000141274	6.00E-26	si:ch211-106g8.47	
HAGJ01120446	ENSDARP00000138884	1.00E-14	si:dkey-161l11.68	
HAGJ01122340	ENSDARP00000099323	2.00E-08	zgc:195175	
HAGJ01122341	ENSDARP00000099117	4.00E-07	zgc:195175	
HAGJ01123447	ENSDARP00000126933	3.00E-16	zgc:193541	
HAGJ01123905	ENSDARP00000098678	3.00E-10	si:ch1073-184j22.2	
HAGJ01125080	ENSDARP00000114197	2.00E-12	si:dkey-12l12.1	
HAGJ01127615	ENSDARP00000130339	2.00E-33	TM6SF2	（1 of many）zgc:85843
HAGJ01127616	ENSDARP00000130339	2.00E-33	TM6SF2	（1 of many）zgc:85843
HAGJ01129053	ENSDARP00000142054	2.00E-21	si:ch73-296e2.3	
HAGJ01131216	ENSDARP00000096694	2.00E-23	si:dkey-102c8.2	
HAGJ01131749	ENSDARP00000118478	7.00E-19	il15	interleukin 15
HAGJ01134951	ENSDARP00000106568	2.00E-11	CABZ01079490.1	
HAGJ01135487	ENSDARP00000119770	2.00E-89	si:ch211-137i24.10	
HAGJ01136119	ENSDARP00000125025	4.00E-126	hp	haptoglobin
HAGJ01136122	ENSDARP00000125025	5.00E-126	hp	haptoglobin
HAGJ01137870	ENSDARP00000119905	5.00E-25	FP016018.1	
HAGJ01139767	ENSDARP00000122343	0	ptprh	protein tyrosine phosphatase, receptor type, h
HAGJ01139768	ENSDARP00000122343	0	ptprh	protein tyrosine phosphatase, receptor type, h
HAGJ01140941	ENSDARP00000073908	6.00E-23	lygl1	lysozyme g-like 1
HAGJ01141304	ENSDARP00000073908	1.00E-66	lygl1	lysozyme g-like 1
HAGJ01146946	ENSDARP00000132590	1.00E-11	wu:fu71h07	
HAGJ01148604	ENSDARP00000039806	2.00E-38	mb	myoglobin
HAGJ01150270	ENSDARP00000102128	2.00E-31	si:dkeyp-75b4.10	
HAGJ01151275	ENSDARP00000023571	4.00E-33	ptprja	protein tyrosine phosphatase, receptor type, Ja
HAGJ01152681	ENSDARP00000037611	3.00E-64	trim35-20	tripartite motif containing 35-20
HAGJ01157177	ENSDARP00000067387	3.00E-31	fgf23	fibroblast growth factor 23
HAGJ01160500	ENSDARP00000131263	2.00E-75	ptpn22	protein tyrosine phosphatase, non-receptor type 22
HAGJ01160593	ENSDARP00000137808	3.00E-36	il4r.1	interleukin 4 receptor, tandem duplicate 1
HAGJ01160595	ENSDARP00000136257	7.00E-37	il4r.1	interleukin 4 receptor, tandem duplicate 1
HAGJ01160596	ENSDARP00000137808	4.00E-36	il4r.1	interleukin 4 receptor, tandem duplicate 1
HAGJ01160599	ENSDARP00000137808	5.00E-36	il4r.1	interleukin 4 receptor, tandem duplicate 1
HAGJ01160600	ENSDARP00000137808	3.00E-36	il4r.1	interleukin 4 receptor, tandem duplicate 1
HAGJ01160601	ENSDARP00000137808	8.00E-23	il4r.1	interleukin 4 receptor, tandem duplicate 1

续表

哲罗鲑转录本	斑马鱼蛋白	E 值	基因名	功能描述
HAGJ01160766	ENSDARP00000115377	5.00E-100	si:ch73-37h15.2	
HAGJ01160768	ENSDARP00000115377	7.00E-100	si:ch73-37h15.2	
HAGJ01160803	ENSDARP00000128196	6.00E-124	si:dkey-222h21.2	
HAGJ01161214	ENSDARP00000116148	8.00E-61	rca2.1	regulator of complement activation group 2 gene 1
HAGJ01162747	ENSDARP00000119694	7.00E-68	si:ch211-133n4.10	
HAGJ01163049	ENSDARP00000010089	3.00E-43	ska2	spindle and kinetochore associated complex subunit 2
HAGJ01165142	ENSDARP00000109835	1.00E-41	si:ch211-214k5.3	
HAGJ01165149	ENSDARP00000108758	6.00E-107	BX004816.4	
HAGJ01165586	ENSDARP00000129474	1.00E-99	si:ch73-208g10.1	
HAGJ01165589	ENSDARP00000129474	5.00E-96	si:ch73-208g10.1	
HAGJ01165592	ENSDARP00000129474	2.00E-75	si:ch73-208g10.1	
HAGJ01166627	ENSDARP00000141368	3.00E-43	si:dkey-243k1.3	
HAGJ01167642	ENSDARP00000119509	4.00E-13	si:ch73-7i4.2	
HAGJ01179976	ENSDARP00000141045	6.00E-30	cep97	centrosomal protein 97

表 9-12　哲罗鲑正向选择基因的富集分析

统计模型	通路类型	通路 ID	功能描述	基因数量	P 值
sites model（M7, M8）	KEGG pathway	dre04060	cytokine-cytokine receptor interaction	17	0.0012
	gene ontology	GO:0016021	integral component of membrane	93	0.0113
	gene ontology	GO:0016020	membrane	95	0.0428
branch-sites model	KEGG pathway	dre04060	cytokine-cytokine receptor interaction	11	9.60E-04
	gene ontology	GO:0008009	chemokine activity	5	0.0080
	gene ontology	GO:0006955	immune response	11	0.0138
	gene ontology	GO:0005125	cytokine activity	8	0.0140

　　注：以大西洋鲑参考转录组为参照进行位点进化模型检测，以虹鳟和大西洋鲑的同源基因为背景进行分支-位点进化模型分析；基因数量表示位于该通路中的富集基因。P 值为采用 Benjamini 方法调整的 P 值

　　从哲罗鲑转录本的正向选择分析中,鉴定出 128 个正向选择的基因(表 9-11),这些基因富集在免疫相关的通路中, 说明哲罗鲑基因组在进化过程中受到环境和疾病的强选择压力。同时在同源基因簇的分析中, 与虹鳟和大西洋鲑相比, 哲罗鲑具有 529 个特有基因簇,这些基因簇富集的通路包括 GTP binding(GO:0005525)和 small GTPase-mediated signal transduction (GO: 0007264), 这 2 个通路在免疫系统中起到重要的作用 (Cantrell, 2002)。而且这 529 个基因簇中包括 Ras 超基因家族基因, 如 Rap1a、Rab5a、Rab9a 和 Rab39b, 这些基因在免疫和炎症中起

到重要作用（Johnson and Chen，2012）。通过同源基因簇和正向选择分析，结果表明，与虹鳟和大西洋鲑相比，哲罗鲑具有独特的特性，即哲罗鲑具有更多与免疫相关的基因，而且有些与免疫相关的基因经历了环境和疾病的强选择。

（四）系统发育分析

对 11 个物种的同源基因簇进行分析，得到 134 个单拷贝基因家族，利用 PhyML 最大似然率法（Guindon et al.，2010）和 MrBayes 贝叶斯法（Ronquist and Huelsenbeck，2003）对这 134 个基因家族进行了系统发育分析。SMS 算法（Lefort et al.，2017）分析表明，最适进化模型为 JTT+I+G+F，利用此模型，PhyML 和 MrBayes 两种方法构建的系统发育树拓扑结构一致。采用 MCMCtree（Yang and Rannala，2006）进行分化时间分析，结果表明，鲑科鱼类起源于 96 Mya，95% 的置信区间为 34～101 Mya。哲罗鲑起源于 37 Mya，95% 的置信区间为 21～67 Mya（图 9-22）。

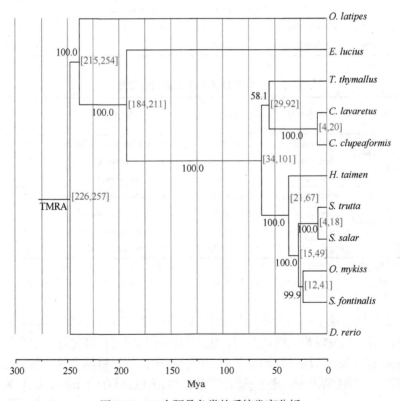

图 9-22　11 个硬骨鱼类的系统发育分析

图中红色方括号内数字为分化时间的 95% 置信区间，TMRA 为最近祖先（the most recent ancestor），分支上的黑色数字为自展支持率（bootstrap value）

三、转录组 SNP 标记开发

在哲罗鲑转录组中，采用 BWA（Li and Durbin, 2010）和 SAMtools（Li et al., 2009）工具，获得 396 424 个 SNP 标记，在过滤掉低质量的 SNP 标记后，获得 68 533 个高质量的 SNP 标记，其中约 62.51% 的 SNP 标记为转换，42 017 个 SNP 标记位于编码区，有 28 387 个同义 SNP 标记（表 9-13）。

表 9-13　哲罗鲑转录组中 SNP 标记

类型	数量
A-C/C-A	7 469
A-G/G-A	21 680
A-T/T-A	6 166
C-G/G-C	4 441
C-T/T-C	21 158
G-T/T-G	7 555
转换	42 838
颠换	25 631
编码区 SNP	42 017
同义 SNP	28 387

第五节　胰岛素样生长因子克隆及表达分析

鱼类的生长主要受 GH/IGF 生长轴所调控，而胰岛素样生长因子（insulin-like growth factor，IGF）则是处于生长轴下游关键的生长因子，是生长激素（growth hormone，GH）发挥生物学功能的重要传导因子。IGF 是一类具有胰岛素样代谢和促进有丝分裂功能的多肽，包括 IGF-I 和 IGF-II，但 Wang 等（2008）研究罗非鱼时发现新成员 IGF-III。IGF-I 具有调节细胞代谢，促进细胞生长、分化和分裂，抑制细胞死亡和调节渗透压等多种生理功能。IGF-I 作为 GH 的中介体，在调节生长中起核心作用，除 GH 刺激原始软骨细胞的有丝分裂属于直接作用外，GH 的大量局部效应都是由 IGF-I 介导的（Daughaday, 2000）。IGF-II 主要在胚胎发育阶段起作用，IGF-II 能诱导鱼类卵母细胞的成熟和颗粒细胞的增殖与分化，是胚胎生长和发育的重要生长因子（Wang et al., 2008）。

哲罗鲑 *IGF-I* 基因的可读框为 573 bp，编码含有 190 个氨基酸残基的 IGF-I

蛋白质。IGF-I 蛋白质的分子量约为 21 kDa，等电点为 9.21。哲罗鲑 IGF-I 的氨基酸结构由信号肽（signal peptide）、B 结构域（B domain）、C 结构域（C domain）、A 结构域（A domain）、D 结构域（D domain）及 E 结构域（E domain）组成（图 9-23）；氨基酸序列与其他鲑科鱼类具有较高的相似性，其中与北极红点鲑的 IGF-I 相似性最高（99.2%）（图 9-24）；组织表达分析显示，哲罗鲑 IGF-I mRNA 在肝中的表达量最高，在鳃、前肠中次之，在脑、头肾、脾、心脏、胃和肌肉等组织中的表达量较低（图 9-25）（王晓玉等，2016a）。

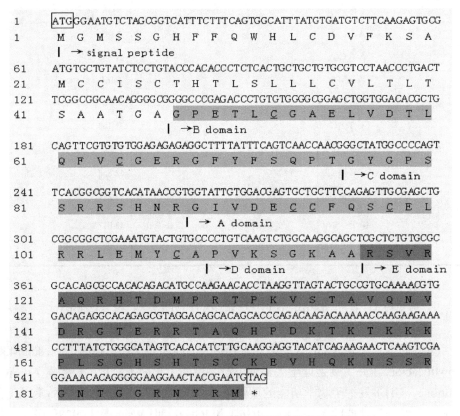

图 9-23　哲罗鲑 IGF-I 氨基酸序列线性结构分析
ATG 为起始密码子，TAG 为终止密码子，＊为氨基酸序列终止符

　　哲罗鲑 *IGF-II* 基因的可读框为 645 bp，编码含有 214 个氨基酸残基的 IGF-II 蛋白质。IGF-II 蛋白质的分子量为 25 kDa，等电点为 9.92；哲罗鲑 IGF-II 前肽由信号肽、B、C、A、D、E 六部分构成（图 9-26）；哲罗鲑 IGF-II 与鲑科鱼类 IGF-II 聚为一簇，结果表明两者具有较高的同源性（图 9-27），该基因在进化过程中有着高度保守的进化特性；利用荧光定量 PCR 技术检测二龄哲罗鲑 *IGF-II*

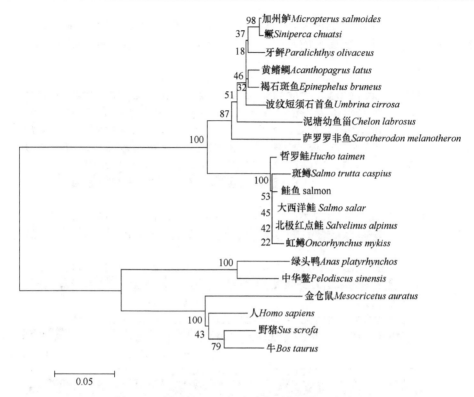

图 9-24　哲罗鲑 IGF-I 氨基酸序列的系统进化分析

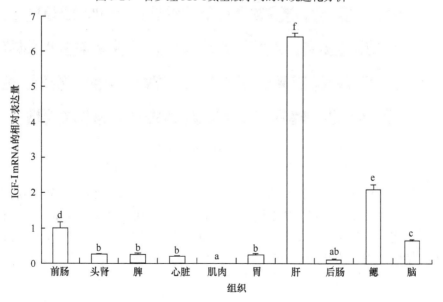

图 9-25　哲罗鲑各组织 IGF-I mRNA 的相对表达量

不同字母代表差异显著（$P<0.01$）

基因在不同组织中的表达情况，结果显示，该基因在肝中的表达量最高，在心脏、鳃、脾、后肠、头肾、胃、前肠中次之，而在脑中的表达量最低（图 9-28）（吴秀梅等，2015）。

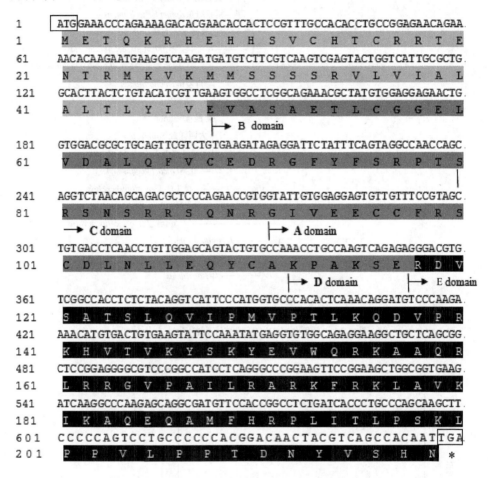

图 9-26　哲罗鲑 IGF-II 氨基酸序列线性结构分析
ATG 为起始密码子，TGA 为终止密码子，*为氨基酸序列终止符

　　利用大肠杆菌表达的哲罗鲑 IGF-I 蛋白和 IGF-II 蛋白主要以包涵体的形式存在，通过变性及复性后获得的重组哲罗鲑 IGF-I 蛋白和重组 IGF-II 蛋白对大麻哈鱼胚胎细胞（CHSE-214）、鲤上皮细胞（EPC）及虹鳟性腺细胞（RTG-2）具有显著的促增殖作用（图 9-29，图 9-30）（王晓玉等，2016b；吴秀梅等，2016）。

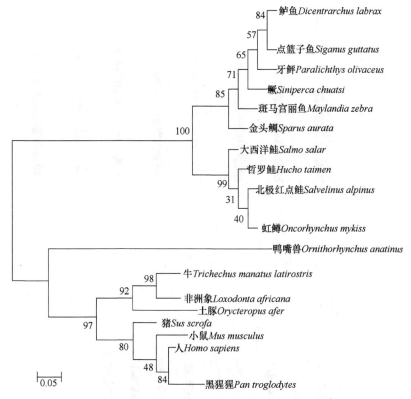

图 9-27　哲罗鲑 IGF-II 氨基酸序列的系统进化分析

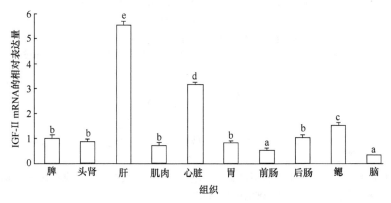

图 9-28　哲罗鲑各组织 IGF-II mRNA 的相对表达量

不同字母代表差异显著（$P<0.05$）

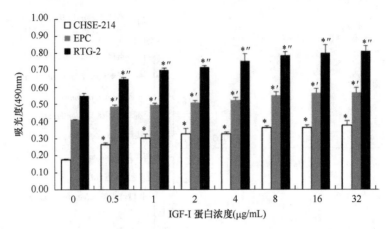

图 9-29　重组哲罗鲑 IGF-I 蛋白体外促细胞增殖检测

代表同一细胞系间吸光度的差异显著性（$P<0.05$），′*″代表同一浓度下不同细胞系间吸光度的差异显著性，其中，*′$P<0.05$，*″$P<0.01$

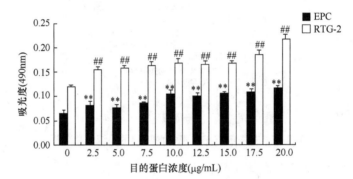

图 9-30　重组哲罗鲑 IGF-II 蛋白体外促细胞增殖检测

**、##分别代表目的蛋白浓度体外促 EPC、RTG-2 细胞吸光度的差异显著性（$P<0.05$）

参 考 文 献

匡友谊, 佟广香, 徐伟, 等. 2010. 黑龙江流域哲罗鲑的遗传结构分析. 中国水产科学, 17: 1208-1217.

匡友谊, 佟广香, 尹家胜. 2009. 哲罗鲑微卫星序列与多态性微卫星标记的获取方法和哲罗鲑多态性微卫星标记: 中国, ZL 200910073115.2.

刘博, 匡友谊, 佟广香, 等. 2011. 微卫星分析 9 个哲罗鱼野生群体的遗传多样性. 动物学研究, 32: 597-604.

佟广香, 鲁翠云, 匡友谊, 等. 2006. 哲罗鱼基因组微卫星富集文库构建与分析. 中国水产科学, 13: 181-186.

王俊, 匡友谊, 佟广香, 等. 2013. 哲罗鲑（♂）与细鳞鲑（♀）属间杂交不相容现象的 SSR 分析. 中国水产科学, 18: 547-555.

王晓玉，纪锋，徐黎明，等. 2016a. 哲罗鲑胰岛素样生长因子-I（IGF-I）cDNA 分子克隆、序列分析及组织表达. 淡水渔业，46（4）：19-24.

王晓玉，徐黎明，刘淼，等. 2016b. 哲罗鲑胰岛素样生长因子-I 的原核表达及活性鉴定. 水产学报，40（11）：1657-1663.

吴秀梅，徐黎明，王晓玉，等. 2015. 哲罗鲑胰岛素样生长因子 II cDNA 的克隆与组织表达分析. 大连海洋大学学报，30（6）：604-609.　　　　　　　　　．

吴秀梅，徐黎明，赵景壮，等. 2016. 哲罗鱼胰岛素样生长因子-II 的原核表达与活性分析. 中国水产科学，22（2）：243-249.

Balakirev E S, Romanov N S, Ayala F J. 2014. Complete mitochondrial genome of blunt-snouted lenok *Brachymystax tumensis* (Salmoniformes, Salmonidae). Mitochondr DNA, 27: 882-883.

Balakirev E S, Romanov N S, Mikheev P B, et al. 2013. Mitochondrial DNA variation and introgression in Siberian taimen *Hucho taimen*. PLoS One, 8: e71147.

Balakirev E S, Romanov N S, Mikheev P B, et al. 2016. Complete mitochondrial genome of Siberian taimen, *Hucho taimen* not introgressed by the lenok subspecies, *Brachymystax lenok* and *B. lenok tsinlingensis*. Mitochondr DNA, 27: 815-816.

Balakirev E S, Saveliev P A, Ayala F J. 2017. Complete mitochondrial genomes of the Cherskii's sculpin *Cottus czerskii* and Siberian taimen *Hucho taimen* reveal GenBank entry errors: incorrect species identification and recombinant mitochondrial genome. Evol Bioinform, 13: 1-7.

Berthelot C, Brunet F, Chalopin D, et al. 2014. The rainbow trout genome provides novel insights into evolution after whole-genome duplication in vertebrates. Nat Commun, 5: 3657.

Bolger A M, Lohse M, Usadel B. 2014. Trimmomatic: a flexible trimmer for Illumina sequence data. Bioinformatics, 30: 2114-2120.

Cantrell D A. 2002. T-cell antigen receptor signal transduction. Immunology, 105: 369-374.

Daughaday W H. 2000. Growth hormone axis overview-somatomedin hypothesis. Pediatr Nephrol, 14（7）: 537-540.

Grabherr M, Haas B, Yassour M, et al. 2011. Full-length transcriptome assembly from RNA-Seq data without a reference genome. Nat Biotechnol, 29: 644-652.

Guindon S, Dufayard J, Lefort V, et al. 2010. New algorithms and methods to estimate maximum-likelihood phylogenies: assessing the performance of PhyML 3.0. Systematic Biol, 59: 307-321.

Haas B J, Papanicolaou A, Yassour M, et al. 2013. *De novo* transcript sequence reconstruction from RNA-seq using the Trinity platform for reference generation and analysis. Nat Protoc, 8: 1494-1512.

Hogan Z, Jensen O P. 2013. *Hucho taimen*: The IUCN Red List of Threatened Species, e.T188631A22605180.

Huerta-Cepas J, Forslund K, Coelho L, et al. 2017. Fast genome-wide functional annotation through orthology assignment by eggNOG-Mapper. Mol Biol Evol, 34: 2115-2122.

Huerta-Cepas J, Szklarczyk D, Forslund K, et al. 2016. eggNOG 4.5: a hierarchical orthology framework with improved functional annotations for eukaryotic, prokaryotic and viral sequences. Nucleic Acids Res, 44: D286-D293.

Johnson D S, Chen Y H. 2012. Ras family of small GTPases in immunity and inflammation. Curr Opin Pharmacol, 12: 458-463.

Kanehisa M, Sato Y, Morishima K. 2016. BlastKOALA and GhostKOALA: KEGG tools for functional characterization of genome and metagenome sequences. J Mol Biol, 428: 726-731.

Lefort V, Longueville J E, Gascuel O. 2017. SMS: smart model selection in PhyML. Mol Biol Evol, 34: 2422-2424.

Li H, Durbin R. 2010. Fast and accurate long-read alignment with Burrows-Wheeler transform. Bioinformatics, 26: 589-595.

Li H, Handsaker B, Wysoker A, et al. 2009. The sequence alignment/map format and SAMtools. Bioinformatics, 25: 2078-2079.

Lien S, Koop B F, Sandve S R, et al. 2016. The Atlantic salmon genome provides insights into rediploidization. Nature, 533: 200-205.

Martin M. 2011. Cutadapt removes adapter sequences from high-throughput sequencing reads. Embnet J,17:10-12.

O'Connell M, Wright J M. 1997. Microsatellite DNA in fishes. Rev Fish Biol Fisher, 7: 331-363.

Pertea G, Huang X, Liang F, et al. 2003. TIGR Gene Indices clustering tools (TGICL): a software system for fast clustering of large EST datasets. Bioinformatics, 19: 651-652.

Rondeau E B, Minkley D R, Leong J S, et al. 2014. The genome and linkage map of the northern pike (*Esox lucius*): conserved synteny revealed between the salmonid sister group and the neoteleostei. PLoS One, 9: e102089 18.

Ronquist F, Huelsenbeck J P. 2003. MrBayes 3: Bayesian phylogenetic inference under mixed models. Bioinformatics, 19: 1572-1574.

Rota L M, Kantety R, Yu J, et al. 2005. Nonrandom distribution and frequencies of genomic and EST-derived microsatellite markers in rice, wheat, and barley. BMC Genomics, 6: 23.

Shedko S V, Miroshnichenko I L, Nemkova G A. 2013. Complete mitochondrial genome of the endangered Sakhalin taimen *Parahucho perryi* (Salmoniformes, Salmonidae). Mitochondr DNA, 25: 265-266.

Simão F A, Waterhouse R M, Ioannidis P, et al. 2015. BUSCO: assessing genome assembly and annotation completeness with single-copy orthologs. Bioinformatics, 31: 3210-3212.

Tang S, Lomsadze A. 2015. Identification of protein coding regions in RNA transcripts. Nucleic Acids Res, 43: e78.

Tong G X, Kuang Y Y, Yin J S, et al. 2006. Isolation of microsatellite DNA and analysis on genetic diversity of endangered fish, *Hucho taimen* (Pallas). Mol Ecol Notes, 6: 1099-1101.

Tong G, Xu W, Zhang Y Q, et al. 2018. *De novo* assembly and characterization of the *Hucho taimen* transcriptome. Ecol Evol, 8: 1271-1285.

Wang D S, Jiao B, Hu C, et al. 2008. Discovery of a gonad-specific IGF subtype in teleost. Biochemical & Biophysical Research Communications, 367（2）: 336-341.

Wang J, Kuang Y Y, Tong G X, et al. 2011a. Development of 12 polymorphic EST-SSR for endangered fish, *Hucho taimen* (Pallas). The Indian Journal of Animal Sciences, 81: 302-305.

Wang Y, Guo R, Li H, et al. 2011b. The complete mitochondrial genome of the Sichuan taimen

(*Hucho bleekeri*): repetitive sequences in the control region and phylogenetic implications for Salmonidae. Mar Genom, 4: 221-228.

Wang Y, Zhang X, Yang S, et al. 2011c. The complete mitochondrial genome of the taimen, *Hucho taimen*, and its unusual features in the control region. Mitochondr DNA, 22: 111-119.

Weiss S, Marić S, Snoj A. 2011. Regional structure despite limited mtDNA sequence diversity found in the endangered Huchen, *Hucho hucho* (Linnaeus, 1758). Hydrobiologia, 658: 103-110.

Yang Z, Rannala B. 2006. Bayesian estimation of species divergence times under a molecular clock using multiple fossil calibrations with soft bounds. Mol Biol Evol, 23: 212-226.

Yang Z. 2007. PAML 4: Phylogenetic analysis by maximum likelihood. Mol Biol Evol, 24: 1586-1591.

Yu J N, Kwak M. 2015. The complete mitochondrial genome of *Brachymystax lenok tsinlingensis* (Salmoninae, Salmonidae) and its intraspecific variation. Gene, 573: 246-253.

Zane L, Bargelloni L, Patarnello T. 2002. Strategies for microsatellite isolation: a review. Mol Ecol, 11: 1-16.

Zhan L, Paterson I G, Fraser B A, et al. 2016. MEGASAT: automated inference of microsatellite genotypes from sequence data. Mol Ecol Resour, 17: 247-256.

Zhang J, Kobert K, Flouri T, et al. 2014a. PEAR: a fast and accurate Illumina paired-end reAd mergeR. Bioinformatics, 30: 614-620.

Zhang S, Wei Q, Wang K, et al. 2014b. The complete mitochondrial genome of the endangered *Hucho hucho* (Salmonidae: Huchen). Mitochondr DNA, 11: 1-3.

第十章 种群遗传结构分析

种群遗传结构（population genetic structure）是指种群中基因型或等位基因在空间和时间上的分布模式，它包括种群中亚群的数量、亚群内的遗传变异和亚群间的遗传分化（Chakraborty，1993）。对种群遗传结构的研究是探讨生物对环境的适应、物种的形成及进化机制的基础，也是保护生物学的核心部分之一。由于人类活动的加剧，哲罗鲑在中国境内的栖息地已碎片化，目前仅在乌苏里江、黑龙江上游和新疆的喀纳斯湖等有繁殖群体，但喀纳斯湖的群体数量稀少，未能采集到样本。本章综述了采用微卫星、扩增片段长度多态性（AFLP）和线粒体基因等技术手段研究黑龙江流域哲罗鲑遗传多样性与遗传结构的结果，以期为黑龙江流域哲罗鲑的保护和资源修复提供理论参考。

第一节 微卫星分析

梁利群等（2004）用 6 对虹鳟的微卫星标记对乌苏里江虎头江段 17 尾哲罗鲑样本进行了遗传多样性分析，发现这 6 个基因座的等位基因频率为 0.0455～0.7857，多态信息含量（PIC）为 0.2801～0.6351，杂合度为 0.3368～0.6563，因此认为乌苏里江虎头江段哲罗鲑的遗传多样性处于中度水平，但因其采用的是琼脂糖凝胶电泳技术鉴定基因型，且标记和样本数量均有限，并不能提供更详细的信息。

为进一步评估黑龙江流域哲罗鲑的遗传多样性和遗传结构，Kuang 等（2009）、匡友谊等（2010）采用 17 对微卫星标记对呈繁殖隔离状态的 4 个哲罗鲑群体进行了遗传多样性和遗传结构分析，这 4 个群体分别为呼玛河塔河段群体（HM）、乌苏里江虎头江段群体（HT）、海青江段群体（HQ）和抓吉江段群体（ZJ）（尹家胜等，2003；董崇智等，1998a）。虎头江段哲罗鲑样品分两次采集，分别于 2002 年 10 月（HT2002，样本量 n=18）和 2006 年 10 月（HT2006，样本量 n=32）采集，抓吉江段（ZJ，样本量 n=21）和海青江段（HQ，样本量 n=41）哲罗鲑样本于 2005 年 5 月采集，呼玛河样品（HM，样本量 n=25）于 2003 年 11 月采集。刘博等（2011）进一步采用 20 对微卫星标记对黑龙江流域 9 个地理群体进行了分析，样本除上述的 4 个群体外，还包括黑龙江上游的北极江段群体（BJ，样本量 n=16）、北红江段群体（BH，样本量 n=11）、洛古江段（LG，样本量 n=11）、逊克江段（XK，样本量 n=9）及额尔古纳河支流根河江段（GH，样本量 n=18）等 5 个群体样本。

本节以这两项研究结果为主，描述黑龙江流域哲罗鲑的种群遗传结构。

一、遗传多样性分析

Kuang 等（2009）、匡友谊等（2010）采用 17 个微卫星标记（表 10-1）对 4 个群体[呼玛河群体（HM）、乌苏里江虎头江段群体（HT）、海青江段群体（HQ）和抓吉江段群体（ZJ）]进行了遗传多样性分析，在 4 个群体 137 个样本中扩增出 21 个位点，其中多态位点 18 个，多态位点比率为 85.71%。在多态位点中，扩增的等位基因数在 2~9，平均为 4.1905，高度多态位点 13 个，中度多态位点 5 个，平均多态信息含量（PIC）为 0.5358（表 10-2）。

表 10-1 黑龙江流域哲罗鲑种群遗传结构研究所采用的微卫星标记

研究	微卫星标记
Kuang et al.，2009；匡友谊 等，2010	OMM1016, OMM5000, OMM5017, OMM1125, OMM1088, OMM1077, OMM1064, OMM1032, OMM1097, HLJZ023, HLJZ031, HLJZ056, HLJZ069, BLETET2, BLETET5, BLETET6, BLETET9
刘博等，2011	Omy1INRA, Omy1UoG, Omy24TUF, HtaCA25, HtaCA63, HtaCA69, Omy75TUF, Omy87TUF, HtaCA101, Omy108INRA, Omy111TUF, Omy120TUF, Omy134TUF, HtaCA151, Omy165TUF, HtaCA172, HtaCA183, HtaCA185, HtaCA203A, Omy1002UW

注：微卫星标记的引物序列、扩增条件及等位基因大小参见附录 1

表 10-2 黑龙江流域哲罗鲑 4 个地理群体的遗传多样性

群体		样品数	观测等位基因（Ao）	有效等位基因（Ae）	香农指数（Shannon's index）	观测杂合度（Ho）	期望杂合度（He）	固定指数（Fis）	多态信息含量（PIC）
HM		25	3.9524	2.7580	0.9628	0.5695	0.5091	−0.1415	0.4607
HT	2002 年样本	18	4.1429	3.2439	1.0970	0.6270	0.5713	−0.1276	0.5192
	2006 年样本	32	4.0952	3.0480	1.0685	0.5622	0.5609	−0.0109	0.51
	合并	50	4.1429	3.2580	1.1018	0.5860	0.5735	−0.0371	0.5228
ZJ		21	4.0952	2.9906	1.0473	0.5143	0.5532	0.07423	0.4973
HQ		41	4.0952	3.2072	1.0784	0.554	0.557	−0.0227	0.5094
全局		137	4.1905	3.4402	1.1358	0.5626	0.5862	0.02784	0.5358

注：全局表示所有群体的遗传多样性，摘自 Kuang 等（2009）、匡友谊等（2010）的数据

对 2002 年和 2006 年虎头江段群体（HT）样本遗传多样性进行比较分析，发现不同年份样本的参数值（观测等位基因 Ao、有效等位基因 Ae、观测杂合度 Ho、期望杂合度 He、香农指数 I、多态信息含量 PIC）差异不显著（$P>0.05$）（表 10-2），但 2006 年样本的遗传多样性参数值（Ao、Ae、Ho、He、I、PIC）均低于 2002 年

样本的遗传多样性参数值（Ao、Ae、Ho、He、I、PIC），说明虎头群体的遗传多样性水平可能有下降的趋势。

呼玛河群体（HM）、乌苏里江虎头江段群体（HT）、海青江段群体（HQ）和抓吉江段群体（ZJ）这 4 个群体的遗传多样性均处于中等水平（表 10-2），但在这 4 个群体中呼玛河群体（HM）的遗传多样性水平最低，平均 Ae、He 和 PIC 分别为 2.7580、0.5091、0.4607；而虎头江段群体（HT）的遗传多样性最高，其平均 Ae、He 和 PIC 分别为 3.2580、0.5735、0.5228，遗传多样性参数 Ae、He、I、PIC 均是 HT>HQ>ZJ>HM，经统计检验，群体间各参数值差异不显著（$P>0.05$）。

刘博等（2011）采用 20 个微卫星标记（表 10-1）对黑龙江流域 9 个群体进行了遗传多样性分析（表 10-3），也表明呼玛河群体（HM）的遗传多样性最低，而遗传多样性最高的为北红江段群体（BH），9 个群体的平均多态信息含量（PIC）为 0.3432～0.5261，期望杂合度（He）为 0.4012～0.6156。

表 10-3　黑龙江流域 9 个群体的遗传多样性

群体	观测等位基因（Ao）	有效等位基因（Ae）	香农指数（Shannon's index）	观测杂合度（Ho）	期望杂合度（He）	多态信息含量（PIC）
HT	3.8	2.5687	0.891	0.5233	0.4838	0.4275
ZJ	3.4	2.3858	0.8741	0.5458	0.5013	0.4322
HQ	3.7	2.603	0.9719	0.6658	0.5600	0.4764
HM	2.7	2.0402	0.6745	0.4565	0.4012	0.3432
BJ	3.35	2.3584	0.7760	0.4219	0.4307	0.3700
BH	3.95	2.8589	1.0795	0.3818	0.6156	0.5261
LG	3.05	2.265	0.7169	0.4318	0.4121	0.3451
XK	3.25	2.325	0.7846	0.4778	0.4438	0.3764
GH	3.15	2.4283	0.8269	0.6533	0.4834	0.4071
平均	3.37	2.4259	0.8439	0.5064	0.4813	0.4116

注：摘自刘博等（2011）的数据

二、群体遗传分化分析

黑龙江流域哲罗鲑群体存在显著性的遗传分化。对 HM、HT、HQ、ZJ 这 4 个群体间的遗传距离和遗传分化指数（Fst）的分析表明，这 4 个群体具有显著的遗传分化（Kuang et al.，2009；匡友谊等，2010；Tong et al.，2013）。这 4 个群体的分子方差分析（AMOVA）表明，群体间方差组分占总方差的 6.12%，达到极显著水平（$P<0.0001$），群体内个体间遗传差异不显著（$P=0.5240$）；群体间配对 Fst（pair-wise Fst）在 0.0193～0.1229（表 10-4），表现了较高的显著性水平（$P<0.0001$），

说明这 4 个群体已发生了显著性的遗传分化。HT 群体 2002 年和 2006 年样本间遗传差异小于各群体间的 Fst 值，并未出现群体亚分化（Fst=0.0164，$P>0.05$）。HM 与 HT、HQ、ZJ 的遗传距离和群体间的 Fst 均比 HT、HQ 和 ZJ 这 3 个群体两两之间的遗传距离、Fst 大（表 10-4）。若将乌苏里江 HT、HQ、ZJ 三个群体作为一个类群（用 WSL 表示），HM 作为另一个类群（用 HM 表示）进行分子方差分析（AMOVA），发现 WSL 和 HM 两类群间的遗传方差的贡献率为 8.36%，达极显著水平（$P=0.0001$），由此说明呼玛河哲罗鲑群体已与乌苏里江群体存在极显著的遗传分化。

表 10-4　哲罗鲑 4 个群体的遗传距离及 Fst（对角线以上）

群体	HM	HT	ZJ	HQ
HM		0.0930*	0.1167*	0.1229*
HT	0.1509		0.0252*	0.0251*
ZJ	0.1806	0.0411		0.0193*
HQ	0.2009	0.0411	0.0357	

注：对角线以上为 Fst，对角线以下为遗传距离；*表示 Fst 具有显著性（$P<0.0001$），遗传距离未进行显著性水平检验

刘博等（2011）对黑龙江流域 9 个群体遗传分化的分析也表明黑龙江流域哲罗鲑群体已产生严重的遗传分化，分子方差分析表明，群体间方差组分占总方差的 10.81%，并达到极显著水平（$P<0.0001$），配对群体间（pair-wise）的 Fst 在 0.0246~0.2333，均达到极显著水平（$P<0.0001$）（表 10-5）。

表 10-5　黑龙江流域哲罗鲑 9 个群体的 Fst 和遗传距离

群体	HT	ZJ	HQ	HM	BJ	BH	LG	XK	GH
HT		0.0481*	0.0578*	0.1161*	0.0970*	0.1680*	0.0985*	0.1102*	0.0874*
ZJ	0.0538		0.0246	0.0682*	0.0656*	0.1559*	0.0714*	0.1004*	0.0935*
HQ	0.0760	0.0436		0.0781*	0.0928*	0.1284*	0.1080*	0.0938*	0.0918*
HM	0.1078	0.0644	0.0792		0.1139*	0.2333*	0.1627*	0.1767*	0.1827*
BJ	0.1013	0.0761	0.1260	0.1012		0.1577*	0.0495*	0.0411*	0.0637*
BH	0.2363	0.2295	0.2285	0.3031	0.2118		0.1793*	0.1480*	0.1382*
LG	0.1059	0.099	0.1484	0.1521	0.0520	0.2605		0.0364*	0.0738*
XK	0.1318	0.1386	0.1465	0.1773	0.0529	0.2377	0.0462		0.0507*
GH	0.1039	0.1207	0.1485	0.1861	0.0714	0.231	0.0824	0.0718	

数据来源：刘博等（2011）。*表示 Fst 具有显著差异性（$P<0.0001$）

三、群体遗传组成分析

采用 Structure 软件（Evanno et al.，2005；Pritchard et al.，2000）对黑龙江流

域 HM、HT、HQ 和 ZJ 这 4 个群体的遗传组成的分析表明，这 4 个群体的个体明显聚为两个类群，HM 群体从整个大群体分离出来，聚为一个遗传群体，HT、ZJ 和 HQ 这 3 个群体聚为同一个遗传群体，4 个群体的样本表现为遗传混杂情况（图 10-1），说明目前黑龙江流域哲罗鲑已分化为两个遗传类型，即呼玛河遗传类型（HM）和乌苏里江遗传类型（WSL）（匡友谊等，2010）。

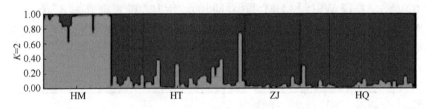

图 10-1　黑龙江流域哲罗鲑 4 个群体的遗传组成分析（彩图请扫二维码）
每条竖线代表 1 个个体，不同颜色表示不同的遗传组成，黑线为各群体的分隔线

采用 GeneClass2 软件（Piry et al.，2004）对群体中样本进行自我鉴别（self-classification）分析，结果显示，各群体的鉴别率在 57%～96%（表 10-6）。用蒙特卡罗（MC）算法重复抽样 10 000 次计算个体的鉴别率，109 个个体能正确分配到各群体中，正确率为 79.56%，质量指数（quality index）为 69.58%；不采用 MC 算法抽样计算鉴别率，各群体的鉴别率在 76%～96%，共 115 个个体正确分配到各群体中（83.9%），质量指数为 81.20%。从表 10-6 可以得知，HM 群体样本的自我鉴别率高于其他 3 个群体，且 HT、HQ 和 ZJ 群体中的个体几乎没有被错误鉴别到 HM 群体中，进一步说明了 HM 群体与乌苏里江 3 个群体间具有较大的遗传差异。分析结果也表明，各群体均有部分个体遗传混杂，导致其不能分配到正确的群体中。

表 10-6　群体内样本的自我鉴别分析结果

群体	蒙特卡罗算法（抽样 10 000 次）				不采用蒙特卡罗算法			
	HM	HT	ZJ	HQ	HM	HT	ZJ	HQ
HM	**22/0.88**	1/0.04	0	1/0.04	**24/0.96**	1/0.04	0	0
HT	0	**42/0.84**	3/0.06	1/0.02	1/0.02	**44/0.88**	3/0.06	2/0.04
ZJ	0	0	**12/0.57**	6/0.29	0	1/0.05	**16/0.76**	4/0.19
HQ	0	2/0.049	1/0.02	**33/0.80**	0	3/0.07	7/0.17	**31/0.76**

注：表中结果采用鉴别的个数/百分率（百分率用对应小数表示）表示，粗体表示正确鉴别的样本数量

四、群体基因流分析

群体遗传组成分析结果表明，黑龙江流域 HM、HT、HQ 和 ZJ 这 4 个群体均有遗传混杂的个体，说明群体间存在基因交流。采用 BayesAss 软件（Wilson and Rannala，2003）对近期迁移率（recent migrate rate）进行检测发现，群体间的迁入

率和迁出率较小且不对称，资源量大的群体是迁移的主要来源（如 HT 群体的迁出率为 0.1003，迁入率为 0.0256），HM 群体与其他三个群体间的迁移率小于后三个群体间的迁移率，ZJ 和 HQ 两群体间的迁移率最大（表 10-7）。采用 Migrate-n 软件（Beerli and Felsenstein，2001）检测的长期迁移率（long-term migrate rate）变化规律和上述结果相似，在 0.0143~0.0356，群体间的迁入率和迁出率也不对称（表 10-7）。群体间的迁移率和群体间的地理距离具有相关性，HM 和 HT、ZJ、HQ 3 个群体的地理距离较远，其迁移率比后 3 个群体间的迁移率低，而 ZJ 和 HQ 的地理距离近，两群体间的迁移率均比其他群体间的迁移率高。群体间的迁移率也和群体间遗传分化具有相关性（表 10-5），HM 和 HT、ZJ、HQ 间的遗传分化大，其迁移率小，而 ZJ 和 HQ 的遗传分化最小，其群体间的迁入率和迁出率均最大。

表 10-7　黑龙江流域 4 个地理群体的迁移率

配对比较群体	近期迁移率		长期迁移率	
	$m_{1->2}$	$m_{2->1}$	$m_{1->2}$	$m_{2->1}$
HM 和 HT	0.0071 (0.0001~0.0298)	0.0158 (0.0001~0.0755)	0.0143 (0.0088~0.0201)	0.0305 (0.0228~0.0368)
HM 和 ZJ	0.0120 (0.0001~0.0450)	0.0058 (0.0000~0.0270)	0.0223 (0.0122~0.0306)	0.0159 (0.0096~0.0219)
HM 和 HQ	0.0060 (0.0001~0.0257)	0.0067 (0.0000~0.0354)	0.0163 (0.0105~0.0210)	0.0299 (0.0228~0.0359)
HT 和 ZJ	0.0790 (0.0016~0.1787)	0.0136 (0.0835~0.0308)	0.0304 (0.0224~0.0315)	0.0102 (0.0053~0.0140)
HT 和 HQ	0.0055 (0.0000~0.0233)	0.0049 (0.0000~0.0212)	0.0337 (0.0263~0.0403)	0.0244 (0.0184~0.0298)
ZJ 和 HQ	0.2149 (0.1112~0.3156)	0.3134 (0.2828~0.3300)	0.0135 (0.0070~0.0193)	0.0356 (0.0271~0.0362)

注：表中括号内表示 95% 置信区间，短期迁移率采用 BayesAss 计算（Wilson and Rannala，2003），长期迁移率采用 Migrate-n 计算（Beerli and Felsenstein，2001）；迁移率中 1->2 和 2->1 表示基因流方向或者群体迁移方向

五、有效群体大小

对黑龙江流域 HM、HT、HQ 和 ZJ 4 个群体的有效群体大小的分析表明，有效群体大小和其群体的密度成正比。群体密度 HT 最大，HQ 次之，HM 最小（尹家胜等，2003；董崇智等，1998b），各群体的有效群体大小（Ne）也呈现这种关系（表 10-8）。利用连锁不平衡法（LDNE）估计（Waples and Chi，2008）Ne，结果显示这 4 个群体的有效群体数量在 31.4~358.1，HM 群体最小，为 31.4，HT 群体最大，为 358.1。利用 Bayesian MCMC 算法（Beerli and Felsenstein，2001）计算的结果也遵循上述规律，但 HM、ZJ 和 HQ 群体的计算结果比 LDNE 的计算结果大，而 HT 的计算结果却比 LDNE 的计算结果小。

表10-8　黑龙江流域哲罗鲑4个地理群体的有效群体大小估计

群体	Bayesian MCMC 算法		连锁不平衡分析	
	Ne	95% CI	Ne	95% CI
HM	69.59	57.1～87.1	31.4	21.8～50.7
HT	136.3	127.1～142.9	358.1	137.2～Infinite
ZJ	100.2	70.7～125.7	45.2	26.7～113.4
HQ	132.4	116.4～142.1	127.9	72.6～395.9

注：95% CI 表示 95%置信区间；Bayesian MCMC 算法采用 Migrate-n 软件计算，连锁不平衡分析采用 LDNE 计算。Infinite. 无限大

表10-8 显示，哲罗鲑各群体具有较小的有效群体，较小的有效群体会导致群体的近交现象，各群体的同胞/半同胞对检测证实了这一点。用 Kingroup 软件（Konovalov et al.，2004）对各群体进行同胞和半同胞对检测发现，4 个群体共检测出 32 对同胞系，最少的为 ZJ 群体（2 个同胞/半同胞对），含有 4 个个体，占群体样品数的 19.04%，HQ 群体检测出 14 个同胞/半同胞对，含有 28 个个体，占群体样品数的 68.29%，其余两个群体分别为 HM 群体（6 个同胞/半同胞对，含有 20 个个体，占群体样品数的 80%）、HT 群体（10 个同胞/半同胞对，含有 24 个个体，占群体样品数的 48.0%）。

刘博等（2011）采用 NeEstimator 1.3（Nomura，2008）分析黑龙江流域 9 个地理群体的有效群体大小也发现黑龙江流域哲罗鲑各地理群体的有效群体较小，采用连锁不平衡法估计，HT 群体的有效群体数量最大，为 74.6；BH 群体最小，仅为 6.2。而采用杂合子过剩计算方法检测时 XK 群体的有效群体数量最大，为 41.4，而 HQ 群体最小，仅为 4.6。同时，利用 Kingroup 进行同胞对检测，在 9 个群体中共检测出 66 个同胞/半同胞对，包含 113 个个体，占所有样本数的 70.18%。

六、遗传瓶颈分析

匡友谊等（2010）对黑龙江流域 HM、HT、HQ 和 ZJ 4 个群体的全局遗传瓶颈进行检测，结果发现，位点在无限等位基因突变模型（infinite alleles mutation model，IAM）、逐步突变模型（stepwise mutation model，SMM）和两阶段突变模型（two phased mutation model，TPM）假设前提下（Cornuet and Luikart，1996；Piry et al.，1999），黑龙江流域哲罗鲑在群体演化过程中发生过遗传瓶颈，其中在乌苏里江哲罗鲑群体中检测到显著的遗传瓶颈，呼玛河群体虽未发生显著的遗传瓶颈，但其杂合子过剩现象严重，不排除其在演化过程中遗传瓶颈发生的可能性（Cornuet and Luikart，1996；Piry et al.，1999）。刘博等（2011）对黑龙江流域 9 个群体的遗传瓶颈的分析也发现，黑龙江流域哲罗鲑发生过显著的遗传瓶颈，其中

在乌苏里江抓吉群体（ZJ）、虎头群体（HT）、呼玛河群体（HM）、黑龙江上游逊克群体（XK）和内蒙古根河群体（GH）这几个群体检测到显著的遗传瓶颈。

通过对以上黑龙江流域哲罗鲑种群遗传结构的微卫星分析，可以得出以下结论：①在黑龙江流域中，呼玛河群体的遗传多样性最低，低于乌苏里江和黑龙江干流群体的遗传多样性，而在乌苏里江和黑龙江上游干流中，虎头江段和北红江段群体的遗传多样性最高；②随着时间的推移，虎头江段群体的遗传多样性有下降趋势；③黑龙江流域哲罗鲑遗传分化显著，可以分化为两个具有独特遗传组分的亚群，即呼玛河哲罗鲑亚群和乌苏里江哲罗鲑亚群，这两个亚群之间具有一定的基因交流；④黑龙江流域哲罗鲑各地理群体的有效群体均较小，近交现象严重，群体内存在大量的同胞或半同胞现象；⑤黑龙江流域哲罗鲑在群体演化过程中发生过显著的遗传瓶颈事件。

第二节　AFLP 分析

DNA 扩增片段长度多态性（amplified fragment length polymorphism of DNA，AFLP）技术是一种高灵敏度、高容量标记技术（Vos et al.，1995），能揭示生物种间和种内的遗传差异。AFLP 标记已广泛应用于生物多样性研究、指纹图谱和遗传图谱的构建、基因定位等领域。匡友谊等（2007）和佟广香等（2009）应用 AFLP 标记技术对黑龙江流域哲罗鲑群体进行遗传多样性及遗传结构分析，进一步评价了黑龙江流域哲罗鲑种群的遗传结构状况。

一、呼玛河哲罗鲑遗传多样性的 AFLP 分析

匡友谊等（2007）采用限制性内切酶 EcoRI 和 Tru9I 及 12 对引物组合对呼玛河哲罗鲑样本（HM，样本采集地点和时间参见第一节）进行了 AFLP 分析，获得多态位点 565 个，多态位点百分率为 85.23%，平均每个引物组合多态位点数为39.75（表 10-9）。

表 10-9　呼玛河哲罗鲑遗传多样性的 AFLP 分析

引物组合	选择性碱基	扩增位点数	多态位点数	多态位点百分率（%）	根井正利基因多样性指数	Shannon 指数
E-1/T-2	E+AGC/T+CAC	53	42	79.25	0.3911	0.5337
E-3/T-4	E+ACA/T+CTT	58	49	81.67	0.3928	0.5535
E-4/T-2	E+AAG/T+CAC	42	34	84.48	0.3653	0.5392
E-4/T-5	E+AAG/T+CTG	47	33	70.21	0.3438	0.4494
E-4/T-8	E+AAG/T+CTC	43	39	90.7	0.4141	0.6098
E-6/T-1	E+ACG/T+CTA	52	40	84	0.4383	0.5356

续表

引物组合	选择性碱基	扩增位点数	多态位点数	多态位点百分率（%）	根井正利基因多样性指数	Shannon 指数
E-6/T-6	E+ACG/T+CAT	42	36	85.71	0.3879	0.4631
E-6/T-7	E+ACG/T+CAG	45	41	91.11	0.3651	0.4865
E-6/T-8	E+ACG/T+CTC	46	39	84.78	0.3916	0.5372
E-8/T-5	E+AAC/T+CTG	50	46	92	0.381	0.519
E-4/T-1	E+AAG/T+CTA	48	44	91.67	0.4099	0.4796
E-3/T-3	E+ACA/T+CAA	39	34	87.18	0.3596	0.4156
平均值		47.08	39.75	85.23	0.3867	0.5102

注：引物序列参见匡友谊等（2007），表中根井正利基因多样性指数和 Shannon 指数为引物组合中多态位点的平均值

在假设哈迪-温伯格平衡（Hardy-Weinberg equilibrium）的前提下，AFLP 扩增位点的基因频率在 0.05～0.95，其中基因频率小于 0.1 的稀有位点 13 个，占总位点数目的 2.30%，基因频率大于等于 0.9 的绝对优势位点为 12 个，占总位点数目的 2.12%。个体之间的根井正利基因多样性指数（Nei's gene diversity index, H）在 0.0950～0.5000，平均 H 值为 0.3867。Shannon 指数（I）在 0.1181～0.6931，平均 I 为 0.5102（表 10-9），各引物组合的基因多样性指数和 Shannon 指数（I）差异不大（$P>0.05$）。

呼玛河哲罗鲑 20 个个体之间的遗传相似性最小，为 0.3491，最大为 0.7643，平均遗传相似性系数为 0.5448；遗传距离在 0.2357～0.6509，平均遗传距离为 0.4552。个体聚类分析表明，呼玛河哲罗鲑 20 个样本明显地聚类为 a、b 两个分支（图 10-2），在 a 部分里，ind18、ind17、ind14、ind15 和 ind16 显著聚为一类 c，表明 c 支的这几个个体遗传相似性较高，具有较近的亲缘关系，特别是 ind14 和 ind15、ind17 和 ind18 具有很近的亲缘关系；在 b 部分里，ind5 和 ind7、ind2 和 ind4 与 b 部分中的其他个体相比亲缘关系较近。这一结果说明呼玛河哲罗鲑群体近交现象严重，与微卫星标记进行的同胞对检测结果一致（参见第一节第五部分描述）。

二、黑龙江流域哲罗鲑 4 个群体的 AFLP 分析

佟广香等（2009）进一步采用 7 对 AFLP 引物对黑龙江流域呼玛河群体（HM）、乌苏里江虎头群体（HT）、海青群体（HQ）和抓吉群体（ZJ）等 4 个群体的 104 份哲罗鲑样本进行了 AFLP 分析，获得多态位点 193 个，多态位点百分率为 70.30%（表 10-10）。

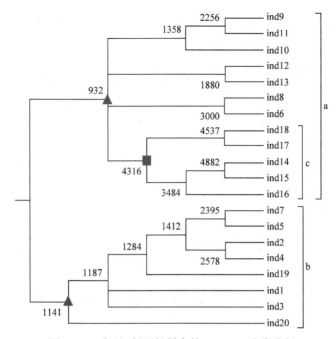

图 10-2　呼玛河哲罗鲑样本的 UPGMA 聚类分析

图中树枝上的数字为 bootstrap 值，bootstrap 抽样 5000 次，▲表示 a 和 b 分支节点，■表示 c 分支节点

表 10-10　黑龙江流域哲罗鲑 4 个地理群体的 AFLP 扩增结果

引物组合	选择性碱基	扩增片段大小（bp）	总位点数	多态位点数	多态位点百分率（%）
E1/T1	E1-AGC/T1-CTA	80～400	37	25	67.57
E1/T7	E1-AGC/T7-CAG	130～450	35	27	77.14
E1/T8	E1-AGC/T8-CTC	80～350	38	29	76.32
E3/T8	E3-ACA/T8-CTC	80～450	38	25	65.79
E7/T8	E7-ACC/T8-CTC	80～400	42	27	64.29
E1/T2	E1-AGC/T2-ACA	80～400	42	26	61.9
E4/T6	E4-AAG/T6-CAT	70～450	43	34	79.07
合计			275	193	
平均			39.3	27.57	70.30

注：修改自佟广香等（2009），引物序列参见佟广香等（2009）

　　4 个哲罗鲑群体的遗传多样性分析表明，Nei's 基因多样性指数 H 在 0.148～0.1953，香农指数（I）在 0.2215～0.2913，其中呼玛河群体 H 和 I 最低（H: 0.148；I: 0.2215）；多态位点数（AP）、多态位点百分率（P）、观测等位基因（Ao）、有效等位基因（Ae）、Nei's 基因多样性指数（H）、Shannon 指数（I）和群体内遗传

距离（D）揭示的规律一致，由高到低依次是 HTA、ZJ、HQ、HTB、HM，而 S 的排列顺序正好与之相反（表 10-11）。

表 10-11　黑龙江流域 4 个哲罗鲑群体内的遗传多样性参数

群体	多态位点数（AP）	多态位点百分率（P）	观测等位基因（Ao）	有效等位基因（Ae）	Nei's 基因多样性指数（H）	Shannon 指数（I）	群体内遗传相似性（S）	群体内遗传距离（D）
呼玛河 HM	120	43.64	1.4364	1.2541	0.148	0.2215	0.8776	0.1224
海青 HQ	143	52	1.52	1.3012	0.178	0.2673	0.8609	0.1391
虎头 2002 年样本 HTA	153	55.64	1.5564	1.3353	0.1953	0.2913	0.8478	0.1522
虎头 2006 年样本 HTB	128	46.55	1.4655	1.274	0.1586	0.2369	0.8759	0.1241
抓吉 ZJ	152	55.27	1.5527	1.3274	0.1887	0.2813	0.8538	0.1462
平均	139.2	50.62	1.506	1.298	0.1737	0.2597	0.8632	0.1368
合计	193	70.18	1.7018	1.4257	0.2478	0.3698	—	—

注：修改自佟广香等（2009）的数据

群体间遗传分化度（Gst）和基因流（Nm）分析表明（表 10-12），配对群体间的 Gst（pair-wise Gst）在 0.1545～0.3138；Nm 在 1.0932～2.7364；总的群体间 Gst（overall Gst）为 0.2991，Nm 为 1.1718，即群体间遗传变异占总变异的 29.91%。HM 群体与其他 3 个群体间的遗传分化大于其他 3 个群体间的遗传分化。

表 10-12　群体间遗传分化度和基因流

群体	呼玛河 HM	海青 HQ	虎头 HTA	虎头 HTB	抓吉 ZJ
呼玛河 HM	—	0.2567	0.2619	0.3138	0.2358
海青 HQ	1.4479	—	0.1545	0.2052	0.1772
虎头 HTA	1.4091	2.7364	—	0.1593	0.1545
虎头 HTB	1.0932	1.9361	2.6394	—	0.1810
抓吉 ZJ	1.6204	2.3223	2.7363	2.2621	—

注：摘自佟广香等（2009）的数据；对角线上为遗传分化度（Gst），对角线下为基因流（Nm）

遗传变异的分子方差分析（AMOVA）表明，群体间差异显著（$P<0.05$）。群体的遗传多样性主要分布在群体内，占变异成分的 62.64%，有 37.36% 分布在群体间，与 Nei 基因多度法计算的遗传分化度（Gst）的结果基本一致。

Nei's 遗传距离（D）和遗传相似性（S）的分析显示（表 10-13），D 值为 0.0795～0.1764，S 值为 0.8383～0.9236，各群体与呼玛河群体的 D 值相对较高。个体聚类结果表明（图 10-3），4 个群体明显被分为 5 支，虎头江段 2002 年样本（HTA）和 2006 年样本（HTB）聚类为 2 支，说明虎头群体随着时间的推移，群体已产生了分化（图 10-3）。

表 10-13　群体间相似性和遗传距离矩阵

群体	呼玛河 HM	海青 HQ	虎头 HTA	虎头 HTB	抓吉 ZJ
呼玛河 HM	—	0.8698	0.8576	0.8383	0.8800
海青 HQ	0.1395	—	0.9211	0.9000	0.9084
虎头 HTA	0.1536	0.0822	—	0.9236	0.9185
虎头 HTB	0.1764	0.1054	0.0795	—	0.9122
抓吉 ZJ	0.1279	0.0961	0.0850	0.0919	—

注：摘自佟广香等（2009）的数据；对角线上为遗传相似性，对角线下为遗传距离

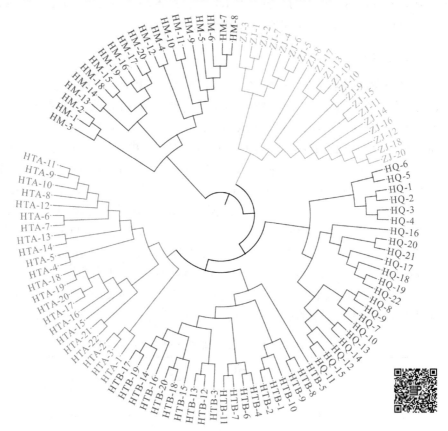

图 10-3　黑龙江流域 4 个群体 104 个哲罗鲑个体 AFLP 数据的 UPGMA 聚类图（彩图请扫二维码）

（修改自佟广香等，2009）

第三节　线粒体基因分析

线粒体基因组由于其母系遗传的特点，复制过程中缺乏修复机制，因此序列的累积变异速率远大于核基因组的变异速率等（Liu and Cordes，2004；Brown，2008），其成为群体演化历史研究的一种非常有效的工具，已广泛用于物种的遗传多样性、系统地理学（phylogeography）、养殖群体遗传管理等研究中（Sekino et al.，2002；Pramual et al.，2005），也在鲑科鱼类的遗传结构、群体演化等研究中得到广泛应用（Doiron et al.，2002；Gum et al.，2005；Froufe et al.，2003，2005，2008；Koskinen et al.，2002；Weiss et al.，2002）。因此采用线粒体基因对黑龙江流域哲罗鲑进行遗传结构分析，揭示其遗传结构和群体演化历史，可以为保护和合理利用哲罗鲑遗传资源提供理论依据。

一、样本来源及序列扩增

在黑龙江流域 9 个区域内采集了 30 个哲罗鲑和 6 个细鳞鲑[3 个"尖嘴"型：（JX）和 3 个"钝嘴"型：（DX）]样品进行线粒体序列分析（采集地点及样品数目见表 10-14）。采用正向引物 TyrCOI（5′-CTGTTTATGGAGCTACAATC-3′）和反向引物 SerCOI（5′-GTGGCAGAGTGGTTATG-3′）扩增 *Cox1* 基因（Doiron et al.，2002）；采用正向引物 BINDF（5′-TAAGGTGGCAGAGCCCGGTA-3′）和反向引物 BINDR（5′-TTGAACCCCTATTAGCCACGC-3′）扩增 *ND1* 基因（Froufe et al.，2005）。ND1 采用双向测序，测序引物同 PCR 扩增引物。*Cox1* 基因 PCR 扩增产物较长，采取的测序策略为：先采用双向测序（测序引物同 PCR 扩增引物），根据 SerCOI 测序结果，从中设计一条内部测序引物进行第 3 次测序，测序引物序列为 *Cox1*-516（5′-ATAAAACCCCCAGCCATTTC-3′）。测序获得的测序峰用 Base-Calling 算法进行碱基判读，GAP4 进行序列拼接（Staden，1996），去除 5′ 和 3′ 端平均置信度低于 15 的低分值碱基。

表 10-14　样品采集的群体代号、数量及采集地

群体		样本数目	采样时间	采集地
	BH	3	2007.10	黑龙江上游北红村江段
	BJ	3	2007.10	黑龙江上游北极村江段
哲罗鲑	HH	3	2007.10	内蒙古伊敏河上游红花尔基江段
	LG	3	2007.10	黑龙江上游支流洛古河
	HM	3	2003.10	黑龙江流域呼玛河塔河江段

续表

群体		样本数目	采样时间	采集地
哲罗鲑	XK	3	2007.10	黑龙江上游逊克江段
	HQ	3	2005.10	乌苏里江海青江段
	HT	6	2005.10	乌苏里江虎头江段
	ZJ	3	2005.10	乌苏里江抓吉江段
细鳞鲑	JX	3	2007.10	黑龙江上游北极村江段
	DX	3	2007.10	黑龙江上游支流洛古河

二、序列分歧度分析

Cox1：36 个个体中有 35 个个体成功扩增出 *Cox1* 基因序列，为 1550 bp，经多重序列比对分析，共有 114 个变异位点，其中含有简约信息位点 108 个。在 9 个群体中，共发现 10 个单倍型（表 10-15），其中 BH 和 XK 群体只有 1 个单倍型，HT 群体单倍型最多，为 4 个。*Cox1* 基因在群体内平均序列分歧距离（average within group，Da）为 0~0.0022，所有样本间平均序列分歧距离 Da 为 0.0013，配对群体间序列分歧距离为 0~0.0028。ModelTest 分析结果表明，*Cox1* 的最佳进化模型为 HKY+G，碱基的转换率（Ti）和颠换率（Tv）的比值为 10.0885。

表 10-15　*ND1*、*Cox1* 基因序列及其组合数据的单倍型在哲罗鲑各群体中的分布

序列	单倍型	哲罗鲑群体								
		BH	BJ	HH	HQ	LG	HM	HT	XK	ZJ
ND1	BH1	1								
	BH11	2	1	2	3	2	1	5	2	3
	BJ1		2							
	T021							1		
	HM1						1			
	XK2								1	
	HH1			1						
Cox1	BH11	3	1	1	2	2	2	3	3	1
	BJ1		2							
	HH3			1						
	HQ3					1				
	HM2						1			
	LG4					1				
	HT023							1		
	HT061							1		
	HT063							1		
	ZJ1									2

续表

序列	单倍型	哲罗鲑群体								
		BH	BJ	HH	HQ	LG	HM	HT	XK	ZJ
	BH1	1								
	BH11	2		1	2	2		2	2	1
	BJ1		1							
	BJ2		1							
	BJ3		1							
	HH3			1						
ND1 和 *Cox1* 组合序列	HQ3				1					
	HM1						1			
	HM2						1			
	HT021							1		
	HT023							1		
	HT061							1		
	HT063							1		
	XK2								1	
	ZJ1									2

ND1：36 个个体中有 33 个个体成功扩增出 *ND1* 基因序列，为 1000 bp，序列分析发现变异位点 100 个，其中含有 94 个简约信息位点。*ND1* 基因在哲罗鲑所有群体中共发现 7 个单倍型，其中 HQ、LG 和 ZJ 3 个群体均只有一个单倍型（表10-15）。*ND1* 基因在群体内平均序列分歧距离在 0～0.0013，所有样本间平均序列分歧距离为 0.0006，配对群体间序列分歧距离为 0～0.0013。ModelTest 分析结果表明，*ND1* 的最佳进化模型为 HKY+G，碱基的转换率（Ti）和颠换率（Tv）的比值为 8.1985。

Cox 和 *ND1* 组合序列：对 *Cox1* 和 *ND1* 基因序列进行组合分析，有 32 个个体成功扩增出 *Cox1* 和 *ND1* 基因，序列大小为 2550 bp，变异位点数为 212 个，简约信息位点数为 200 个。在 9 个哲罗鲑群体中共发现 15 个单倍型（表 10-15），所有样本间平均序列分歧距离为 0.0009，群体内平均序列分歧距离为 0～0.0020，配对群体间序列分歧距离为 0.0001～0.0019。ModelTest 分析结果表明，组合序列的最佳进化模型为 HKY+G，碱基的转换率（Ti）和颠换率（Tv）的比值为 10.033。

三、单倍型网络分析

采用 TCS 软件（Clement et al.，2000）进行单倍型无根网络分析。*Cox1* 基因在哲罗鲑群体中共有 10 个单倍型,单倍型 BH11 在每个群体中均出现,为 9 个群体的共享单倍型,除 BH11 外,各群体间无共享单倍型,但有各自特有的单倍型。*ND1* 基因在哲罗鲑群体中出现 7 个单倍型,*ND1* 和 *Cox1* 基因的组合序列在哲罗鲑群体中出现 15 个单倍型,这两个序列单倍型的分布规律和 *Cox1* 相似,BH11 为除 BJ 和 HM 外 7 个群体的共享单倍型(表 10-15)。

从单倍型无根网络分析结果中可知,*Cox1*、*ND1* 及其组合数据的单倍型在哲罗鲑中均出现一个共同的单倍型(用方框及椭圆表示,方框及椭圆的大小表示分布频率)(图 10-4),在网络中特定的分支包含来自单个地理群体的单倍型,这表明黑龙江流域哲罗鲑群体出现了较为严重的分化。从图 10-4 还可以得知,*Cox1*、*ND1* 及其组合数据的单倍型网络中均为星状网络,*ND1* 最为明显,以共同单倍型 BH11 为中心,呈辐射状分布,表明黑龙江流域哲罗鲑群体发生过遗传瓶颈,并在遗传瓶颈发生之后,群体数量有了增长。

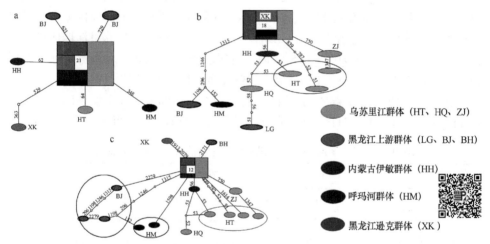

图 10-4　*Cox1*、*ND1* 及其组合数据的单倍型无根网络(彩图请扫二维码)

图中单倍型用方框和椭圆表示,方框和椭圆的大小表示单倍型的分布频率,空心圆表示单倍体序列碱基变异,数字表示突变碱基的位置;a 为 *ND1* 单倍型网络,b 为 *Cox1* 单倍型网络,c 为 *ND1* 和 *Cox1* 组合数据单倍型网络

四、遗传分化分析

Cox1、*ND1* 及两者的组合序列数据的 AMOVA 分析结果表明(表 10-16),黑龙江流域哲罗鲑存在显著的遗传分化,群体间显示出显著的遗传差异。群体间变异占总变异的 4.91%～7.92%,Fst 为 0.0491～0.0792,表现出显著性水平(*P*<0.05)。这和单倍型无根网络分析结果一致。

表 10-16　黑龙江流域哲罗鲑 9 个群体的 *Cox1* 和 *ND1* 基因序列的分子方差分析

序列数据	方差来源	总变异百分比（%）	分化指数
Cox1	群体间	7.04	Fst=0.0704*
	群体内	92.96	
ND1	群体间	4.91	Fst=0.0491*
	群体内	95.09	
ND1 和 *Cox1* 组合序列	群体间	7.92	Fst=0.0792*
	群体内	92.08	

*表示显著性水平 $P < 0.05$

　　群体间配对 Fst 分析显示（表 10-17 和表 10-18），黑龙江上游北极村范围内群体和黑龙江中上游逊克江段群体、乌苏里江群体、呼玛河群体及内蒙古伊敏河群体具有较大的遗传差异（Fst 为 0.14～0.5），呼玛河群体和乌苏里江群体具有较大的遗传差异（Fst 为 0.02～0.25），内蒙古伊敏河群体（HH）和乌苏里江下游群体（ZJ）存在遗传差异（Fst 为 0.04～0.33），而和中上游群体（HQ、HT）无群体分化（Fst 为负，表明群体间不存在遗传分化）。乌苏里江 3 个群体间，即下游 ZJ 群体和中上游 HQ、HT 群体间存在遗传分化，而 HQ、HT 间不存在群体分化。

表 10-17　基于 *Cox1* 和 *ND1* 基因序列分析的哲罗鲑配对群体间 Fst

群体	配对群体								
	BH	BJ	HH	HQ	LG	HM	HT	XK	ZJ
BH	—	0.1429	−0.2000	0.0000	−0.2000	−0.2000	−0.0588	−0.1539	0.0000
BJ	0.5000*	—	0.1429*	0.5000*	0.3684	0.0455*	0.3721*	0.1177*	0.5000*
HH	0.2500*	0.3523*	—	0.0000	−0.2000	−0.2000	−0.0588	−0.15385	0.0000
HQ	0.0000	0.3636*	−0.3636	—	0.0000	0.2500*	−0.1539	0.0000	0.0000
LG	0.0000	0.3077*	−0.2000	−0.2632	—	0.0000	−0.3044	−0.2000	0.0000
HM	0.0000	0.0000	−0.1250	0.0000	0.0000	—	0.0943*	−0.2000	0.2500*
HT	−0.1539	0.2878*	−0.2669	−0.1589	−0.1111	0.0177*	—	0.0149*	−0.1539
XK	0.0000	0.5000*	0.2500*	0.0000	0.0000	0.0000	−0.1539	—	0.0000
ZJ	0.5000	0.5000*	0.3226*	0.2000*	0.1429*	0.1250*	−0.0588	0.5000*	—

注：对角线以下为 *Cox1* 在配对群体间的 Fst 值，对角线以上为 *ND1* 在配对群体间的 Fst 值，*表示显著性水平 $P < 0.05$

对 *Cox1* 和 *ND1* 基因的组合序列各单倍型进行聚类分析，结果发现，最大简约法（MP）、最大似然率法（ML）和 NJ 距离聚类法所获得的结果一致（图 10-5），各地理群体的单倍型不能明显地聚成分支，但代表黑龙江上游群体的单倍型和代表乌苏里江的单倍型能显著地聚在一起（图 10-5 中的 A 和 B 这 3 个分支），这也说明了黑龙江流域哲罗鲑在这两个地理群中存在显著的遗传分化。

表 10-18　基于 *Cox1* 和 *ND1* 基因组合序列分析的哲罗鲑配对群体间 Fst

群体	配对群体 Fst								
	BH	BJ	LG	XK	HH	HQ	HT	ZJ	HM
BH	—								
BJ	0.4615*	—							
LG	−0.2000	0.5082*	—						
XK	−0.1539	0.4286*	−0.2000						
HH	−0.2000	0.3445*	0.0000	−0.2000					
HQ	−0.1250	0.4000*	−0.2000	−0.1053	−0.4348				
HT	−0.1368	0.3077*	−0.2152	−0.1068	−0.3044	−0.1736			
ZJ	−0.1429	0.4615*	0.3684*	0.1177*	0.0455*	0.1000	−0.0965		
HM	0.1028	0.0365*	0.0000	0.0769*	−0.1111	0.0551*	0.0801*	0.1724*	—

*表示显著性水平 *P*<0.05

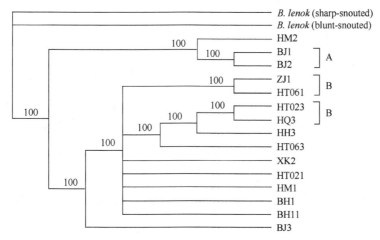

图 10-5　基于 *Cox1* 和 *ND1* 基因组合序列构建的最大似然聚类树

图中数字表示 bootstrap 支持率（%）。A 表示黑龙江上游地区群体；B 表示乌苏里江群体。树以外源群细鳞鲑尖嘴型（sharp-snouted）和钝嘴型（blunt-snouted）为根

五、群体演化分析

采用 Arlequin 群体错配分布骤涨模型对黑龙江流域哲罗鲑进行群体演化分析，单倍型间的错配分布均呈现单峰现象（图 10-6），表明群体在遗传瓶颈发生后发生过扩张。采用 Arlequin 群体错配分布骤涨模型分析群体扩张前（θ_0）和扩张后（θ_1）有效群体大小（表 10-19），各群体的 θ_0 和 θ_1 之间有较大的差别，这些现象均暗示黑龙江流域哲罗鲑种群发生过膨胀（Pramual et al.，2005）。这个结果也和单倍型无根网络呈星型分布所得出的结果类似。

表 10-19　哲罗鲑各群体数量增长的参数分析及骤涨模型适合度检验

数据	群体增长参数				
	τ	θ_0	θ_1	SSD	P
ND1	1.50	0.100	5.27	0.15	0.06
Cox1	3.02	0.001	11 126.67	0.19	0.13
ND1 和 Cox1 组合数据	2.41	0.180	11.98	0.17	0.10

注：θ_0. 群体数量增长前有效群体大小，θ_1. 群体数量增长后有效群体大小，τ. 群体数量增长的时间（用代表示），SSD. 骤涨模型分析的方差平方和，P. 骤涨模型适合度检验的显著性水平

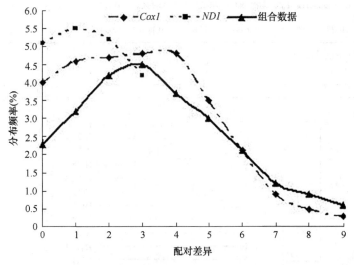

图 10-6　Cox1、ND1 基因及其组合数据（combined data）在黑龙江流域哲罗鲑群体中的错配分布

用群体增长分析的参数 τ（tau）和鲑科鱼类线粒体基因的平均变异（1.2%~1.3%）计算群体增长的时间（图 10-7），黑龙江流域哲罗鲑群体的增长时间为 35 万~45 万年。

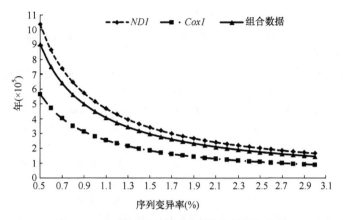

图 10-7　黑龙江流域哲罗鲑群体数量增长分析

参 考 文 献

董崇智, 李怀明, 赵春刚, 等. 1998a. 濒危名贵哲罗鱼保护生物学的研究 I. 哲罗鱼分布区域及其变化. 水产学杂志, 11: 65-70.

董崇智, 李怀明, 赵春钢. 1998b. 濒危名贵鱼类哲罗鱼保护生物学的研究 III. 哲罗鱼的资源评价及濒危原因. 水产学杂志, 11: 40-45.

姜作发, 唐富江, 尹家胜, 等. 2004. 乌苏里江上游虎头江段哲罗鱼种群结构及生长特性. 东北林业大学学报, 32: 53-55.

匡友谊, 佟广香, 徐伟, 等. 2010. 黑龙江流域哲罗鲑的遗传结构分析. 中国水产科学, 17: 1208-1217.

匡友谊, 佟广香, 尹家胜, 等. 2007. 呼玛河哲罗鱼遗传多样性的 AFLP 分析. 中国水产科学, 14: 615-621.

梁利群, 常玉梅, 董崇智, 等. 2004. 微卫星 DNA 标记对乌苏里江哲罗鱼遗传多样性的分析. 水产学报, 28: 241-244.

刘博, 匡友谊, 佟广香, 等. 2011. 微卫星分析 9 个哲罗鱼野生群体的遗传多样性. 动物学研究, 32: 597-604.

佟广香, 匡友谊, 尹家胜. 2009. 野生哲罗鱼种质资源遗传多样性的 AFLP 分析. 中国水产科学, 16: 833-841.

尹家胜, 徐伟, 曹顶臣, 等. 2003. 乌苏里江哲罗鲑的年龄结构、性比和生长. 动物学报, 49: 687-692.

Beerli P, Felsenstein J. 2001. Maximum likelihood estimation of a migration matrix and effective population sizes in n subpopulations by using a coalescent approach. Proc National Acad Sci, 98: 4563-4568.

Brown K. 2008. Fish mitochondrial genomics: sequence, inheritance and functional variation. J Fish Biol, 72: 355-374.

Chakraborty R. 1993. Human Population Genetics, A Centennial Tribute to J. B. S. Haldane. Plenum

Press: 189-206.

Clement M, Posada D, Crandall K. 2000. TCS: a computer program to estimate gene genealogies. Mol Ecol, 9: 1657-1659.

Cornuet J, Luikart G. 1996. Description and power analysis of two tests for detecting recent population bottlenecks from allele frequency data. Genetics, 144: 2001-2014.

Doiron S, Bernatchez L, Blier P U. 2002. A comparative mitogenomic analysis of the potential adaptive value of arctic charr mtDNA introgression in brook charr populations (*Salvelinus fontinalis* Mitchill). Mol Biol Evol, 19: 1902-1909.

Evanno G, Regnaut S, Goudet J. 2005. Detecting the number of clusters of individuals using the software structure: a simulation study. Mol Ecol, 14: 2611-2620.

Froufe E, Alekseyev S, Alexandrino P, et al. 2008. The evolutionary history of sharp- and blunt-snouted lenok (*Brachymystax lenok* Pallas, 1773) and its implications for the paleo-hydrological history of Siberia. BMC Evol Biol, 8: 40.

Froufe E, Alekseyev S, Knizhin I, et al. 2003. Comparative phylogeography of salmonid fishes (Salmonidae) reveals late to post-Pleistocene exchange between three now-disjunct river basins in Siberia. Divers Distrib, 9: 269-282.

Froufe E, Alekseyev S, Knizhin I, et al. 2005. Comparative mtDNA sequence (control region, ATPase 6 and NADH-1) divergence in *Hucho taimen* (Pallas) across four Siberian river basins. J Fish Biol, 67: 1040-1053.

Gum B, Gross R, Kuehn R. 2005. Mitochondrial and nuclear DNA phylogeography of European grayling (*Thymallus thymallus*): evidence for secondary contact zones in central Europe. Mol Ecol, 14: 1707-1725.

Konovalov D A, Manning C, Henshaw M T. 2004. kingroup: a program for pedigree relationship reconstruction and kin group assignments using genetic markers. Mol Ecol Notes, 4: 779-782.

Koskinen M T, Knizhin I, Primmer C R, et al. 2002. Mitochondrial and nuclear DNA phylogeography of *Thymallus* spp. (grayling) provides evidence of ice-age mediated environmental perturbations in the world's oldest body of fresh water, Lake Baikal. Mol Ecol, 11: 2599-2611.

Kuang Y Y, Tong G X, Xu W, et al. 2009. Analysis of genetic diversity in the endangered *Hucho taimen* from China. Acta Ecol Sinica, 29: 92-97.

Liu Z J, Cordes J F. 2004. DNA marker technologies and their applications in aquaculture genetics. Aquaculture, 238: 1-37.

Nomura T. 2008. Estimation of effective number of breeders from molecular coancestry of single cohort sample. Evol Appl, 1: 462-474.

Piry S, Alapetite A, Cornuet J M, et al. 2004. GENECLASS2: a software for genetic assignment and first-generation migrant detection. J Hered, 95: 536-539.

Piry S, Luikart G, Cornuet J M. 1999. BOTTLENECK: a computer program for detecting recent reductions in the effective size using allele frequency data. J Hered, 90: 502-503.

Pramual P, Kuvangkadilok C, Imai V, et al. 2005. Phylogeography of the black fly *Simulium tani* (Diptera: Simuliidae) from Thailand as inferred from mtDNA sequences. Mol Ecol, 14: 3989-4001.

Pritchard J, Stephens M, Donnelly P. 2000. Inference of population structure using multilocus genotype data. Genetics, 155: 945-959.

Sekino M, Hara M, Taniguchi N. 2002. Loss of microsatellite and mitochondrial DNA variation in hatchery strains of Japanese flounder *Paralichthys olivaceus*. Aquaculture, 213: 101-122.

Staden R. 1996. The staden sequence analysis package. Mol Biotechnol, 5: 233.

Tong G, Kuang Y, Yin J, et al. 2013. Population genetic structure of taimen, *Hucho taimen* (Pallas), in China. Archives Pol Fish, 21: 1-5.

Vos P, Hogers R, Bleeker M, et al. 1995. AFLP: a new technique for DNA fingerprinting. Nucleic Acids Res, 23: 4407-4414.

Waples R S, Chi D. 2008. Ldne: a program for estimating effective population size from data on linkage disequilibrium. Mol Ecol Resour, 8: 753-756.

Weiss S, Persat H, Eppe R, et al. 2002. Complex patterns of colonization and refugia revealed for European grayling *Thymallus thymallus*, based on complete sequencing of the mitochondrial DNA control region. Mol Ecol, 11: 1393-1407.

Wilson G A, Rannala B. 2003. Bayesian inference of recent migration rates using multilocus genotypes. Genetics, 163: 1177-1191.

第十一章　资源增殖放流与评估

　　哲罗鲑是东北亚地区的珍稀名贵鱼类，主要分布于中国、蒙古国、朝鲜和苏联地区，具有重要的科研、生态和经济价值。我国 20 世纪 60 年代以前，哲罗鲑分布比较广泛，但近几十年由于自然环境恶化、捕捞强度增大，哲罗鲑资源遭到了严重的破坏，资源量急剧下降，分布区域迅速缩小，现已被列为濒危物种。为了挽救和恢复我国珍贵的哲罗鲑资源，本章介绍了利用遗传背景丰富的哲罗鲑亲鱼种群繁殖培育大规格苗种，在原栖息地增殖放流，开展哲罗鲑野生资源的修复行动，并利用多态微卫星标记对放流回捕样进行分析，为濒危珍稀鱼类放流效果评估提供技术支持。

第一节　野生资源养护与增殖放流

一、资源养护与利用

　　哲罗鲑个体大、肉质鲜嫩，是我国珍稀名贵鱼类。近年来，由于人为因素和环境变化等，野生资源严重枯竭，急需开展该鱼的种质保护与资源恢复工作，建议从以下几方面采取措施。

（一）加强对野生哲罗鲑资源的保护

　　野生哲罗鲑资源的减少，其中一个很重要的原因是保护力度不够。虽然我国很早就在哲罗鲑主要分布区域建立了自然保护区，但由于经费不足，保护区管理战线长，管理人员少，常无法开展正常巡视检查。同时对于立法保护的宣传教育力度也不够，群众往往无视保护区的存在，因此，部分保护区实际上没有起到真正的保护作用（董崇智等，1998）。

　　建议相关渔业部门通过完善管理法规、加强执法管理和宣传教育等，使人们确实认识到物种保护的重要性，减少对野生资源的破坏；同时，实施迁地保护和人工增殖放流，达到保护野生哲罗鲑资源的目的。我国冷水资源丰富，适合哲罗鲑繁衍生存的区域很多，近年来哲罗鲑人工繁殖和养殖技术日益成熟与完善，部分区域已开展了迁地保护和人工增殖放流，加快了哲罗鲑野生资源恢复的步伐。

（二）深入研究相关技术，不断降低养殖成本，加大推广力度

哲罗鲑是人们喜食的冷水性优质鱼类之一，应大力推广，扩大养殖规模，但由于推广力度不够，人们对于哲罗鲑了解不深，加之对哲罗鲑的养殖技术掌握不够熟练致使养殖成本相对过大等，还不能在更大范围内推广，很大程度上还局限在自然分布区域周边，商品鱼规模化生产还没能形成，因此，还需加强对哲罗鲑人工养殖技术的相关研究和推广，不断降低养殖成本，这样才会有更大的前景和市场潜力。

（三）开发深加工产品，延伸产业链

为了使哲罗鲑产业健康持续发展，应有计划有目的的繁殖和养殖哲罗鲑，野生亲本繁殖的苗种一部分进行增殖放流，补充野生资源；一部分供应市场。人工驯养的哲罗鲑亲本繁殖的苗种仅用于供应市场。供应市场部分除活体食用外，还需要进行深加工开发，延伸产业生产链。一是制革，鲑鱼皮是制革的良好材料，市场前景较大；二是加工制作各类鱼肉制品，增加产品附加值，满足不同市场需求；三是制作鱼子酱，可以进行哲罗鲑鱼子酱产品深加工，哲罗鲑属于鲑科鱼类，鲑鳟鱼的鱼子酱是国内外久负盛名的高档消费品，深受广大消费者的喜爱。

（四）发展旅游业

哲罗鲑是黑龙江流域重要的经济鱼类，名列"三花五罗"之首，同时也是国际著名的垂钓鱼类，尤其是日本游客将它奉为"梦幻之鱼"崇拜。曾经轰动一时的喀纳斯"湖怪"，经科学考证也为哲罗鲑之故，哲罗鲑已经成为天下皆知的"名鱼"，因此，喀纳斯湖吸引了众多的目光，带动了新疆旅游业的发展。利用哲罗鲑的"名鱼"效应，大力进行宣传推广，使更多的人认识、了解哲罗鲑，不仅可以提高人们对哲罗鲑这一珍稀物种的认同感和当地旅游资源的知名度，还可以带动一方经济的发展。

二、增殖放流的重要性

哲罗鲑属珍稀易危物种，现存种群数量较少。在新疆地区 1988 年的喀纳斯湖渔业资源调查中，共采集 59 尾标本，平均体长 41.1 cm，平均体重 1005 g，而在1999 年的额尔齐斯河渔业资源调查中，在喀纳斯湖和布尔津河共采集 16 尾标本（任慕莲等，2002）。黑龙江地区 2002 年的资源调查显示，乌苏里江虎头江段年捕捞量为 33.17 t，种群密度为 131.1 kg/km，海青江段次之（40 kg/km），抓吉江段排在其后（28.6 kg/km），而呼玛河的资源量最小，全年捕捞量仅 150～200 kg；而到2003 年虎头江段年捕捞量就下降到 14.8 t，种群密度减少至 58.495 kg/km（姜作发等，2004）；近几年来，尹家胜等（2003）和姜作发等（2004）的调查显示哲罗鲑的捕获量很小，没有其资源量统计的报道，可见哲罗鲑资源量呈大幅度下降趋

势。同时分子生物学检测发现目前黑龙江流域的呼玛河、虎头、抓吉和海青江段的野生哲罗鲑发生了不同程度的近亲交配，特别是呼玛河流域近亲交配严重，近亲交配使其种质下降，遗传多样性降低，稀有等位基因丢失，部分有害等位基因纯合，物种的生存能力下降，长期这样下去必然导致种群灭绝(匡友谊等，2007；Kuang et al.，2009)。目前，人们越来越重视保护自然环境，部分地区哲罗鲑的生存环境得到了很好的保护，但由于哲罗鲑属于易危鱼类，现存的种群数量极少，性成熟晚、繁殖力低，很难靠自身的能力恢复其资源。人工增殖放流哲罗鲑可以快速补充生物群体、稳定物种数量、保持生物多样性，是恢复和重建哲罗鲑资源有效可行的手段。哲罗鲑还是优质的冷水性经济鱼类，其味道鲜美，市场形象较佳，增殖放流活动的开展可改善渔民生活，增加渔民的积极性，促进渔业稳定发展。另外，哲罗鲑的增殖放流还可以提高全民的环保意识，增强保护资源环境的主动性，带动旅游业发展。

三、增殖放流现状

为了保护哲罗鲑野生资源，2007年以来，黑龙江水产研究所先后在哲罗鲑的原栖息地呼玛河、镜泊湖、五大连池、额尔齐斯河和塘巴湖等地开展了多次人工增殖放流（图11-1），具体内容如下。

图 11-1　哲罗鲑增殖放流（彩图请扫二维码）

呼玛河是哲罗鲑的原栖息地，目前已经很难见到哲罗鲑，1982年经黑龙江省人民政府批准，建立了呼玛河省级自然保护区，虽然建立了自然保护区，在20多年保护管理的基础上，环境得到了较好的保护，但哲罗鲑资源的濒危状况并没有得到缓解。Kuang 等（2009）采用 17 个微卫星标记对 2002 年采集的呼玛河样本进行分析，结果发现呼玛河哲罗鲑具有较小的有效群体，造成了较大的近交压力，群体的同胞/半同胞系较严重，同胞系所含的个体占检测样本数的 80%，加之哲罗鲑需要 5 年才能达到性成熟，因此很难依靠现有哲罗鲑恢复资源，有必要实施迁地保护，改善哲罗鲑的资源状况。哲罗鲑属肉食性鱼类，位居食物链的顶端，生性凶猛，以其他小型鱼类为食，在保护原有生态系统平衡的基础上，需要有计划、有步骤地逐步放流。黑龙江水产研究所的科研人员根据呼玛河现有物种的种类和数量进行分析，从 2007 年开始有计划地每年在呼玛河流域放流大规格哲罗鲑苗种 3 万尾，到 2018 年合计放流 36 万尾。

　　镜泊湖是中国最大、世界第二大高山堰塞湖，20 世纪 60 年代，哲罗鲑在镜泊湖还能形成一定的产量，目前野生哲罗鲑在镜泊湖中已经消失。2010 年研究者对镜泊湖水质环境进行了监测，包括溶解氧、pH、氨氮等，发现其水质环境完全能满足哲罗鲑的生存要求。黑龙江水产研究所在 2011 年和 2012 年连续两年在镜泊湖进行了增殖放流，每年放流 2 万尾，同时对放流前后进行渔业资源调查，包括鱼的种类、数量、繁殖习性、栖息地、产卵场、种群结构等，发现镜泊湖的水质和环境符合哲罗鲑的繁殖、生长条件，且镜泊湖小杂鱼较多，能够为哲罗鲑提供丰富的饵料。

　　额尔齐斯河流域是中国哲罗鲑的主要栖息地，1960 年以前，哲罗鲑的捕捞量占当地渔获物的 70%，但目前在渔获物中很少能发现哲罗鲑。2011～2012 年，在新疆额尔齐斯河流域哲罗鲑的原栖息地布伦托海、塘巴湖、托洪台水库、635 水库等地放养了 15 万尾哲罗鲑大规格鱼种。

　　新疆塘巴湖面积 3 万亩，鱼类优势种群为池沼公鱼，是哲罗鲑适口的饵料鱼。2011 年 9 月在新疆塘巴湖放流 5～6 g 的哲罗鲑 5 万尾；2012 年 5 月捕获到体质健壮的 150～200 g 的哲罗鲑幼鱼，而同期的哲罗鲑苗种在湖泊的流水池塘中养殖的规格为 20～25 g，可见在小杂鱼较丰富的大水面，养殖哲罗鲑有较好的发展潜力，能把经济价值较低的小杂鱼资源转化为经济价值较高的优质鱼。

第二节　哲罗鲑增殖放流技术

一、增殖放流前期工作

（一）亲鱼配组

　　目前，由于黑龙江水产研究所渤海冷水性鱼试验站保存的野生哲罗鲑亲本较少，为了避免近亲交配致使种质衰退过快，对所选择的亲鱼进行了有效的分子标记。通过微卫星、SNP、AFLP 等标记扩增，统计扩增图谱，分析每一尾亲鱼的遗传背景，根据亲鱼的遗传背景科学地确立繁殖配组，尽量采取多尾鱼混交，增加子代的遗传多样性。

（二）苗种放流时间

为了增加人工增殖放流苗种的成活率，应选择体长 5～15 cm 的苗种，时间可选择在初夏或秋季。夏季在 6 月底气温未达到一年内的最高值时，水温一般为 13～20℃，适合哲罗鲑的生长。此时当年的哲罗鲑苗种已上浮，经过 20 多天的培育，体长为 5 cm 左右，能够达到放流的规格。秋季 8 月底到 9 月中旬，当天气转凉时，此时饵料较为丰富，放流后的哲罗鲑能够有充分的时间适应环境及恢复体质，再经过 2 个多月的培育，苗种体长为 10～15 cm，能够抵御大部分敌害，保证其成活率。

二、增殖放流效果评估

（一）技术路线

首先对亲本群体进行电子标记，利用微卫星标记（SSR）扩增，建立亲本数据库，评价放流亲本的遗传组成；然后在放流区域回捕，用微卫星标记确定回捕个体是否来源于候选亲本，从而确定是否为放流鱼类，以便评估放流的效果，具体见图 11-2。

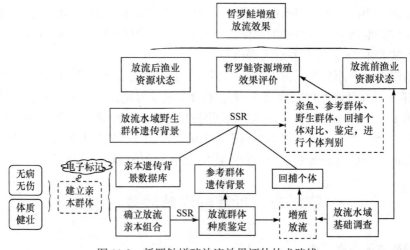

图 11-2　哲罗鲑增殖放流效果评估技术路线

（二）微卫星标记在哲罗鲑增殖放流中的应用

标志放流是评价渔业资源增殖放流效果和掌握放流鱼种的生长、死亡及其移动分布规律的重要途径（Mcdermott et al.，2005；Bertotto et al.，2005）。目前分子标记以其独特的优势成为一种新型的标志技术，除可以达到传统标记的作用外，还可以对放流地种群的遗传结构进行本底调查，也可以了解放流亲本的遗传多样性，同时还可以跟踪放流群体基因的变化及个体鉴定，在日本等一些国家已经开始试用。在众多分子标记中，微卫星标记（SSR）具有突变速度快、多态性高、共显性等特性，在鱼类遗传图谱构建、亲子鉴定和血缘关系分析等方面得到了广泛的应用（Froufe et al.，2004；Rexroad et al.，2002），在放流亲本遗传结构分析和个体鉴定方面的应用正在逐步开展。例如，日本的 Sekino 等（2005）利用线粒体 DNA 和微卫星技术相结合建立了放流亲本数据库，成功地追踪到放流的褐牙鲆个体；Einar 等（2001）仅用 6 对微卫星标记就成功地区分了丹麦地区 5 条河流 650 尾个体的来源；佟广香等（2015）用 18 对微卫星标记对哲罗鲑放流亲本、放流地野生群体、放流地及放流下游区域回捕的 24 个个体进行分析，弄清了放流亲本的遗传背景及放流地野生哲罗鲑遗传结构的本底值，鉴定出回捕个体中是否包含放流个体，从分子水平探讨了人工增殖放流亲本、放流地野生群体及回捕群体遗传结构的差异，为哲罗鲑的增殖放流评估提供了参考依据。

1. 样本来源

在黑龙江呼玛河上游塔河县江段放流，放流群体均来自黑龙江水产研究所渤海冷水性鱼试验站，放流群体亲本由两部分组成：一部分是乌苏里江上游虎头江段（虎头镇）野生个体（100 余尾），于 2002 年 10 月采捕后运往黑龙江水产研究所渤海冷水性鱼试验站饲养至性成熟；另一部分为 2001 年采捕的虎头江段（虎头镇）野生亲鱼人工繁殖的子代（400 余尾）。检测样本分别为呼玛河上游塔河县江段群体 25 尾（TH），采于 2003 年 11 月；放流亲本群体：2002 年采捕的乌苏里江上游虎头镇江段野生群体 17 尾（HT），2001 野生群体在黑龙江水产研究所渤海冷水性鱼试验站人工繁殖子代（YZ）17 尾，人工繁殖群体鳍条样品采于 2007 年 3 月；检测呼玛河回捕群体 24 尾（JC），鳍条样品采于 2011 年 10 月，其中第 1 尾（JC1）和第 2 尾（JC2）样品采自呼玛河塔河县江段，其余个体采自呼玛县江段。

2. 遗传多样性分析

用 18 对微卫星引物（表 11-1）对 83 个个体进行扩增，共扩增出 186 个等位基因，等位基因大小为 109～392bp（表 11-1），群体内遗传多样性分析结果见表 11-2。由表 11-2 可知，Ao、Ae、I、He 和 H 均是 HT>JC>TH>YZ，Ho 是 YZ 群体最高，TH 群体最低。亲本群体保持了较好的多态性，是哲罗鲑增殖放流的良好基础，作为放流群体的亲本 HT 群体多态性最高，YZ 群体多态性最低，但是也处于中等偏上水平，哲罗鲑放流亲本总体保持了良好的多态性。微卫星标记分析能够较好地反映放流亲本的遗传结构，保证放流子代具有良好的多态性，达到改善种群结构、增加物种多样性的目的。

表 11-1　哲罗鲑微卫星引物序列、扩增片段大小、最适退火温度

引物名称	引物序列 5′→3′	扩增片段大小（bp）	最适退火温度（℃）
Omy106INRA	CCTGATTCTGCTAATGGAGA AGAGATGAAGAGAATACAAAGA	155～195	53.0
Omy108INRA	TGTGAAAGACAATGCCATTC CCTCCAAATCACTAAGTCCA	143～145	54.0
Omi134TUF	ATACCACATTAATGCATTCCCC GAGCAGGACGGAGAGAGATG	137～193	58.0
HLJZ023	CAAGAGGCTCCGCAGGTT CTGGCAGTTTGCTCAGAT	251～278	55.5
HLJZ031	TTGGGGTTTTAGGGTTTG TGTCCTCTGGGTTTCTGA	117～134	55.0
Htaca63	TGCGTTGGCAGGAACTAAT CATTGCTCTGTGTCTCTGATGTA	166～322	54.0
HtaCA69	GCAGGCTCTCGCACTAACA CTGTCCCATTTGATGTCTGATAA	217～221	55.0
HtaECA6	CAGGAGGTAGTCGCAGGTTT TGGCAGGCATTTTACTTTGG	252～302	64.0
HtaECA29	AATGTGCTTGAGTTGATGCCTG TATATCCGTCGACCTTGAATCTG	325～392	66.0
BLETET9	ACTGGATAGAAAGACCTGTGG AGATTCTTGGTAAAAGTGAAG	151～296	57.0
Omi166TUF	AAGTCCTTCAAGTCTGTCTCCG TGCTTACAAAGGAGCAAATGG	158～200	60.0
HtaECA77	AGCGGATACTGCATAGACGTG CACTTCTACGCCTAACCCAT	109～192	60.0
Omi24TUF	CCACTTTGTAACACCACATGTG CTGACCAGGAGCAGCTCTG	160～304	60.5
OMM1032	GCGAGGAAGAGAAAGTAGTAG CCCATCTTCTCTCTGATTATG	167～240	59.0
HtaECA71	CTCTCATTGGGTGCATGTC GTGTTTTGTCCCTGCATGTAT	216～293	62.0
HLJZ069	ACCGACACAACACAAACA ATGAATGCGGGATAAAGT	177～223	53.0
OMM1088	CTACAGGCCAACACTACAATC CTATAAAGGGAATAGGCACCT	116～242	59.0
OMM5000	AACAGAGCAGTGAGGGGACTGAGA CAAGTGATGTTGGTGCGAGGG	168～324	58.0

表 11-2　群体内遗传多样性分析

群体	样本数	Ao	Ae	I	Ho	He	H
塔河 TH	25	6.0556 （2.4608）	3.7159 （1.5121）	1.4069 （0.4110）	0.6479 （0.2258）	0.7003 （0.1278）	0.6861 （0.1252）
虎头 HT	17	7.2778 （3.4438）	4.6440 （2.1820）	1.6161 （0.4619）	0.7055 （0.1789）	0.7653 （0.1139）	0.7427 （0.1106）
养殖 YZ	17	4.2222 （1.5551）	3.0296 （1.1552）	1.1312 （0.4285）	0.7788 （0.2836）	0.6303 （0.1932）	0.6112 （0.1874）
检测 JC	24	6.9444 （3.1337）	4.2178 （1.8902）	1.5267 （0.4120）	0.6994 （0.1629）	0.7406 （0.1024）	0.7248 （0.1000）
所有群体	83	9.7222 （5.0036）	5.4924 （2.4730）	1.8020 （0.4878）	0.7000 （0.1245）	0.7867 （0.0980）	0.7819 （0.0973）

注：括号内为标准差

3. 种群遗传变异分析

种群遗传变异的分子方差分析（AMOVA）表明，群体间和个体间差异显著（$P<0.05$），群体的遗传多样性主要分布在个体间，占变异成分的 86.1592%，其次是群体间，占变异成分的 12.4427%，群体内的个体间差异较小（表 11-3）。生物的遗传变异主要是体内 DNA 的差异造成的，微卫星 DNA 具有孟德尔遗传特性及共显性特征，因而可以根据微卫星位点在不同群体中出现的等位基因频率计算杂合度、遗传距离与遗传分化等，从而进行群体遗传结构分析和亲缘关系鉴定（Thorp et al.，1982）。检测样本遗传相似度、遗传距离分析显示，YZ 群体和 HT 群体的相似度最大，为 0.7183，JC 群体与其他 3 个群体的遗传相似度处于中等水平，为 0.5665～0.6895，YZ 群体和 TH 群体的遗传相似度最小，为 0.4959。AMOVA 结果表明，哲罗鲑群体的变异主要来自不同群体的个体间，其次是群体间，并达到极显著水平；群体内个体间差异不显著，说明长期的隔离使不同的群体间产生了分化。微卫星标记能够区分不同哲罗鲑群体间的亲缘关系，这为哲罗鲑跨区域引种奠定了基础。目前，哲罗鲑处于易危状态，有些水域哲罗鲑繁殖群体数量很少，其近亲交配压力大（Kuang et al.，2009），部分水域哲罗鲑已经消失。人工增殖放流是恢复野生哲罗鲑资源最有效和最直接的手段。利用微卫星标记分析不同群体的遗传差异，能够有效地进行不同群体及不同区域的引种，改变群体的遗传结构，改善近亲交配状态，避免稀有等位基因丢失。

表 11-3　种群间和种群内的分子变异方差分析

变异来源	平方和	方差分量	方差分量百分率（%）
群体间	129.872	0.909 8	12.442 7[*]
群体内个体间	504.603	0.102 23	1.398 2
所有个体间	514.500	6.299 89	86.159 2[*]
合计	1 148.975	7.311 92	

*表示显著性水平 $P<0.05$

4. 遗传组成分析及个体聚类

用 Structure 2.2（Falush et al.，2003）采用混合模型进行分析，推测 $K=4$ 为最佳群体数。在 $K=4$ 时对生成的 Structure 柱形图进行分析（图 11-3），TH、HT、YZ 和 JC 群体清晰地被分成 4 个群体，JC 群体的 1、6、7、13 和 15 号个体在遗传组成上偏向 HT 群体，个体分配概率大于 0.9，推测可能为放流群体。

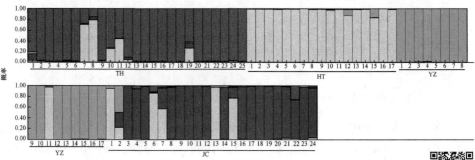

图 11-3　群体遗传组成分析结果（彩图请扫二维码）
每个小格代表一个个体，不同的颜色表示不同的遗传组分

利用 GeneClass2 计算的 24 个个体属于 3 个参考群体的概率（ P ）见表 11-4。从表 11-4 可以看出，JC1（ $P=0.0284$ ）和 JC8（ $P=0.1265$ ）来自 HT 群体，且差异达极显著水平。

表 11-4　利用 GeneClass2 分配检测个体到参考群体

检测群体	参考群体			检测群体	参考群体		
	TH	HT	YZ		TH	HT	YZ
JC1	0.0001	0.0284*	0.0054	JC13	0.0000	0.0018	0.0005
JC2	0.0000	0.0070	0.0046	JC14	0.0007	0.0003	0.0001
JC3	0.0004	0.0000	0.0000	JC15	0.0003	0.0036	0.0001
JC4	0.0022	0.0013	0.0000	JC16	0.0000	0.0001	0.0000
JC5	0.0009	0.0002	0.0000	JC17	0.0000	0.0001	0.0002
JC6	0.0031	0.0037	0.0000	JC18	0.0000	0.0000	0.0000
JC7	0.0010	0.0000	0.0001	JC19	0.0000	0.0000	0.0000
JC8	0.0163	0.1265*	0.0001	JC20	0.0003	0.0000	0.0000
JC9	0.0000	0.0000	0.0000	JC21	0.0000	0.0000	0.0000
JC10	0.0000	0.0000	0.0000	JC22	0.0020	0.0000	0.0001
JC11	0.0000	0.0000	0.0000	JC23	0.0009	0.0004	0.0005
JC12	0.0011	0.0000	0.0000	JC24	0.0000	0.0000	0.0000

*表示显著性水平 $P<0.01$

个体聚类树见图 11-4，由图 11-4 可知，放流亲本绝大部分都聚在有▲标记的分支内，JC 群体的 1、2、6 和 13 号个体与这些亲本群体聚在一起。综合以上 3 个分析结果可以初步判断 JC1 号个体为放流个体。

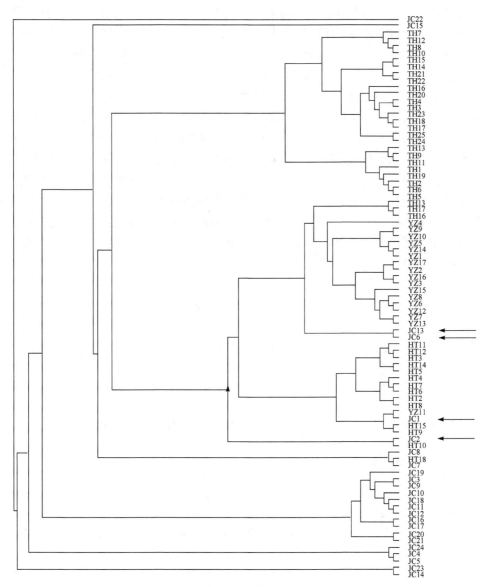

图 11-4　个体聚类树

通过微卫星多态标记区分不同群体，评估其多态座位基因型信息，可有效地发挥微卫星标记在分辨个体所属群体方面的潜力。利用 Structure 2.2 分析 JC 群体及其他 3 个参考群体的遗传组成，发现 JC 群体包含了 HT、YZ 和 TH 群体的部分遗传物质，其中 JC 群体的 1、6、7、13 和 15 号个体，在遗传组成上偏向 HT 群体，个体分配概率大于 0.9。利用 GeneClass2 分析了 JC 群体中个体的遗传组成及个体来自参考群体的概率值，结果显示 JC1（$P=0.0284$）和 JC8（$P=0.1265$）属于 HT 群体的概率较高，并且差异达到极显著水平。二者在结果上存在一些差异，但是 JC1 个体被认为是来自 HT 群体，可以确定 JC1 是我们放流的个体。为了进一步证实 JC1 为放流个体，又对所有检测个体进行了个体聚类分析，JC 群体的 1、2、6 和 13 号个体与 HT 群体和 YZ 群体聚在一起。综合以上 3 个结果可以判定，JC1 个体为放流个体。另外从采样地点看，JC1 和 JC2 个体是在放流地塔河采集的，其余是在呼玛县江段采的，哲罗鲑是洄游鱼类，采样时间为 10 月，哲罗鲑已回到下游深水处过冬，因此只在放流地点采到 2 尾，2 尾鱼中就有 1 尾为放流鱼，判定放流个体能够在野生环境下存活。由于放流的时间比较短，放流鱼还没有达到性成熟，仍需要进一步观察和研究的内容还很多，如放流个体是否能够性成熟，其参与繁殖会对野生群体产生怎样的影响等，应通过微卫星标记检测放流子代的基因流及遗传多样性变化，探讨基因变化对生态适应性的影响，为有效地恢复哲罗鲑资源奠定基础。

参 考 文 献

董崇智, 李怀明, 赵春刚, 等. 1998. 濒危名贵哲罗鱼保护生物学的研究 I. 哲罗鲑分布区域及其变化. 水产学杂志, 11（1）: 65-70.

姜作发, 唐富江, 尹家胜, 等. 2004. 乌苏里江上游虎头江段哲罗鱼种群结构及生长特性. 东北林业大学学报, 33（4）: 53-55.

匡友谊, 佟广香, 尹家胜, 等. 2007. 呼玛河哲罗鱼遗传多样性的 AFLP 分析. 中国水产科学, 14（4）: 615-621.

任慕莲, 郭焱, 张秀善. 2002. 中国额尔齐斯河鱼类资源及渔业. 乌鲁木齐: 新疆科技卫生出版社: 58-63.

佟广香, 匡友谊, 张永泉, 等. 2015. 微卫星标记在濒危哲罗鱼增殖放流中的应用. 华北农学报, 30（增刊）: 38-45.

尹家胜, 徐伟, 曹鼎臣, 等. 2003. 乌苏里江哲罗鲑的年龄结构性比和生长. 动物学报, 49（5）: 687-692.

Bertotto D, Cepollaro F, Libertini A, et al. 2005. Production of clonal founders in the European sea bass, *Dicentrachus labrax* L. by mitotic gynogenesis. Aquaculture, 246: 115-124.

Einar E N, Michael M H, et al. 2001. Looking for a needle in a haystack: discovery of indigenous atlantic salmon (*Salmo salar* L.) in stock populations. Gonservation Genetics, 2: 219-232.

Falush D, Stephens M, Pritchard J K. 2003. Inference of population structure using multilocus genotype data: linked loci and correlated allele frequencies. Genetics, 164（4）: 1567-1587.

Froufe E, Sefc K M, Alexandrino P, et al. 2004. Isolation and characterization of *Brachymystax lenok* microsatellite loci and cross-species amplification in *Hucho* spp. and *Parahucho perryi*. Molecular Ecology Notes, 4（2）: 150-152.

Kuang Y Y, Tong G X, Xu W, et al. 2009. Analysis of genetic diversity in the endangered *Hucho taimen* from China. Acta Ecologica Sinica, 29: 92-97.

Mcdermott S F, Fritz L W, Haist V. 2005. Estimating movement and abundance of Atka mackerel (*Pleurogrammus monopterygius*) with tag-release-recapture data. Fisheries Oceangraphy, 14: 113-130.

Rexroad C E, Coleman R L, Hershberger W K, et al. 2002. Rapid communication: thirty-eight polymorphic microsatellite markers for mapping in rainbow trout. Journal of Animal Science, 80: 541-542.

Sekino M, Saitoh K, Yamada T, et al. 2005. Genetic tagging of released Japanese flounder (*Paralichthys olivaceus*) based on polymorphic DNA markers. Aquaculture, 244: 49-61.

Thorp J P. 1982. The molecular dock hypothesis: biochemical evolution, genetic differentiation, and systematics. Annual Review of Ecology Systematics, 13（1）: 139-168.

附录 1 哲罗鲑可利用的微卫星标记

位点	上游引物序列	下游引物序列	片段大小（bp）	最适退火温度（℃）	循环数
HtaCA327	TTGCTATCCAGCCAAACAGTA	CTCCCACAGACACAGGTAACA	100～250	61.00	30
HtaCA314	GCCGAGCAGTGTGTGAGTTA	GTGTCGTGTCTGAGCGTTTG	100～250	59.00	30
HtaCA329	ATTGACCGCCCACTATGTCT	GAATCAGCCCCTTTCTCCAT	100～250	59.00	30
HtaCA306A	GTGTTCAGCCCTGTAACGTG	GAGCATAACCCCAACCACAC	100～250	59.00	30
HtaCA302	GTTCACACATCCCAGCACAG	CCCCTTTAGTCACACAGAGATAA	100	59.00	30
HtaCA303	CACGCACCAATCTACAAAGG	TTGTGAAGCGTGTGATAGCC	100～250	58.00	30
HtaCA101	GTCGTTTGCCTCACCTCATA	CGTTACAGCCACATTCCTACAA	176～201	55.00	25
HtaCA109	AGGGGATTCGGCTATTTCAC	CCTCTCATTGTGTTGGAGCA	170～221	52.00	30
HtaCa111	TGCTCCTCTCTCTGGCTCCT	CAATGGAATAATGGGGTCAAA	100～180	55.00	40
HtaCA123	CCCCCTCATTTTCCTTTGATA	CCCCTGCCCTTTGGATAC	160～240	50.00	40
HtaCA151	GCAAGGTGTGTGTGAGGTGTA	TGTGTGTGTGTGACTGAGAGAGTAA	320～346	60.00	28
HtaCA172	AACCGTCCCCTAACCCAAT	TGCTTACCTCTCCCCAAAGT	386～478	62.50	30
HtaCA183	TCTGAGCGTTTGTTGAATGTAA	GCCGAGCAGTGTGTGAGTTA	161～191	60.00	30
HtaCA185	GCCGAGCAGTGTGTGAGTTA	TCTGAGCGTTTGTTGAATGTAA	165～188	60.00	30
HtaCa195	TGAGTCCCTGTGCTCTTGGT	AAAACACCTCCCTCTTTCCTG	100～250	48.00	30
HtaCA203A	AGCGGAAATAGCAGGAGGTT	GAATACCACAGCCCAGCATT	153～154	54.00	30
HtaCa203B	AATGCTGGGCTGTGGTATTC	GGAGAGGCTGCTTGCTGATA	360～390	50.00	30
HtaCa24	TGCGTTGGCAGGAACTAAT	CATTGCTCTGTGTCTCTGATGTA	100～250	56.00	30
HtaCa25	GTCACTTATTCTCTTCAGGCATTTATTA	TTGGGATGATACAGGGTTTTTAC	200～250	50.00	30
HtaCA63	GCTCCCGCTCCAGTCTAC	ACGGACAACTCCACCCTACT	162～264	54.00	28
HtaCA69	GCAGGCTCTCGCACTAACA	CTGTCCCATTTGATGTCTGATAA	310～358	55.00	30
HLJZ023	CAAGAGGCTCCGCAGGTT	CTGGCAGTTTGCTCAGAT	241～259	55.50	25
HLJZ031	TTGGGGTTTTAGGGTTTG	TGTCCTCTGGGTTTCTGA	117～132	55.00	25
HLJZ056	CTCTGTCTCATCTCGCTT	TTCACTTGGTGTAATGGC	219～232	53.00	25
HLJZ069	ACCGACACAACACAAACA	ATGAATGCGGGATAAAGT	180～211	53.00	25
Omi105TUF	ATATCACAGGCTCACCCTGG	CCGGACCTGGTTAATGTTTG	—	54.00	28

续表

位点	上游引物序列	下游引物序列	片段大小（bp）	最适退火温度（℃）	循环数
Omi111TUF	ATTCCCAAGTCCTTCAAGTCTG	TGCTTACAAAGGAGCAAATGG	160～187	54.00	28
Omi120TUF	AGACGGCTTTAACAACCCCT	TGTCTGCATATGTCAGCTTGC	197～239	58.00	25
Omi134TUF	ATACCACATTAATGCATTCCCC	GAGCAGGACGGAGAGAGATG	212～218	60.00	27
Omi156TUF	ATATCACAGGCTCACCCTGG	CCGGACCTGGTTAATGTTTG	—	55.00	26
Omi164TUF	TCTTTCTGAGCCCATGCAG	ACGGGAGAGCTCTGACTCAG	—	60.00	25
Omi165TUF	TTCCATCTGCTGAGACATGC	GTGCTTCTTCAGGAACAGCC	140～146	56.00	26
Omi166TUF	AAGTCCTTCAAGTCTGTCTCCG	TGCTTACAAAGGAGCAAATGG	—	60.50	25
Omi173TUF	TTGCCGGCCTAATCTCAG	GCACAGGAAGGTAGGGTTGA	—	53.00	28
Omi174TUF	TAGCTAGCGTTCCCGTGG	AGGTCGCACTGAGACGCTAT	—	53.00	28
Omi176TUF	CGGGTATAGCCAGAGCCTC	TGAAGACTTCCTCCTCCATCA	—	58.00	26
Omi205TUF	CGGATGGAGAACCTGGTG	CGGTCCAAATACTTTCCGAA	—	54.50	27
Omi210TUF	ACATTAACCACCCACCTGGA	TGACACAAGGCTGCTATTGTG	—	55.00	27
Omi24TUF	CCACTTTGTAACACCACATGTG	CTGACCAGGAGCAGCTCTG	203～221	52.00	25
Omi34TUF	ATTGTGCTTCCGTCATCCAG	GGATGATGAAACAACCGCTC	—	53.00	27
Omi51TUF	AGAGGGAATCCACAGGGACT	ATCAGAGAAAATCGCTTTGTCC	—	55.00	26
Omi62TUF	AGGTCGCACTGAGACGCTAT	TAGCTAGCGTTCCCGTGG	—	55.00	26
Omi65TUF	CCACTAGGGAGCCACACTGT	CTGACAGCTCCATACTAGTGCG	—	55.00	26
Omi66TUF	AGTTCATCGTCTCAGCTCTGC	CTGCCAAGTCTCATATCACACC	—	55.00	26
Omi75TUF	GCATGATACTGACACAAGGGG	GATCTTGTTAACCTCTCCGGG	162～194	55.00	27
Omi84TUF	AGAAGGATGGGACAGGCC	AGAGCAGCCCCCTAGCTC	—	54.00	26
Omi87TUF	CCAACTCCCGTATCCTCAGA	TGCCTTTCAGAAGGTGGC	84～113	54.00	25
Omi98TUF	CGCAGGCAAGTTTAAAGACC	GCTTTTGTAGAGGCCCGAG	—	54.00	28
Omy1002UW	CAGTGTGCTTTGTGGTGAC	GAGACGGCTGAGAACTAGG	178～192	54.00	25
Omy1004UW	AAAAGCAAGGCACCACACTC	ACATGCACACACGCAAGTTA	—	53.00	25
Omy1006UW	TCCCCACAGAGAGAACTCGT	GATCCAGACAGCCAAACCTC	—	54.00	25
Omy1009UW	TGAGTAAAAAGGGGAAACAAGC	GCGAAAACACTCTGGCAAAT	—	54.00	25
Omy1048UW	CGGTATGTTCCTGTGACCCTGTTG	GTGAATAATTTAACGCTACGGAGGAGAATG	—	53.00	28

位点	上游引物序列	下游引物序列	片段大小（bp）	最适退火温度（℃）	循环数
Omy104INRA	GAGCAAAGACAGAATAAAGAA	TCACAAATAAATGAGAGAATT	—	53.00	28
Omy106INRA	CCTGATTCTGCTAATGGAGA	AGAGATGAAGAGAATACAAAGA	—	53.00	28
Omy107INRA	CTGTAGCTTTCTCTGTGGTCAC	GTTTGGCAGTGGTCCGTAGTG	—	56.50	25
Omy108INRA	TGTGAAAGACAATGCCATTC	CCTCCAAATCACTAAGTCCA	151～182	53.00	25
Omy10DIAS	TCAGGCTGTAATCGCTTCCA	CCCACAAAGCCAGTGTCAGT	—	53.00	25
Omy1102UW	CCAGAGGATCTTATTCCCACCTACACAC	TCATCGGTTTTGCCATACGGG	—	50.00	25
Omy120INRA	GTCACCCCCTTCGGCATACC	AAACTGAAAACAGGCATCTTG	—	53.00	25
Omy16DIAS	CACGAGGAGTGTTCTCAATG	AGTACTCTAACCACTAGGCTAC	—	53.00	25
Omy1INRA	CAACGGCACATTTCATTGGG	GGTGTTTATTGGGCTAAAGAG	285～404	52.00	25
Omy1UOG	ATATTTCCCTTGGCACATCG	AGAAGACCAGTCCTGCCTTG	203～221	52.00	25
OMM1016	TGCCCCCATGAGTAAACATA	TCTCTCTCCTTTCCTCTCTCCA	161～251	55.00	25
OMM5000	AACAGAGCCAGTGAGGGGACTGAGA	CAAGTGATGTTGGTGCGAGGG	246～318	58.00	25
OMM5017	TTGAGCCAAACATGCCTC	CACAGCATCTAGACAGTTCCC	197～234	58.00	25
OMM1125	GGAGATTGGGTGAGAGCTAAA	TTCTCATCCCATCTACCATCC	113～161	58.00	25
OMM1088	CTACAGGCCAACACTACAATC	CTATAAAGGGAATAGGCACCT	91～223	59.00	25
OMM1077	GGCTGACCAGAGAAAGACTAGTTC	TGTTACGGTGTCTGACATGC	250～387	59.00	25
OMM1064	AGAATGCTACTGGTGGCTGTATTGTGA	TCTGAAAGACAGGTGGATGGTTCC	123～271	59.00	25
OMM1032	GCGAGGAAGAGAAAGTAGTAG	CCCATCTTCTCTCTGATTATG	204～232	59.00	25
OMM1097	CTAGCCATCCGAACACTG	AGAATAGGGTGCCTGTATCTC	93～109	59.00	25
BLETET2	TGTCAGAGGCCTTGACTGCGT	GCTAGGCTGTTTACTCTAGGT	148～165	57.00	25
BLETET5	CTTCTTCACCCGCCTGAGTGT	TTGAATGGGCTATCTGGCTGT	169	57.00	25
BLETET6	AGACAGCATGACAGCACAACG	GGCAGACAGACAGGCAAACAG	230	57.00	25
BLETET9	ACTGGATAGAAAGACCTGTGG	AGATTCTTGGTAAAAGTGAAG	166～219	57.00	25
HtaC1002	AGTAGGAACTCTGGTCCGCT	TTTTCTTGGTGCAGCACTGG	—	—	—
HtaC1003	GGAGAAAGTGGTCTGCCTCT	GATGGACTGGTGTGACTGGG	—	—	—
HtaC1004	CCCTCCTACTCCTGTCCTCC	TCATAGCAACCATCCGGCAG	—	—	—
HtaC1005	ACTCTCTCCTCTCAGCCTCG	TGCTGTGACGTTTTAGTCCCA	—	—	—

续表

位点	上游引物序列	下游引物序列	片段大小（bp）	最适退火温度（℃）	循环数
HtaC1006	CCCCACGTAAGAACCAGCAT	CCAACAGCAACAAGTCCCAG	—	—	—
HtaC1008	CTGTGTGAGGCCAAGTGTCT	TCACAAGTAGAGGGGAGGGG	—	—	—
HtaC1009	AGATGTGAAGCGACAGGACG	CTGGTCATGCTGCTGGTGTA	—	—	—
HtaC1010	TGTGTGGGAGAATCATTGCG	GCCATGTTACTTGGTGTGCA	—	—	—
HtaC1011	GATCATGGCCGACTCCTAGC	ACAGTGTGCTGGATCTGAGC	—	—	—
HtaC1012	ACACTGATGCTGGACTGACC	CCATCTCAGCCACTCAGAGG	—	—	—
HtaC1013	AGGCGCTATGTCATGTCACC	CGCCATTTCAGAACTGTGTCG	—	—	—
HtaC1015	ATCTTGCCAGTTCCATGGCT	TCAAACTGGCCTCACATGGG	—	—	—
HtaC1016	ATTCTTTCCTCTCCGCTCGA	AGCGAGCCTCCAACAGAATC	—	—	—
HtaC1017	GACTACGTCGCTCTCCACTG	TGTGTGCAGTCCAACCTCTC	—	—	—
HtaC1019	AGGTACAGATGCCTACAGGGA	TGTTGCTGCTGTTGACGTTG	—	—	—
HtaC1020	ACCCAGCATCGCATCAGAAT	CACACATCTGCTCCCTCTGG	—	—	—
HtaC1024	CGTCCAGTGGAGTCAGCTTT	TCGAGGACCCGCATTGAAAA	—	—	—
HtaC1025	CACCCACACCCATGACATCA	AGAGTTAGTGGGCGTTAGCG	—	—	—
HtaC1026	GACCGGAAGTCGACAGGAAA	CTCTCTGGTCTAAGGCTCGC	—	—	—
HtaC1027	CCAGACCCTGGCTATGTGAA	CGCGGCTAAAGAATGACAGG	—	—	—
HtaC1028	GCTAGTGGCATATGCGTGGA	AGCGGTTGCCCATTCATACA	—	—	—
HtaC1029	ACTGCCATAAATACTGCGCA	AGGCAATCTGAGCTGTGACA	—	—	—
HtaC1030	AGGACGTGGAGAACAACGTT	TGCCAATCAGCAACTCCACA	—	—	—
HtaC1031	AGAGTCAGCACGGGAAATGG	GGCTATCTTGGCGGAGTTGT	—	—	—
HtaC1032	TGCTGATTCTGGGTCCTGTG	TGGTTTGGCCTGAAACGTTT	—	—	—
HtaC1033	AGACTGAACCACTGGAGACG	GCAGCAGACACGTCACTACT	—	—	—
HtaC1034	TGTAGCTGGAACACTCAGGC	AGAATCTTCTCCCCTGGATACA	—	—	—
HtaC1035	TGCATCACATCACTCTGCAGT	GCAAAGAATCTGCCAGCTGC	—	—	—
HtaC1036	AAGACATGGCATCGTGGGAG	ATGCGCTTGCCTGCTTGA	—	—	—

位点	上游引物序列	下游引物序列	片段大小（bp）	最适退火温度（℃）	循环数
HtaC1038	ATCCAGAGCACACAATCGCA	TGCTACATACGAGGGGAGGG	—	—	—
HtaC1041	ACTTGGGCATTGGTAAAAGCT	AGGCATCATGAGAGTGCGTG	—	—	—
HtaC1042	TGCTTAGCATCAATCAAGCATGA	TCTGGCTTTCTGTTATTTCCATGT	—	—	—
HtaC1043	GCTTGCGAGAACTCTGTCCT	CTGCCAATGAAGAGCGTGTG	—	—	—
HtaC1044	ACGTAGCTAGACGACCACCA	GGCATGCGTTTCGGTGTATT	—	—	—
HtaC1045	CCAACAGCCTCCGATAGACC	CTGTCTTTTCCCTCCCGGTC	—	—	—
HtaC1046	TTGAAGATTGCCGTTGCTGC	TGAGTAGCAAGTTGGCCCTG	—	—	—
HtaC1047	GTTCTCACTCTCTGCCGCAT	GTGTAGCCTGCTAAGACGCA	—	—	—
HtaC1048	CTTCTCTTCTCTCGCGCACA	GCCCTTAGACCAGGCTTTGA	—	—	—
HtaC1049	TCCCTTCCAGCTATTTGCCG	CATGGGCCTGTCTTTGCAAC	—	—	—
HtaC1050	AGTAACCTGGAACCTTGCCG	TGGAATCCGGAATCCTGTGC	—	—	—
HtaC1051	GTGACAAAGGCCTCGAGTGA	GCCTATCACCATGGCAACCT	—	—	—
HtaC1053	TCCGGTTGTTCCCATTGACC	TCGGTTAAATTGTGCAAAGCTGA	—	—	—

注：以 HtaCA 开头命名的标记为采用磁珠富集法开发的微卫星标记，以 HtaC 开头命名的标记为从转录组序列中开发的微卫星标记，以 OMM 和 Omy 开头命名的标记为来源于虹鳟微卫星标记，以 BLETET 开头命名的标记来源于已发表的细鳞鲑微卫星标记

附录 2　中华人民共和国国家标准　哲罗鱼
GB/T 32780—2016

ICS 65.150
B 52

中华人民共和国国家标准

GB/T 32780—2016

哲　罗　鱼

Taimen

2016-06-14 发布　　　　　　　　　　　　2017-01-01 实施

中华人民共和国国家质量监督检验检疫总局
中国国家标准化管理委员会　　发 布

前　言

本标准按照 GB/T 1.1—2009 给出的规则起草。

请注意本文件的某些内容可能涉及专利。本文件的发布机构不承担识别这些专利的责任。

本标准由中华人民共和国农业部提出。

本标准由全国水产标准化技术委员会淡水养殖分技术委员会(SAC/TC 156/SC 1)归口。

本标准起草单位:中国水产科学研究院黑龙江水产研究所。

本标准主要起草人:佟广香、尹家胜、徐伟、张永泉、白庆利。

哲　罗　鱼

1　范围

本标准给出了哲罗鱼(*Hucho taimen* Pallas,1773)主要形态构造、生长与繁殖、遗传学特性及检测方法。

本标准适用于哲罗鱼种质检测与鉴定。

2　规范性引用文件

下列文件对于本文件的应用是必不可少的。凡是注日期的引用文件,仅注日期的版本适用于本文件。凡是不注日期的引用文件,其最新版本(包括所有的修改单)适用于本文件。

GB/T 18654.1　养殖鱼类种质检验　第 1 部分:检验规则

GB/T 18654.2　养殖鱼类种质检验　第 2 部分:抽样方法

GB/T 18654.3　养殖鱼类种质检验　第 3 部分:性状测定

GB/T 18654.4　养殖鱼类种质检验　第 4 部分:年龄与生长的测定

GB/T 18654.6　养殖鱼类种质检验　第 6 部分:繁殖性能的测定

GB/T 18654.12　养殖鱼类种质检验　第 12 部分:染色体组型分析

GB/T 18654.13　养殖鱼类种质检验　第 13 部分:同工酶电泳分析

3　名称与分类

3.1　学名

哲罗鱼(*Hucho taimen* Pallas,1773)。

3.2　别名

哲罗鲑。

3.3　分类地位

硬骨鱼纲(Osteichthyes),鲑形目(Salmoniformes),鲑亚目(Salmondei),鲑科(Salmonidae),鲑亚科(Salmoninae),哲罗鱼属(*Hucho*)。

4　主要形态构造特征

4.1　外部形态特征

4.1.1　外形

体修长稍侧扁,头平扁,吻略尖,口端位,上颌略较下颌突出,口裂大。上颌骨呈游离状,向后延伸达眼后缘之后。体被椭圆形小鳞,侧线完全,位于体侧中位。背鳍居中偏前,胸鳍小,腹鳍起于背鳍后。背鳍之后有一脂鳍。尾鳍分叉较浅。体背青灰色,腹部银白色。幼鱼体侧有 8 条～9 条横黑斑,随着生

GB/T 32780—2016

长,体长为 35 cm～40 cm 时消失,但部分个体仍隐约可见。鱼头部和体侧有许多暗黑小斑点。繁殖期成熟雌雄鱼体从腹部到尾部,包括腹鳍和尾鳍均出现桔红色婚姻色。哲罗鱼外形见图1。

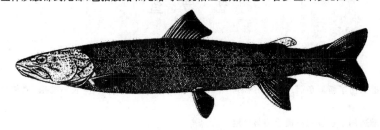

图 1　哲罗鱼的外形图

4.1.2　可量性状

对养殖条件下不同年龄组个体进行实测,其可量比例性状值见表1。

表 1　实测哲罗鱼可量性状比值

项 目	年　　　龄					
	0^+	1^+	2^+	3^+	4^+	5^+
全长/体长	1.16±0.01	1.15±0.01	1.09±0.01	1.08±0.02	1.09±0.03	1.11±0.01
体长/体高	5.89±1.91	6.84±0.34	5.38±0.16	5.13±0.44	5.44±0.50	5.70±0.41
体长/头长	3.80±0.22	3.81±0.08	4.62±0.17	4.71±0.34	4.19±0.14	3.99±0.20
头长/吻长	2.32±0.14	3.43±0.17	3.04±0.16	3.13±0.22	3.99±0.30	3.71±0.16
头长/眼径	4.20±0.28	4.34±0.18	6.52±0.55	7.19±0.73	7.10±0.72	7.68±0.69
头长/眼间距	2.39±0.26	2.56±0.30	3.13±0.20	3.29±0.22	3.30±0.28	3.21±0.19
体长/尾柄长	8.11±0.44	7.84±0.42	8.22±0.76	7.3±0.48	7.81±0.45	7.59±0.42

4.1.3　可数性状

4.1.3.1　鳃耙数

左侧第一鳃弓外侧鳃耙数:9～18。

4.1.3.2　背鳍鳍式和臀鳍鳍式

背鳍鳍式:D.ii～iv-9～13。
臀鳍鳍式:A.ii～iv-7～13。

4.1.3.3　鳞式

鳞式:$140\dfrac{25～39}{20～37-V}244$

GB/T 32780—2016

4.2 内部构造特征

4.2.1 鳔

鳔一室,前端弯曲,长圆柱形,直达肛门上方。

4.2.2 齿

具口腔齿,上下颌骨、犁骨、腭骨均有弧形排列的锥状小齿,舌面也有2行锥状小齿。

4.2.3 脊椎骨

脊椎骨数:63枚~81枚。

4.2.4 腹膜

腹膜银白色。

4.2.5 幽门盲囊

幽门盲囊数:150~342。

5 年龄与生长

不同年龄组的哲罗鱼体长和体重实测值见表2和表3。

表2 野生条件下不同年龄组哲罗鱼体长和体重实测值

年龄 龄	体长范围 cm	平均体长 cm	体重范围 g	平均体重 g
2+	18.1~36.5	25.1±5.7	251~509	287±111
3+	26.3~46.2	36.3±6.2	641~1 033	662±235
4+	33.6~54.2	46.1±3.9	898~2 075	1 173±329
5+	41.1~68.6	54.4±5.1	1 206~3 556	1 824±483
6+	48.5~73.1	63.6±5.3	1 852~4 596	2 829±637
7+	55.6~81.4	72.6±7.4	2 549~8 051	4 507±1 035
8+	56.8~99.3	81.4±10.6	3 698~11 506	6 954±2 196
9+	57.5~101.2	89.7±10.6	5 353~14 729	8 733±2 065
10+	58.9~107.6	98.3±11.7	6 705~17 203	10 116±2 175
11+	62.9~114.7	106.6±15.5	6 348~21 807	13 724±4 410
12+	82.8~119.8	113.9±10.5	8 205~26 508	17 346±4 142
13+	85.9~126.7	120.3±11.5	10 626~25 239	21 457±4 517
14+	91.1~131.9	127.1±11.4	14 556~30 023	25 227±6 239
15+	93.5~137.5	133.2±16.6	12 833~47 052	31 709±11 293

GB/T 32780—2016

表 3　养殖条件下不同年龄组哲罗鱼体长和体重实测值

年 龄 龄	体长范围 cm	平均体长 cm	体重范围 g	平均体重 g
0⁺	6.0~9.2	7.5±0.6	2.3~7.7	4.2±0.8
1⁺	10.2~15.5	12.7±1.2	12.4~22.5	21.2±5.0
2⁺	26.2~43.9	33.5±2.8	230.1~635.7	400.2±83.3
3⁺	39.5~57.1	46.3±4.7	763.4~1 995.6	1 327.3±313.1
4⁺	45.2~63.7	51.4±3.3	1 406.7~2 428.9	2 018.3±298.2
5⁺	51.1~80.5	57.9±4.0	2 062.2~4 023.6	2 767.0±347.4

6　繁殖

6.1　性成熟年龄

养殖条件下,雌鱼 5 龄性成熟,雄鱼 4 龄性成熟。

6.2　产卵类型

3 月~5 月产卵,养殖条件下性腺一年成熟一次,卵沉性,一次产出,雌鱼有筑巢习性,雌鱼将卵产于巢内,雄鱼用砂石将卵覆盖。

6.3　繁殖水温

繁殖水温为 6 ℃~10 ℃,最适繁殖水温为 8 ℃~10 ℃。

6.4　怀卵量

人工养殖条件下亲鱼个体怀卵量见表 4。

表 4　人工养殖条件下亲鱼个体怀卵量

年 龄 龄	5	6	7	8	9	10
平均体重 g	2 592±358	4 062±450	5 113±586	5 962±655	7 253±445	8 346±422
绝对怀卵量[a] 粒	4 000~10 000	4 300~12 800	4 700~14 000	5 100~17 000	8 000~17 600	8 000~19 200
相对怀卵量[b] 粒/g(体重)	1.27~3.22	0.94~3.33	0.92~4.17	1.09~2.59	1.08~2.69	0.93~1.96

　　[a]　绝对怀卵量:指卵巢中达到Ⅳ时相卵母细胞的数量。
　　[b]　相对怀卵量:指单位体重(g)所含卵粒数。

7　遗传学特性

7.1　细胞遗传学特性

体细胞染色体数:$2n=84$。核型公式:18m + 16sm +34st +16t。染色体臂数(NF):118。哲罗鱼

染色体组型见图 2。

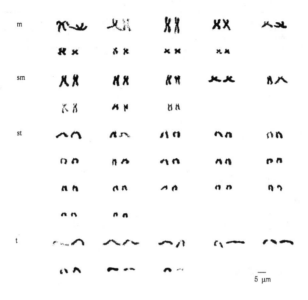

图 2 哲罗鱼染色体组型

7.2 生化遗传学特征

眼晶状体乳酸脱氢酶(LDH)同工酶电泳图和扫描图见图 3,酶带相对迁移率见表 5。

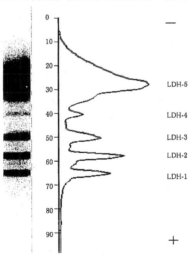

图 3 哲罗鱼眼晶状体 LDH 同工酶电泳图谱和酶带扫描图

GB/T 32780—2016

表 5　哲罗鱼眼晶状体 LDH 同工酶酶带相对迁移率

酶 带	LDH-1	LDH-2	LDH-3	LDH-4	LDH-5
相对迁移率	0.61±0.01	0.55±0.07	0.48±0.05	0.40±0.03	0.29±0.03

8　检测方法

8.1　抽样

按 GB/T 18654.2 的规定执行。

8.2　性状测定

按 GB/T 18654.3 的规定执行。

8.3　年龄与生长测定

年龄鉴定依据鳞片上的年轮数,方法按 GB/T 18654.4 的规定执行。

8.4　繁殖性能测定

按 GB/T 18654.6 的规定执行。

8.5　染色体核型分析

按 GB/T 18654.12 的规定执行。

8.6　同工酶电泳分析

同工酶电泳方法按照 GB/T 18654.13 的规定执行,电极缓冲液为 TC 缓冲液,200 V 恒压,电泳 1 h~2 h。

9　检验规定与结果判定

按 GB/T 18654.1 的规定执行。

附录 3　授　权　专　利

专利名称：一种哲罗鱼人工繁殖采卵和采精操作平台

专利类型：实用新型专利

专利号：CN201020175860.6

专利说明：

　　一种哲罗鱼人工繁殖采卵和采精操作平台，它涉及一种哲罗鱼人工繁殖操作平台，解决了由于哲罗鱼个体大，易跳动，在人工采卵、采精时，鱼体较难控制，易造成亲鱼受伤和操作人员受伤的问题。一种哲罗鱼人工繁殖采卵和采精操作平台，可调支撑架上部固装有两个角钢，亲鱼搁置槽放置在两个角钢上，亲鱼搁置槽沿长度方向的一个侧壁上设有一个缺口，亲鱼搁置槽内的底部上固接多根阻拦杆，垫鱼板的一端设在阻拦杆处，垫鱼板的另一端搭接在亲鱼搁置槽的敞口处。

专利名称：一种用于鱼类人工繁殖的接精器

专利类型：发明专利

专利号：CN201110348360.7

专利说明：

　　鱼类人工繁殖的接精器，它涉及一种鱼类接精器，解决了目前鱼类人工繁殖过程中直接使用杯子接精液容易造成精液污染和精液浪费的技术问题。用于鱼类繁殖的人工接精器由控制盒、容器、阻挡片、阻挡塞和密封带组成，控制盒上方开口的形状具有与鱼体腹部线条相吻合的弧度，并且边缘厚度较薄。

专利名称：一种筛选太门哲罗鲑优质精子的方法

专利类型：发明专利

专利号：CN201410698062.4

专利说明：

　　一种筛选太门哲罗鲑优质精子的方法，它涉及一种筛选哲罗鲑优质精子的方法，解决了目前无法确定精子质量导致实际生产过程中受精率和孵化率低下、畸形率较高的问题。筛选方法：①测量太门哲罗鲑的血清中睾酮和精液中 Se 和 Ze 的含量；②选出雄鱼血清中 4.9175 μg/mg<睾酮<12.4951 μg/mg，并且精液满足 Se>0.1024 μg/mg 和 Ze>11.8725 μg/mg 的太门哲罗鲑的精液，获得优质太门哲罗鲑精子。本发明筛选出的优质太门哲罗鲑精子受精率高，孵化率高，畸形率低，极大地提高了人工饲养太门哲罗鲑的养殖效率，节省饲养成本。

专利名称：一种快速物理辨别太门哲罗鲑成熟卵子优劣的方法

专利类型：发明专利

专利号：CN201310589776.7

专利说明：

一种快速物理辨别太门哲罗鲑成熟卵子优劣的方法，它涉及太门哲罗鲑卵子质量的物理评价方法，主要解决现有的哲罗鲑繁殖过程中成熟卵子的评价方法是由操作人员凭经验直观的感觉，不能实现早期、快速和准确评价，从而导致受精率、孵化率降低，破膜苗种畸形率和上浮苗种死亡率增高的技术问题。本方法将性成熟的太门哲罗鲑雌性亲鱼麻醉，人工使成熟卵子从鱼体腹腔中挤出至盛有鲑鱼用卵子缓冲清洗液的产卵盆中，测量鱼卵的平均重量及其离散系数、平均直径及其离散系数和脂肪滴平均分布密度，以这些物理测量值为基础进行判断，将鱼卵分成优、中和差三级，可在 1.5 小时内完成判定，具有早期、便捷的特性。

专利名称：一种哲罗鲑用复合诱食剂

专利类型：发明专利

专利号：CN200910071600.6

专利说明：

一种哲罗鲑用复合诱食剂，它涉及一种复合诱食剂，解决了现有哲罗鲑用饲料适口性不好、采食量低的问题。哲罗鲑用复合诱食剂按质量百分比由 20%～30%的二甲基-β-丙酸噻亭、20%～30%的牛磺酸、10%～15%的谷氨酸、10%～15%的丙氨酸、10%～15%的甘氨酸和 10%～15%的肌苷酸钠混合而成。本发明得到的哲罗鲑用复合诱食剂改善了饲料适口性，增加哲罗鲑的采食量。

专利名称：一种哲罗鲑用中草药诱食剂

专利类型：发明专利

专利号：CN201010300042.9

专利说明：

一种哲罗鲑用中草药诱食剂，它涉及鱼用诱食剂，解决了没有适合于哲罗鲑的诱食剂的问题。本发明由阿魏、辟汉草、大茴香、小茴香、陈皮和山萘组成，其制备方法是将阿魏、辟汉草、大茴香、小茴香、陈皮和山萘粉碎并混合均匀。本发明的哲罗鲑用中草药诱食剂对哲罗鲑的适口性好，在鱼饲料中添加量为 0.1%～0.5%，可以改善低鱼粉饲料的风味，提高生长性能，且无污染，加工工艺简单。本发明可以应用于哲罗鲑的养殖，使哲罗鲑的增重率提高 30%～40%，摄食率提高 20%～35%，成活率提高 0.5%～2%，饵料系数降低 5%～8%。

专利名称：哲罗鱼仔鱼专用饲料

专利类型：发明专利

专利号：CN200710144323.8

专利说明：

哲罗鱼仔鱼专用饲料，它涉及一种鱼饲料，解决了使用虹鳟饲料喂养哲罗鱼造成生长速度慢、死亡率高的问题。本发明的哲罗鱼仔鱼专用饲料按重量份数比主要由 2～5 份啤酒酵母、2～6 份次粉、2～8 份喷雾干燥血粉、60～70 份鱼粉、10～20 份鱼油、1～4 份大豆磷脂、0.2～0.8 份海藻酸钠、0.01～0.05 份 L-肉碱、0.05～0.2 份 KCl、0.02～0.1 份肌醇、0.02～0.07 份酶制剂、0.01～0.04 份高稳 VC（稳 C 宁）、0.1～0.5 份氧化镁、0.01～0.05 份抗氧化剂、0.05～0.02 份克霉、0.8～1.5 份沸石组成。饲喂本发明的饲料与饲喂进口虹鳟饲料相比，饲喂后 4 周哲罗鱼的成活率达到 95%以上；饲喂后 8 周哲罗鱼的成活率达到 92%以上，平均体重增加了 18.35%，增重率提高了 9.49%。

专利名称：一种哲罗鱼仔鱼的饲喂方法

专利类型：发明专利

专利号：CN201210207691.3

专利说明：

一种哲罗鱼仔鱼的饲喂方法，它涉及一种哲罗鱼仔鱼的饲喂方法，解决现有的哲罗鱼仔鱼投喂方式无法确定最佳的投喂期导致投喂饵料的量增大、养殖成本高、污染水质的问题。方法：①确定哲罗鱼仔鱼投喂的最佳时间；②按哲罗鱼仔鱼投喂的最佳时间为上浮第 20 天，在温度为 7.0～16.2℃进行饲喂。本发明确定哲罗鱼仔鱼的最佳投喂时间后，可降低饵料的投喂量，进而降低养殖成本，减少水质污染，用于哲罗鱼的饲养。

专利名称：哲罗鲑微卫星序列与多态性微卫星标记的获取方法和哲罗鲑多态性微卫星标记

专利类型：发明专利

专利号：CN2009100731152

专利说明：

哲罗鲑微卫星序列与多态性微卫星标记的获取方法和哲罗鲑多态性微卫星标记，它涉及一种微卫星序列与多态性微卫星标记的获取方法和多态性微卫星标记。微卫星序列：①提取哲罗鲑基因组 DNA；②哲罗鲑基因组 DNA 的酶切和微卫星富集文库的构建；③菌落 PCR 扩增并进行阳性克隆检测和测序。哲罗鲑多态性微卫星标记：步骤一至三与上述方法相同；④对哲罗鲑微卫星序列进行分析和引物设计；⑤微卫星序列引物多态性鉴定。本发明哲罗鲑多态性微卫星标记共 7 对。本发明方法所获的生物材料可用于哲罗鲑的保护遗传学、亲缘关系分析、连锁图谱构建及养殖群体的遗传管理。